海技士3E
解説でわかる
問題集

商船高専海技試験問題研究会 編

海 文 堂

第5版はしがき

　海技試験には，大きな特徴があります。それは，「機関に関する科目（その三）」における計算問題の数値に一部変更がある以外は，過去の問題がそのまま出題されるということです。このため，一見，簡単に合格できそうですが，出題される問題や試験問題集の解答には専門用語が多く，暗記のみに頼った勉強では合格は難しいと言えます。

　このため本書は，解答の丸暗記ではなく，解答の内容が理解されやすいように，参考となる図や専門用語の解説を多く加えた，これまでにない新しい形の問題集となっています。紙数に限りがあるため，参考書のような詳細な解説はできませんが，筆者の経験から必要最少限の図と解説を掲載しました。また，本書は2014年7月定期から2024年4月定期までの10年間の問題に加え，2014年4月定期以前でも出題が予想される問題を加えて掲載しています。過去の問題がそのまま出題される海技士試験においては，直近に出題された問題を試験勉強の対象から外すことができます。このため，今回，2014年7月定期から2024年4月定期までの過去10年間に出題された問題の出題年月を，本文中に2014年7月定期試験の場合，1407のように4桁の数字で表記しました。出題頻度や出題傾向を予測する際の参考にしてください。このように，本書は受験者の合格を支援できる問題集となっており，筆記および口述試験の受験対策用問題集として自信を持ってお勧めできます。

　本書を十分に活用され，受験者諸氏が一人でも多く合格されることをお祈りいたします。そして，今後のご活躍に寄与できれば幸いです。

　おわりに，本書の編集に貢献いただきました先生方および海文堂出版の熱意に対して厚く感謝申し上げます。

令和6年6月吉日　　　　　　　　　　　　　　　　　　編者代表　中島邦廣

本書の利用法など

1．解答の書き方について

問題には，下記のように，解答に項目のみを求める場合があります。

> 問　船が航走中，船体に受ける抵抗に関して，次の問いに答えよ。
> (1) 摩擦抵抗は，どのような事項に影響されるか。
> (2) 水深が浅くなった場合，造波抵抗は増加するか，それとも減少するか。

このような場合，本書でも解答は次のように項目のみを記載しています。

解答
(1) ①浸水表面積　②浸水面の粗さ　③船速　④海水の濃度
(2) 増加する。

しかし，実際の試験においては，次に示す下線部のような補足書きがあれば丁寧な解答になるでしょう。

解答
(1) 摩擦抵抗に影響される事項には
　　①浸水表面積　②浸水面の粗さ　③船速　④海水の濃度
　　などがある。
(2) 水深が浅くなった場合，造波抵抗は増加する。

また，本書に示してある解説などからも補足すると，より丁寧な解答になります。

2．解説について

本書では，解答を理解する上で参考になる 解説 欄を設けました。
(注)：解答上の注意事項や補足説明を記載しています。
◆：専門用語の説明を記載しています。

3．挿入図について

《解答図》： 問題に「図を描いて説明せよ。」のように略図などが求められた場合に，解答に必要な図を表しています。

　上記以外の図は解答に描く必要はありません。題意を理解する上での参考にしてください。

4．出題年月の表記について

　本文中に，2014 年 7 月定期試験から出題された年月を 4 桁の数字で表記しています。

5．索引について

　太字の専門用語：頻出する専門用語のため，解説は巻末の索引を使って参照してください。

6．ボイラの問題について

　　□ で囲んである問題は「三級機」対象問題を表しています。
　　┆┆ で囲んである問題は「内三級」対象問題を表しています。

目 次

機関その一
1 蒸気タービン ……………………………………………………… 1
2 ガスタービン ……………………………………………………… 24
3 ディーゼル機関 …………………………………………………… 33
4 ボイラ ……………………………………………………………… 95
5 プロペラ装置 ……………………………………………………… 131

機関その二
1 各種ポンプ ………………………………………………………… 157
2 冷凍装置および圧縮空気装置 …………………………………… 170
3 油清浄装置および造水装置 ……………………………………… 185
4 電気 ………………………………………………………………… 192
5 自動制御 …………………………………………………………… 233
6 油圧装置および甲板機械 ………………………………………… 241
7 その他 ……………………………………………………………… 253

機関その三
1 燃料および潤滑油 ………………………………………………… 263
2 材料工学 …………………………………………………………… 275
3 熱力学など ………………………………………………………… 284
4 製図 ………………………………………………………………… 292
5 計算問題 …………………………………………………………… 301

執務一般
1 当直，保安および機関一般 ……………………………………… 319
2 船舶による環境の汚染の防止 …………………………………… 346
3 損傷制御 …………………………………………………………… 350
4 船内作業の安全 …………………………………………………… 353

索引 …………………………………………………………………… 361

機関その一

1 蒸気タービン

> 問1　次の(1)～(3)の蒸気タービンは，どのようなタービンか。蒸気の使用法により，それぞれ簡単に説明せよ。　　（1410/1607/1807/2110/2307）
> (1) 再熱タービン
> (2) 背圧タービン
> (3) 再生タービン

解答
(1) タービンの膨張途中で，飽和蒸気になる直前の蒸気を取り出し，再熱器で再加熱してタービンへ戻し，さらに膨張させる(注1)。
(2) タービンの排気を大気圧以上(注2)に保ち，この排気を補機の駆動や給水加熱など他の用途に利用する。
(3) タービン内で膨張途中の蒸気を一部取り出し，給水加熱に利用する(注3)。

解説
(注1) 再熱すると低圧部での蒸気の湿り度を減少させるので，水滴による侵食作用および制動作用を抑制できる。
(注2) 復水器を持たないタービンで，全体として熱を有効利用できる。
(注3) 抽出した蒸気を給水加熱に利用するので，復水器で捨てられる熱量が減少する。
◆湿り度：湿り（飽和）蒸気中に含まれる水分の割合
◆飽和蒸気：水を圧力一定のもとで加熱すると初めは温度が上昇するが，ある

温度に達すると温度上昇は止まり沸騰が始まる。このときの温度をその圧力に相当する飽和温度（沸点）といい，発生する蒸気は飽和蒸気，水は飽和水と呼ばれる。熱機関は，蒸気（気体）の膨張を利用するため蒸気の状態を中心に現象をとらえ，水の温度が上限に達して上昇余地が見られなくなると温度が飽和した状態ということで飽和温度と呼ばれる。一般に飽和蒸気には，水分が含まれているので，湿り飽和蒸気または湿り蒸気と呼ばれる。飽和温度に達すると，加える熱は液体（水）から気体（蒸気）への状態変化に費やされるため，水がなくなるまで温度は上昇しない。このため飽和温度における温度変化に顕（あらわ）れない熱を潜熱という。飽和水がすべて蒸気に状態変化すると，乾き飽和蒸気（湿り度0％，乾き度100％）と呼ばれ，その後蒸気に加える熱は状態変化に関係ないので温度は上昇し，過熱蒸気となる。

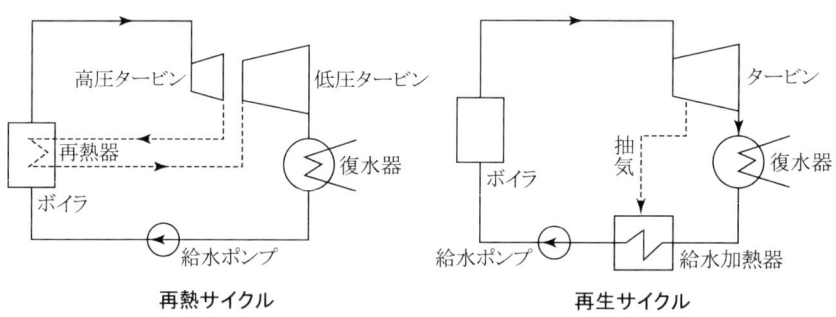

再熱サイクル　　　　　　　　再生サイクル

問2　蒸気タービンにおいて，再生タービンプラントが採用される理由をあげよ。　　　　　　　　　　（1502/1710/1804/2007/2304）

解答
① ランキンサイクルに比べて熱効率がはるかに高い（注1）。
② 抽気した蒸気で給水を加熱するのでボイラの負荷を軽減し，復水器で冷却水に捨てられる排気の熱量が減少するので復水器の負荷を軽減する。
③ 低圧部の蒸気流量が減少するので，翼の長さが短くなり，翼強度の面から設計が容易になる。
④ 低圧部での水滴による侵食作用および制動作用が軽減できる。

1 蒸気タービン

解説

（注1）ランキンサイクルを，熱機関で最高の熱効率を持つカルノーサイクルに近づけるために，タービンでの膨張途中の蒸気を一部抽出して給水の加熱に利用する。抽気によりタービンの出力は減少するが，復水器に無駄に捨てられる熱量（タービン入口のおよそ2/3）が減少するために，プラント全体の熱効率を高めることができる。

◆抽気：給水加熱のためタービン内の蒸気を一部取り出すこと。
◆ランキンサイクル：ボイラ→タービン→復水器→給水ポンプによって構成される蒸気動力プラントの基本サイクル

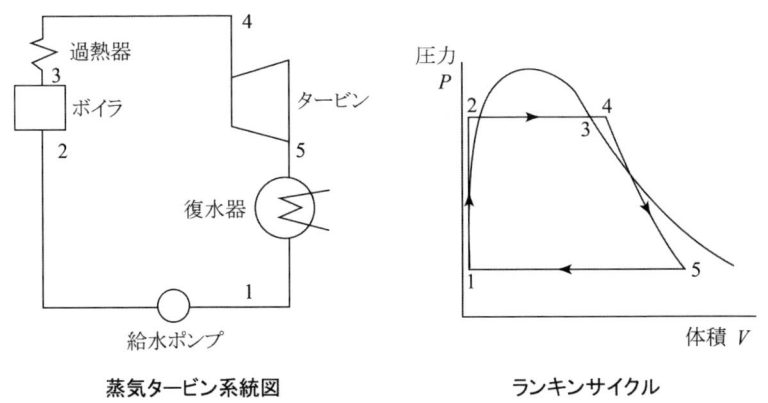

蒸気タービン系統図　　　　ランキンサイクル

問3　蒸気タービン船の熱勘定図（ヒートバランスダイヤグラム）に関する次の問いに答えよ。　　　　　　　　　　　　　（1504/2010/2402）
(1) 熱勘定図とは，どのようなものか。
(2) 図中には，どのようなことが記されているか。

解答
(1) ボイラで発生した熱量は，種々の機器に分散し消費される。その分散される主機や補機ごとに，その消費熱量をバランスとして表し，熱がどのように有効仕事に変換されているかを示した図
(2) ① 機器名：主・補助ボイラ，主・補機用タービン，主・補助復水器，復

》3《

水・給水ポンプや給水加熱器など
② 配管系統図：蒸気，抽気，給水・復水，ドレンなど
③ 計測値：蒸気や給水などの温度，圧力，流量など

解説

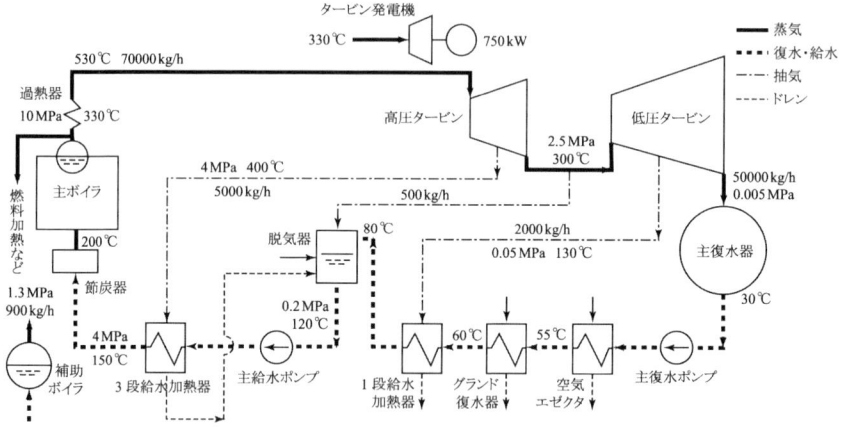

熱勘定図（参考図）

問4　蒸気タービンに関する次の文の（　）の中に適合する字句を記せ。
（1702/1810/2202）

(1) 初温（タービン入口の蒸気温度）と背圧（復水器の真空度）が一定の場合，初圧（タービン入口の蒸気圧）を高くするほど，排気の（ ㋐ ）度は減少する。この場合，タービンの低圧段において，蒸気中に含まれる水滴は，動翼の（ ㋑ ）面に衝突し，（ ㋒ ）作用を与え，腐食や侵食を発生させる。

(2) この低圧段の腐食や侵食を防止するには，（ ㋓ ）を上昇させるか，（ ㋔ ）タービンを採用するか，またはドレンを排出する装置を設けるなどの方法がとられている。

解答

㋐：乾き　㋑：背（注1）　㋒：制動　㋓：初温（注2）　㋔：再熱

1 蒸気タービン

解説
(注1) 水滴は，蒸気に比べ速度が遅いので，翼の背面に衝突する。このため，ブレーキ（制動）として作用し，回転損失となる。
(注2) 初温を上昇させると，ボイラやタービンに熱的強度の問題が生じるので，あまり高くできない。

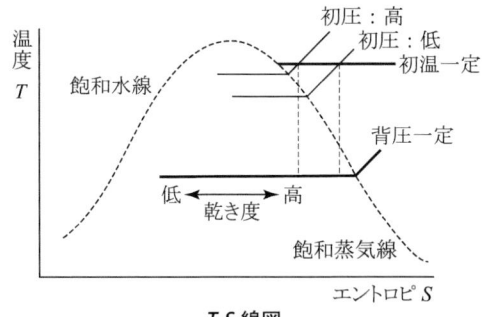
T-S 線図

◆乾き度：湿り（飽和）蒸気中に含まれる乾き飽和蒸気の割合

問5 蒸気タービンに過熱蒸気を使用する場合の利点をあげよ。
（1507/1802/1907/2302）

解答
① 熱効率の向上：過熱度を上げるとタービン入口のエンタルピが増大し断熱熱落差が増加するので，熱効率が向上する。また，<u>同一出力では蒸気量が少なくて済むのでタービンを小形にできる</u>(注1)。
② <u>排気の乾き度上昇</u>(注2)：蒸気中の水滴による制動作用や動翼の腐食や侵食を軽減できる。

解説
(注1) 出力≒断熱熱落差$(h_1 - h_2)$×蒸気量
(注2) 初圧一定で初温を高めると，背圧における乾き度が高くなる。
◆過熱度：ある圧力のもとで過熱蒸気温度と飽和蒸気温度との温度差
◆過熱蒸気：蒸気ドラムで発生する蒸気は飽和蒸気であり，この飽和蒸気を過熱器に導き過熱蒸気にする。

機関その一

◆断熱熱落差：熱の出入りのない状態での，蒸気の入口・出口におけるエンタルピの差

> 問6　蒸気タービンに関する次の問いに答えよ。　　　　　　　　(2002)
> (1) 蒸気タービンにおいて，同一圧力差によって生じる熱落差は，高圧部と低圧部ではどちらのほうが小さいか。　　　　　　　　　　　　　　　　(1610)
> (2) 蒸気タービンのグランドパッキンとして用いられるラビリンスパッキンは，蒸気のどのような作用を利用して蒸気の漏れを防止するか。(1610)
> (3) 速度比は，動翼の周速度と何の比か。

解答
(1) 高圧部 (注1)
(2) 絞り作用：フィンにおいてすきまの狭い部分と広い部分を交互に設け，蒸気は狭いすきまを通るごとに圧力を低下させて漏れを防止する。
(3) 動翼入口における蒸気の絶対速度

解説
(注1) タービンにおける仕事は，蒸気圧の大きさより，運動エネルギに変わる熱落差の大きさが重要である。高圧部では圧力降下の大きさの割に熱落差は小さく，一方，低圧部では圧力降下が小さくても大きな熱落差が得られる。このため，タービンの出力・効率は，高圧部より低圧部における役割が大きく，高圧蒸気より低圧蒸気を使用する方が有利ともいえる。

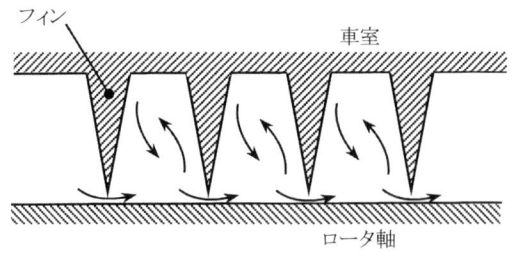

◆グランドパッキン：ロータ軸が車室（ケーシング）を貫通する部分をグラン

》6《

ドといい，この部分の軸封装置をいう。
- ◆グランドパッキン蒸気：軸封装置にはすきまのあるラビリンスパッキンを採用し，気密を完全にするためグランドパッキン部に蒸気を注入する。この蒸気をグランドパッキン蒸気という。
- ◆ラビリンスパッキン：蒸気タービンの入口側では蒸気の圧力が高いために，ロータ軸と車室のすきまから蒸気が漏れる。また，タービンの出口側圧力は真空なので，外部から空気が流入する。これらを防止するため高速回転のタービンでは接触型は焼き付くのですきまのある軸封装置がラビリンスパッキンで，ラビリンスとは「迷路」，パッキンは「密封装置」を意味する。
- ◆動翼：蒸気を受けるためにロータに取り付けられた羽根のことで，回転羽根，ブレード，回転翼とも呼ばれる。
- ◆速度比（動翼の周速度／動翼入口の蒸気絶対速度）：ロータの回転速度が蒸気の噴流速度の何割かを表し，噴流のもつエネルギの仕事への変換割合となり，タービンの効率に影響する。

問7 蒸気タービンに関する次の文の（　）の中に適合する字句を記せ。
(1) 衝動タービンでは，蒸気は（ ㋐ ）内を通過中に膨張して（ ㋑ ）を増加し，圧力を低下するが，（ ㋒ ）を通過中には，蒸気の圧力は変わらない。
(2) 反動タービンでは，蒸気の膨張は，（ ㋓ ）及び（ ㋔ ）を通過中に行われるので，蒸気の（ ㋕ ）作用によって仕事をすると同時に（ ㋖ ）作用によっても仕事をする。

解答
㋐：ノズル　㋑：速度　㋒：動翼　㋓：静翼　㋔：動翼　㋕：衝動　㋖：反動

解説
- ◆衝動タービン：ノズルと動翼で構成され，蒸気はノズル内でのみ膨張し，高速の蒸気を吹き付けて回転させるタービン
- ◆反動タービン：静翼と動翼から構成され，蒸気は両者で膨張し，翼を出る時も高速で出ていくのでその反動で翼をけるようにして回転するタービン

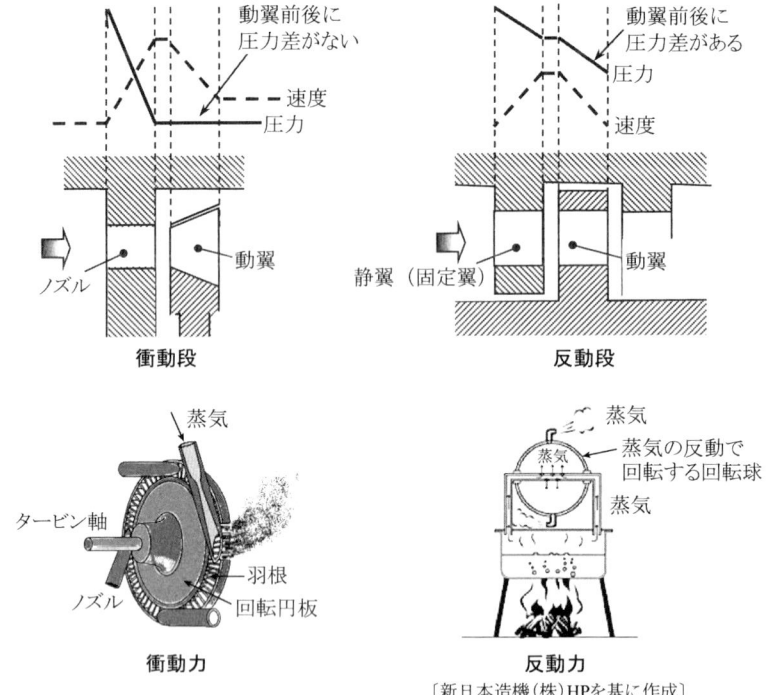

問8 次の(1)〜(5)の蒸気タービンは，衝動タービンまたは反動タービンのどちらに適合するか。それぞれ記せ。　　　(1510/1902/2104/2404)
(1) 高温高圧の過熱蒸気を使用するのに適するタービン
(2) ノズル数を加減することによって蒸気量を調整するタービン
(3) 動翼に作用する蒸気の静的な推力を釣り合わすために，釣合いピストンを設けるタービン
(4) 蒸気の通路がケーシングとロータの間に制限されているので，摩擦損失が少ないタービン
(5) 翼先端からの蒸気の漏えい量が少ないので，翼先端とケーシングのすきまを大きくできるタービン

1 蒸気タービン

解答
(1) 衝動タービン（注1）　(2) 衝動タービン（注2）　(3) 反動タービン（注3）
(4) 反動タービン（注4）　(5) 衝動タービン（注5）

解説
(注1) 衝動タービンでは，ノズル内で高圧の蒸気を膨張させ，蒸気の保有する熱エネルギを速度エネルギに変換する。
(注2) 反動タービンでは，動翼内でも蒸気が膨張し圧力降下するために，蒸気が全周で流入する必要がある。
(注3) 反動タービンは動翼前後に圧力差があるため高圧側から低圧側に向かって大きなスラストを生じる。そのため軸端に逆向きのスラストを発生させる釣合いピストンを設ける。
(注4) 反動タービンでは，羽根先端すきまを大きくできないので，ロータはドラム形となり蒸気の通路が制限される。
(注5) 衝動タービンの動翼前後に圧力差がないので，翼先端からの蒸気の漏えい量が少ない。（問7の図参照）

◆スラスト（推力）：回転軸の軸方向に働く力
◆ロータ（翼車）：外周に動翼を植え付けた回転体

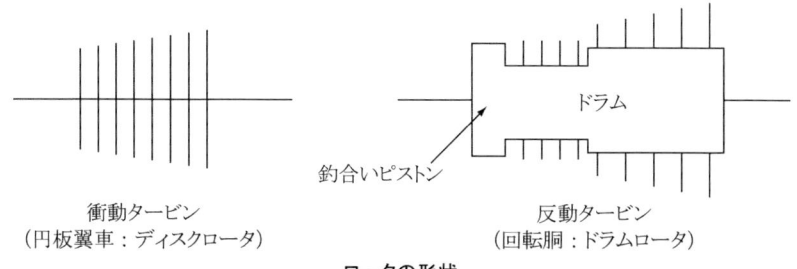

衝動タービン　　　　　　　　　反動タービン
（円板翼車：ディスクロータ）　（回転胴：ドラムロータ）

ロータの形状

問9 速度複式衝動蒸気タービンに関する次の問いに答えよ。
(1407/1704/1910/2204/2310)
(1) 1つの翼車に2列の動翼を植え込んだカーチスタービンにおいて，ノズルと翼列の配置は，どのようになっているか。また，蒸気の圧力と速度は，どのように変化するか。（配置及び蒸気の変化を，それぞれ略図

で示せ。）
(2) 速度複式衝動タービンは，船舶においては，どのようなタービンとして用いられているか。

解答
(1) 図のとおり
(2) ① 後進タービン
　　② 高圧タービンの初段
　　③ 補機用タービン

解説
◆カーチスタービン：速度複式衝動タービンの代表的なもので，ノズルの次に動翼→案内翼→動翼と配置され，動力への変換は速度エネルギを2列の動翼に分けて行われる。1段当たりの出力が大きく，小形にできる利点がある。

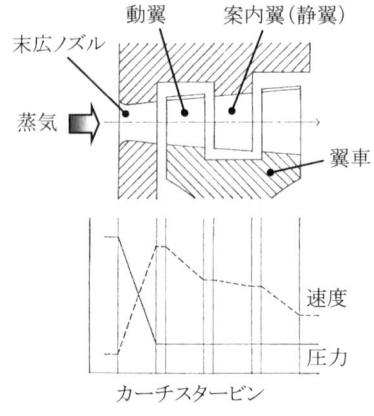

《解答図》
〔機関長コース 1985年5月号「受験講座・蒸気タービン」第1回（橘高弘幸）より〕

問10 図は，蒸気タービンにおける速度線図を示す。図に関する次の問いに答えよ。　　　　（1602/2102）
(1) C_1，w_1 及び C_2 は，それぞれ何を表すか。
(2) $α_1$ 及び $β_2$ は，それぞれ何を表すか。
(3) u は，何を表すか。
(4) 転向角は，どのように表されるか。

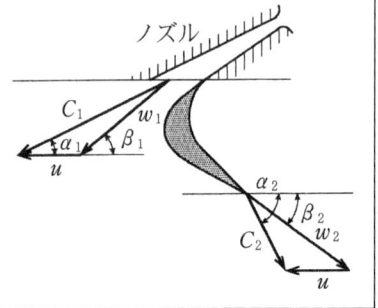

解答
(1) C_1：動翼入口における蒸気の絶対速度
　　w_1：動翼入口における蒸気の相対速度

C_2：動翼出口における蒸気の絶対速度
(2) $α_1$：ノズル角
    $β_2$：動翼出口における蒸気の相対速度と周速度とのなす角
(3) 翼の周速度
(4) 転向角 $= 180 - (β_1 + β_2)$

解説
◆転向角：蒸気が翼内を流れるとき，方向転換する角度を転向角といい，翼の湾曲の程度を示す。
◆周速度：円運動における接線方向の速度（問6の図参照）

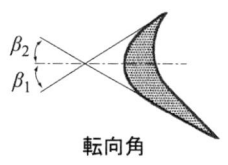
転向角

問11 図は，蒸気タービンのエクステンド形速度線図を示す。この速度線図の作図に関する次の文の（　）の中に適合する速度及び角度を記せ。
(1707/1904)

〔解答例　速度の場合 ㋩：$\overrightarrow{AB}$
　　　　　角度の場合 ㋦：∠DCE〕

(1) ノズルから出た蒸気の動翼入口における絶対速度（㋐）とノズル角（㋑）及び周速度（㋒）が決定すると，動翼入口の相対速度（㋓）の大きさと方向は，ベクトル的に差し引くことによって描くことができる。
(2) 動翼入口角を（㋔）に等しくとれば，蒸気は動翼に衝突することなく円滑に流入する。また，蒸気は動翼通過中に方向転換して，一般に動翼出口角（㋕）に等しい角度で流出し，そのときの動翼出口の相対速度（㋖）と周速度㋒をベクトル的に加えることによって動翼出口の絶対速度（㋗）を描くことができる。

解答
㋐：$\overrightarrow{AB}$　㋑：∠ABC（∠ABD）　㋒：$\overrightarrow{CB}$（$\overrightarrow{EF}$）　㋓：$\overrightarrow{AC}$　㋔：∠ACD
㋕：∠CEF（∠DCE）　㋖：$\overrightarrow{CE}$　㋗：$\overrightarrow{CF}$

機関その一

解説
- ◆速度線図：動翼の入口と出口における蒸気と動翼の速度の関係をベクトル図で表したもの。入口（出口）角は翼の角度を表し，流入（流出）角は蒸気の角度を表す。
- ◆相対速度と絶対速度：2つの物体 A，B が共に運動しているとき，基準を A と仮定して，A から見た B の速度を A に対する相対速度という。走行する 2 台の電車の速度も，一方の電車から他方の電車を見る場合と，静止したホームから 2 台の電車を見る場合で速度の見方が異なる。前者が相対速度，後者を絶対速度という。タービンの外から蒸気の流れを見ると，ノズルから噴出した蒸気は速度 $\vec{AB}$ で表される。一方，現実ではありえないが，仮に蒸気の流れを，動翼から見たとすると，動翼は周速度 $\vec{CB}$ で動いているので蒸気は動翼に対して速度 $\vec{AC}$ で進入する。

問12 蒸気タービンのノズルに関する次の問いに答えよ。　(1604/2107)
(1) ノズル出口の蒸気圧が入口圧に対する臨界圧以下になるのは，どのような形状のノズルか。
(2) 蒸気がノズルを通過して得られる流出速度は，理論上の流出速度より小さくなるのは，なぜか。

解答
(1) 末広ノズル：入口から細くなり，のどに達して出口に向かって拡がるノズル

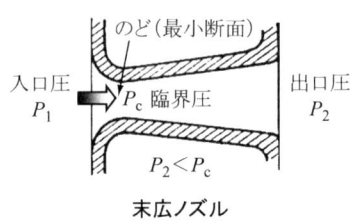
末広ノズル

(2) （注1）
　① 蒸気とノズル壁面との摩擦損失のため。
　② 蒸気と蒸気との間の摩擦損失のため。
　③ 蒸気と水滴との間の摩擦損失のため。

解説
(注1) 蒸気の流動損失によるエネルギ損失が生じるために小さくなる。
◆ノズル（噴口）：蒸気タービンは，ノズル内で高速の蒸気流をつくり（蒸気

1 蒸気タービン

は約 30m/s の速さでノズルに入り，400m/s 位の速さでノズルから噴き出る)，その高速流によって動翼を回し，機械的仕事を発生させる。反動段では，翼と同様な構造をしている「静翼，固定翼（固定羽根）」がノズルと同じ作用をする。

◆臨界圧：ノズル断面積の最小の箇所をのどという。のどにおける圧力を臨界圧（P_c）という。

問13 蒸気タービンの動翼に関する次の問いに答えよ。　　（1504/2104/2402）
(1) 動翼の先端に取り付けてあるシュラウドは，どのような役目をするか。
(2) 衝動タービン及び反動タービンの動翼の断面形状は，それぞれどのようになっているか。（図を描いて示せ。）

解答
(1) ① 遠心力を受ける蒸気が動翼先端から半径方向に流出するのを防止する。
　② 翼先端のピッチを均一にする。
　③ 翼の振動を防止する。
(2) ① 衝動タービン：翼内の流路面積は入口，出口でほぼ等しい(注1)。
　② 反動タービン：入口から出口に向かって流路面積を減少させる(注2)。

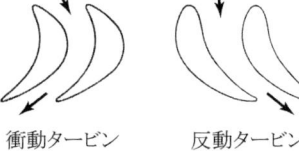
《解答図》

解説
(注1) 衝動タービンの動翼内では，蒸気は膨張しない。
(注2) 反動タービンの動翼では，反動力を得るため蒸気を膨張させるので，先細ノズルのような形状になる。
◆シュラウド：溶接などで翼先端の外周に取り付けた囲い輪（囲い板）

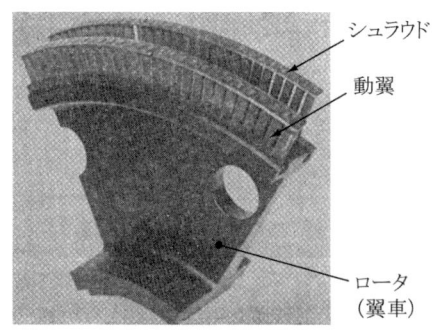
シュラウド〔土居政吉『舶用蒸気タービン講義』を基に作成〕

問14 蒸気タービン主機の後進タービンに関する次の問いに答えよ。
(1610/1810/2004/2210)
(1) ふつう，どこに設けられるか。
(2) どのような形式のタービンが用いられるか。
(3) 上記(2)の形式のタービンが用いられる理由は，何か。

解答
(1) 低圧タービン車室の排気側
(2) 速度複式衝動タービン（カーチスタービン）
(3) 小形で大出力が得られる(注1)。

解説
(注1) 後進タービンは前進回転中は空転するので，形および長さが小さく簡単な構造とし，かつ大出力が求められる。

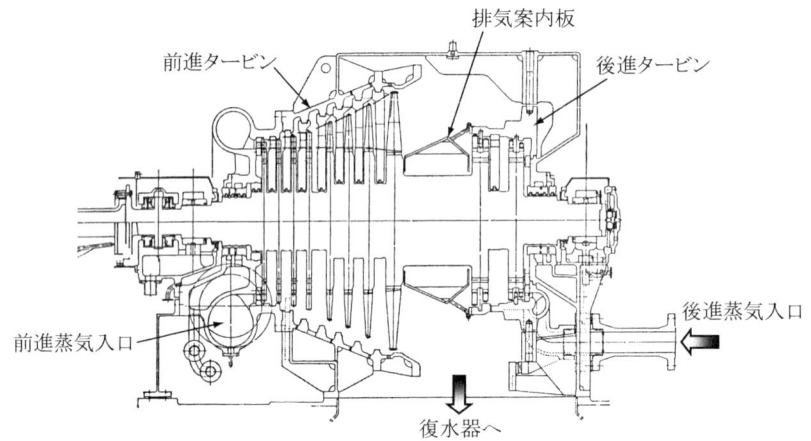

低圧タービン〔久保利介『舶用ボイラ・タービン』を基に作成〕

問15 蒸気タービンの主復水器に関する次の問いに答えよ。　(1510/2007)
(1) 主復水器に接続している管には，どのようなものがあるか。（4つあげよ。）
(2) 主復水器内に設けられる仕切板（邪魔板）の役目は，何か。

1 蒸気タービン

(3) 運転中，主復水器の真空度が低下する場合の原因は，何か。（4つあげよ。）

解答
(1) ① 冷却水入口および出口管　② 復水取出し管
　　③ 空気抽出管　　　　　　　④ 補給水管
(2) 上部管群から落下する復水が，下部冷却管に接触しないようにする(注1)。
(3) ① タービングランド部からの空気の漏入
　　② 復水装置接続管系からの空気の漏入
　　③ 空気エゼクタまたは真空ポンプの作動不良
　　④ 復水器の冷却不足(注2)

解説
(注1) 仕切板がないと，落下する復水が蒸気の冷却を妨げる。
(注2) 復水器冷却管の汚損や海水温度の上昇が考えられる。
◆復水器：タービンの排気を復水して回収すること，および器内を高真空として終圧を低く保ち，タービン内で蒸気を十分膨張させて効率よく多くの仕事を得るために設ける。

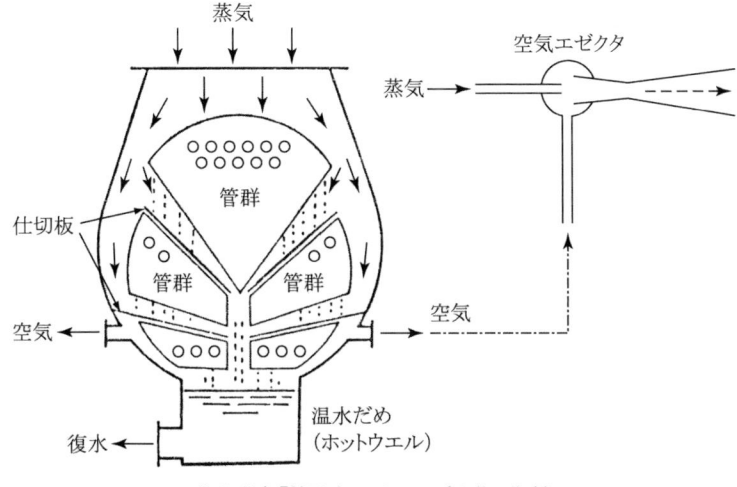

〔久保利介『舶用ボイラ・タービン』を基に作成〕

機関その一

◆管群：冷却管の集合体
◆仕切板：バッフル板，邪魔板，そらせ板，衝突板ともいう。
◆空気（エア）エゼクタ：霧吹きの原理で空気を抽出し，復水器内を真空にする装置で，エゼクタは「抽出器」の意味である。現在は真空ポンプが主流となっている。

問16 蒸気タービンの主復水器に関する次の問いに答えよ。
(1) 汚れの度合いは，どのようなことから判断できるか。　　　　(2210)
(2) 冷却水側の掃除は，どのようにして行うか。　　　　　　　　(2210)
(3) 復水装置におけるスクープ方式とは，どのような方式か。
　　　　　　　　　　　　　　　　　　　　　　　　(1710/1904/2204)
(4) 復水装置におけるスクープ方式の利点及び欠点は，それぞれ何か。
　　　　　　　　　　　　　　　　　　　　　　　　　　　　　(2102)

解答
(1) ① 真空度の低下
　② 冷却水出入口における圧力差の拡大
　③ 冷却水出口と蒸気との温度差の拡大
(2) ① 長い柄の先端にワイヤブラシを取り付けた専用の工具を管内面に通して水あかを落とし，清水で洗浄した後，圧縮空気により清掃し乾燥させる。この方式ではワイヤブラシで管内面を傷つけないよう注意して行う。
　② 電動のチューブクリーナを用いて清掃する。このとき局部的に摩耗しないよう，絶えず位置を変えながら掃除する。
　③ 化学薬品により洗浄する。
(3) 航行中は，循環ポンプの代わりに船速を利用して船底より冷却用海水を主復水器に流入させる方式で，出入港時など船速が低下した場合は小形の循環ポンプを使用する。
(4) ① 利点：大容量の循環ポンプの電動機動力が節減できる。
　② 欠点
　　• 流入する海水流量が船速によって左右される。
　　• 海底の浅いところでは貝や砂など異物の吸込みによって冷却管の詰まりなどを生じる。

1　蒸気タービン

解説
◆ スクープ：「（水などを）すくいあげる」の意味

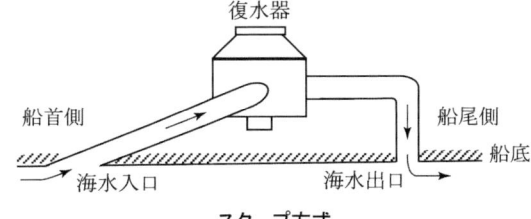

スクープ方式

> **問 17** 蒸気タービン主機の付属装置に関する次の問いに答えよ。　（1502）
> (1) 操縦装置において，操縦弁の動きを制御するために設けられるタイムスケジュールとは，どのようなものか。　（1902/2102）
> (2) ガバナインペラの役目は，何か。また，主機のどこに取り付けられるか。　（1710/1904/2204）

解答
(1) 前進時および後進時における出力をセットすると，過度な熱応力が加わらないよう設定回転速度まであらかじめ決められた時間をかけて操縦弁が開くようになっている。タイムスケジュールとは，このような増減速プログラムの組まれたプログラム制御をいう。
(2) ① 役目：過速度調速機（過速度防止装置）[注1]において，回転速度を検出する。
　　② 取付け場所：タービン軸の軸端

解説
(注1) 蒸気をしゃ断しないで，過速度にならないよう蒸気流量を調整する装置

> **問 18** 蒸気タービン主機の暖機が不十分なまま運転すると，車室やロータにはどのような害が生じるか述べよ。　（1407/1607/1804/2107/2304）

解答
① ドレンによるタービンの異常振動や翼の損傷
② 不均一温度による変形や熱応力によるき裂
③ ロータと車室の不同膨張による接触

④ ロータ軸の湾曲による振動

【解説】
(注) 暖機が不十分なタービン内に，多量の高温蒸気を流すと，蒸気が冷やされてドレンが発生し，また，材質の違いから各部で不均一な温度分布や膨張の不同が生じる。

◆ドレン（蒸気凝縮水）：蒸気が冷えて復水したもの

【問19】 蒸気タービン主機の暖機中の注意事項をあげよ。　　　　(2110)

【解答】
① 暖機は時間をかけて徐々に行い，タービン全体が均一に暖まるよう各部の温度上昇に注意する。
② 蒸気管内および車室内のドレンを十分排除する。
③ 冷気が漏入しないようパッキン蒸気の供給量に注意する(注1)。
④ 復水器の真空度に注意する(注2)。
⑤ 復水器の水準に注意する(注3)。
⑥ ロータ軸と車室の膨張差を定期的に測定する。
⑦ 均一に暖機するため，ロータ軸は定期的に一定角度回転させる。

【解説】
(注1) パッキン蒸気の供給が不足すると，冷気が車室内に漏入し，復水器の真空が悪くなる。
(注2) 真空度が上昇し過ぎるとパッキン蒸気のみで回転することがある。
(注3) 水準が高いと空気エゼクタが抽気不能となり，低いと空気エゼクタの冷却不足となる。

【問20】 ターニング装置によって主機をターニングするのは，どのような場合か。また，一般に，ターニング装置は，主機のどこに取り付けられるか。
　　　　(1502/1902)

【解答】
(1) ① 運転前の暖機時や運転終了後の冷機時

1 蒸気タービン

　② 主機や減速歯車を点検する場合
　③ 長期休止時，ロータの位置替えをする場合 [注1]
(2) 高圧タービン第1段小歯車の船尾側

解説

(注1) 位置を替えてロータの湾曲を防止する。

◆ターニング装置：モータによって外部からタービンを一定速度で回転させる装置。一方，スピニングは，いったん暖まった状態を維持するために蒸気によって回転させる操作のこと。図参照

◆減速装置：高速回転が有利なタービン回転速度を効率のよいプロペラ回転速度まで減速させる装置

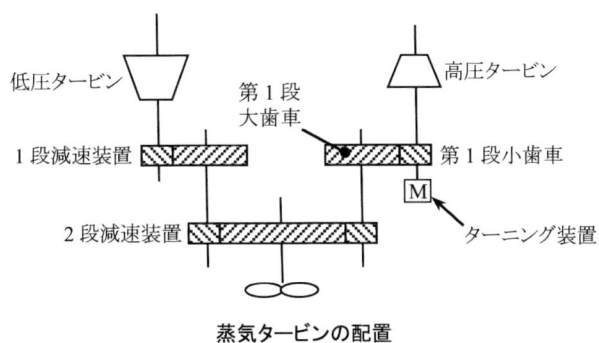

蒸気タービンの配置

問21 蒸気タービン主機において，グランドパッキン蒸気による暖機後，または暖機弁による暖機後，スピニングによる暖機に切り替える場合の要領を述べよ。
(1602/1907)

解答

① 主蒸気管やタービン車室などのドレン弁が開状態であることを確認する。
② 暖機蒸気を使用している場合，暖機弁を閉じる。
③ ターニングを停止し，ターニング装置を切り離す。
④ 操縦弁が閉鎖していることを確認して主蒸気弁を徐々に開く。
⑤ 空気エゼクタ（または真空ポンプ）および主循環ポンプの負荷を増加して，復水器の真空度を上昇させる。

⑥　主蒸気管のドレン弁を全閉する。(その他のドレン弁は状況に応じて閉じる。)
⑦　操縦弁を徐々に開いて回転計に注意しながら始動し、始動後直ちに操縦弁を閉じ、タービンを惰性で回転させる。
⑧　このとき聴音棒でタービンや減速装置の異常の有無を確認する。
⑨　後進側にも同様なことを行う。
⑩　5分以上タービンを停止しないよう、主蒸気による暖機を継続する。

解説
(注)　暖機には、パッキン蒸気供給による暖機と、スピニング（操縦弁を微開し、一定間隔で前後進を交互に微速回転させる）による暖機がある。自動的にスピニングを行わせる装置をオートスピニング装置という。スピニングとは「回転」の意味

問22 出入港の待機、潮待ちなどの短期間の待機の場合、蒸気タービン主機について、必要な処置及び注意事項をそれぞれ記せ。　　　(2004)

解答
①　待機時間が短い場合
　● 処置：一定の間隔で、タービンを前後進に交互に回転させる。
　● 注意事項：船体に推進力を与えない程度の回転とする。
②　待機時間が長い場合
　● 処置：<u>復水器の真空度を下げ</u>(注1)、操縦弁を閉めて、パッキン蒸気による暖機を行う。
　● 注意事項：タービンからの放熱を少なくする。
③　共通の注意事項
　● タービン各部のドレンを十分排除する。
　● 車室の局所的な冷却を避ける。
　● グランドパッキン蒸気の供給に注意する。

解説
(注1)　長時間真空度を高く保つと、タービンがパッキン蒸気のみで回転したり、ロータや車室が不均一な冷却により接触する原因となる。

1 蒸気タービン

問23 蒸気タービン主機の始動が困難な場合の原因をあげよ。
(1604/1802/2002/2207/2404)

解答
① 暖機が不十分な場合
  ● 車室内にドレンが多量に滞留している場合
  ● ロータ軸と車室が接触している場合
② 減速歯車に異物が介在している場合
③ 主軸受のすきまが過小，または焼き付いている場合
④ 復水器の真空度が低い場合
⑤ 危急しゃ断装置が作動状態の場合
⑥ ターニング装置が離脱していない場合

解説
◆危急しゃ断装置：過速度や油圧低下，復水器内圧力の上昇などの場合，操縦弁を閉鎖し蒸気をしゃ断する安全装置

問24 蒸気タービンの試運転において，どのような箇所の音を，聴音棒によって聴くか。また，これによってどのような異常を発見することができるか。それぞれ述べよ。
(1704/2010/2302)

解答
(1) 聴音箇所 (注1)
  ① タービン車室内部
  ② 減速歯車室内部
  ③ 軸受
(2) 発見できる異常
  ① タービン車室内部
    ● ロータ回転部と車室静止部との接触
    ● ロータの異常振動
    ● ドレンや異物の混入

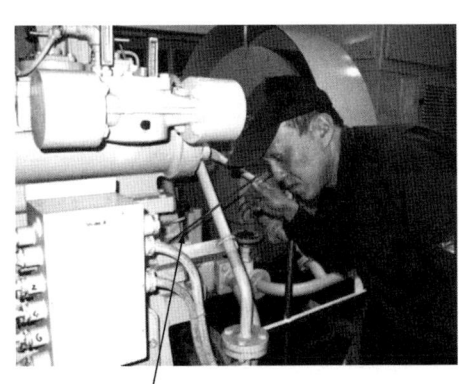

聴音棒

② 減速歯車室内部
- 歯当たりの異常
③ 軸受
- 軸受の異常

解説
（注1）聴音棒を構造物の角など音の集中しやすい箇所に当てて，摩擦音や回転音を聴いて異常の有無を診断する。

◆試運転：出港準備が整ったあと，前後進に各々数回ずつ回転して，航海に支障がないことを確認するための運転操作

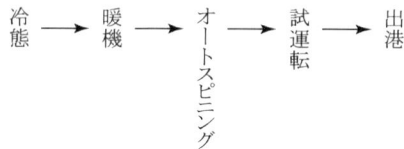

問25 蒸気タービンにおけるロータの危険速度とは，どのようなことか。また，危険速度で運転すると，どのような害があるか。それぞれ述べよ。
(1410/1702/1807/2207/2310)

解答
① 危険速度：ロータ軸は，材質が均一でないことや工作上の誤差により，軸心と重心は一致しない。このため，たわみのあるロータが回転すると，不均衡な遠心力が生じて曲げ振動が発生する。ロータの回転速度がこの曲げ振動数に一致すると，ロータは共振を起こし，復原力を失って非常に不安定になる。このときの回転速度を危険速度という。
② 害：危険速度で運転すると，共振により，軸には大きな応力が誘起され，軸が湾曲を起こし，ついには疲労により破損する危険がある。実際には，破損する前にロータは車室などに接触する大事故を起こす。

解説
（注）洗濯機も共振を起こすと，カタカタと異音を発し，振動も大きくなる。逆にブランコでは自由振れ（固有振動数）に合わせて共振を利用（加振）すれば振れは大きくなる。

1　蒸気タービン

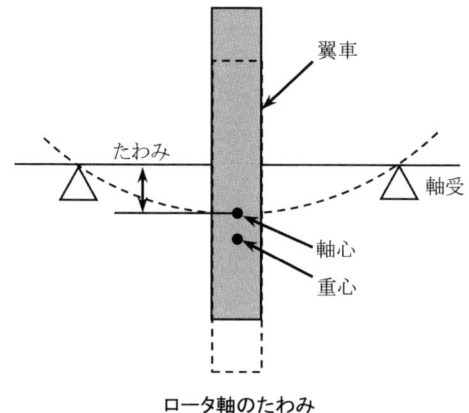

ロータ軸のたわみ

> 問26　蒸気タービンの運転中，タービンに異常な振動を生じる場合の原因をあげよ。
> 　　　　　　　　　　　　　　　　　　　　　　　　　　　　　　　(2202)

解答
① 　ドレンや異物のタービン翼への衝突
② 　製作不良やタービン翼の欠損などによるロータの動的不釣合い
③ 　不均一な加熱や冷却によるロータの湾曲
④ 　軸受の異常摩耗などによる軸心の不良
⑤ 　危険速度での運転

> 問27　蒸気タービン主機の潤滑装置に関する次の問いに答えよ。
> 　　　　　　　　　　　　　　　　　　(1507/1707/1910/2310)
> (1) 潤滑油圧が低下した場合，どのようなバックアップが行われるか。
> (2) 警報装置は，潤滑油圧の低下のほか，どのような場合に警報を発するか。

解答
(1)　①　潤滑油ポンプを2台備え，運転中のポンプが作動不良となり油圧が規定値以下に低下したとき，待機ポンプが自動起動する。
　　②　電源喪失などによって潤滑油ポンプが作動不能となったとき，重力タンクからタービン各軸受および歯車減速装置に給油する。

(2) ① 潤滑油ポンプが停止した場合
　　② サンプタンクの油面が低下した場合
　　③ 重力タンクの油面が低下した場合
　　④ 潤滑油温度が上昇した場合

解説
◆重力タンク：高所に設置し，重力により落下させて潤滑油を供給する。
◆サンプタンク：集油タンク（油だめ）
◆サイトグラス（視流器）：油の流れが視認できる。

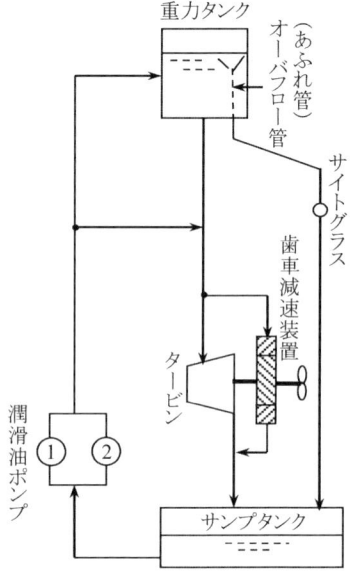

2　ガスタービン

問1　図は，ガスタービンにおけるブレイトンサイクルの p-V 線図を示す。図に関する次の問いに答えよ。
　　　　　　　　（1607/1710/1907/2204）
(1) 図の $1 \to 2$，$2 \to 3$ 及び $3 \to 4$ の熱力学的変化は，どのような機器で行われるか。（熱力学的変化の名称と機器の名称を併せて記せ。）
(2) 図の p-V 線図を T-s 線図で示すと，どのようになるか。（縦軸に T，横軸に s をとって描き，p-V 線図の1，2，3 及び4 に相当する点を示せ。）

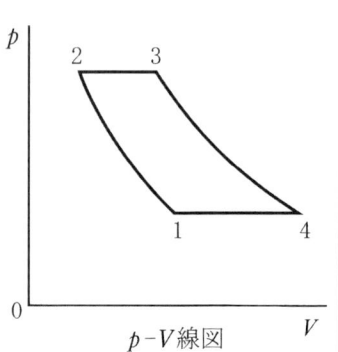

p-V 線図

2 ガスタービン

解答
(1) 1→2：圧縮機（断熱圧縮）
    2→3：燃焼器（等圧加熱）
    3→4：タービン（断熱膨張）
(2) 右図

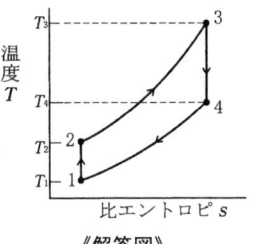

《解答図》

解説
◆ブレイトンサイクル：受熱と放熱が等圧変化，圧縮と膨張が断熱変化（等エントロピ変化）で行われるサイクル。状態1で吸入された空気を圧縮機で断熱圧縮して温度，圧力を高め，状態2になる。その空気を燃焼器に送り，その中で等圧燃焼して加熱し，状態3の燃焼ガスとなる。それをタービンの中で状態4まで断熱膨張して仕事を発生する。

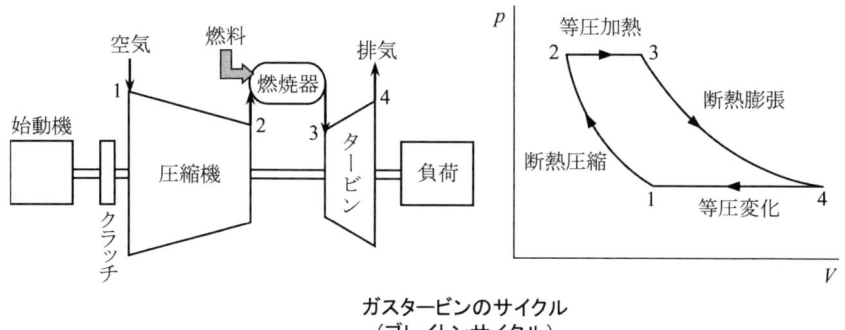

ガスタービンのサイクル
（ブレイトンサイクル）

問2 図は，ガスタービンの基本サイクルであるブレイトンサイクルの $T\text{-}s$ 線図である。図に関する次の問いに答えよ。　　　(1510/2107/2302)

(1) 図の1→2，2→3及び3→4の熱力学的変化は，それぞれ何というか。
(2) 上記(1)の変化に対応するガスタービン機器の名称は，それぞれ何か。
(3) 作動流体 1 kg あたりの加熱量 Q_1 及び放熱量 Q_2 は，それぞれどのよ

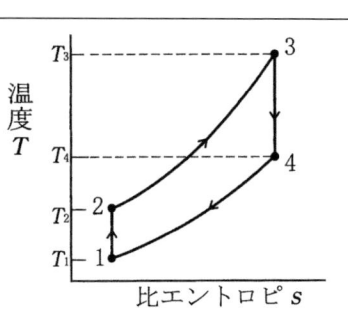

》25《

うな計算式で表されるか。ただし，作動流体の定圧比熱 C_P は，一定とする。

|解答|
(1) 1→2：断熱圧縮　　2→3：等圧加熱　　3→4：断熱膨張
(2) 1→2：圧縮機　　　2→3：燃焼器　　　3→4：タービン
(3) $Q_1 = C_P(T_3 - T_2)$　　$Q_2 = C_P(T_4 - T_1)$

|問3|　ガスタービンに関する次の文の中で，正しくないものを2つあげ，その文の下線を引いた部分を訂正して，正しい文になおせ。　　(1507)
㋐　ガスタービンのサイクルは，ブレイトンサイクルである。
㋑　燃焼器内の燃焼は，等エンタルピ変化である。
㋒　ガスタービンからの排熱を回収するサイクルは，再熱サイクルである。
㋓　大気温度が下がると，ガスタービンの出力は，増大する。
㋔　遠心圧縮機は，一般に小形ガスタービンに用いられる。

|解答|
㋑　燃焼器内の燃焼は，等圧変化である。
㋒　ガスタービンからの排熱を回収するサイクルは，再生サイクルである。

|解説|
|補|　㋓：空気の密度が増して余分の燃料を燃焼させることができ出力が増大する。
　　㋔：遠心圧縮機は構造が簡単で小流量に適し，軸流式は大流量に適する。

|問4|　ガスタービンの特長について述べた次の文の（　）の中に適合する字句または数字を記せ。　　(1604/2110/2304)
(1) 燃焼器内で燃焼できる燃料の幅が広い。連続燃焼であるため気体，液体のいずれでも使用できる。気体燃料では（㋐）が広く用いられ，液体燃料では（㋑），ガソリン，（㋒）などの石油系燃料がある。
(2) 排ガスがクリーンである。空気（㋓）の連続燃焼であるため，未燃の（㋔），一酸化炭素やばいじんが少ない。

(3) 潤滑油の消費量が少ない。潤滑油が直接高温部にさらされないので，その消費量はディーゼル機関の（ ㋕ ）％程度である。

解答
㋐：天然ガス ㋑：ナフサ ㋒：軽油 ㋓：過剰 ㋔：炭化水素 ㋕：1～3

解説
◆ガスタービン：圧縮機で燃焼用空気を圧縮して燃焼器に吹き込み，同時に燃料も噴射して燃焼させ，発生した高温高圧の燃焼ガスでタービンを回転させ回転運動エネルギを得る内燃機関をいう。
◆ナフサ：原油を蒸留して得られる半製品で，ガソリンや航空燃料，プラスチックなどの原料になる。
◆炭化水素：石油系燃料は炭素が約85％，水素約15％からなる炭化水素化合物である。

問5 舶用ガスタービンに関する次の文の（ ）の中に適合する字句を記せ。 (1407/2307)

(1) 主機用ガスタービンは，航空転用形と重構造形（産業形）の2つに大別される。航空転用形ガスタービンは軽量，小形，大出力，（ ㋐ ）性などの特長があるので高速船用主機に適している。重構造形ガスタービンは上記の面では航空転用形に劣るが，（ ㋑ ）燃料の使用が可能であること，（ ㋒ ）サイクルの採用が容易であることなどの経済面の利点がある。
(2) 航空転用形ガスタービンを主機として用いる場合，（ ㋓ ）によるガスタービンの腐食や性能低下を防ぐ対策が必要であり，本体に耐食材料などを用いるほか，空気取入れ部には（ ㋔ ）やフィルタの取付けが必要である。

解答
㋐：急速加減速 ㋑：重質 ㋒：再生 ㋓：塩分 ㋔：デミスタ

解説
◆航空転用形ガスタービン：ガスタービンは，もともとは航空用で開発され進

歩してきたので，その技術を取り入れた産業形も根本的な相違はない。舶用はその大きさ，操船性から航空転用形を採用している。
◆重質燃料：比重が大きく，粘度の高い燃料で，一般に重油と呼ばれる。
◆デミスタ：気流中の不純物とくに水分を分離する装置
◆再生サイクル：圧縮機を出た空気を再生器でタービンからの排ガスによって予熱し，タービン入口温度を高くして熱効率を向上させる。

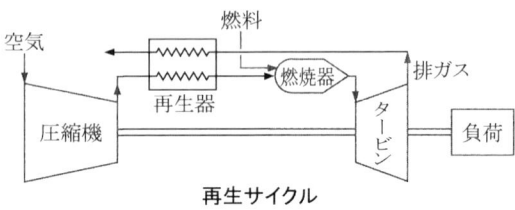

再生サイクル

問6 航空転用形ガスタービンの特徴に関する次の問いに答えよ。(1707)
(1) このガスタービンの長所は，何か。(4つあげよ。)
(2) 熱効率が35％くらいといわれるが，燃料消費率で表すと，どのくらいになるか。

解答
(1) ① 軽量，小形で大出力が得られる。
　　② 急速加減速性に優れる。
　　③ 信頼性が高く，保守・整備が容易である。
　　④ コンパクトなので艤装・据付けが簡単である。
(2) 240 g/(kW・h) 程度である(注1)。

解説
(注1) 燃料消費率はディーゼル機関には劣るものの，蒸気タービンや重構造形ガスタービンに比べて優れている。
◆燃料消費率：発生する機械エネルギに対する消費燃料の割合をいう。燃料消費率は熱効率に反比例し，この値が小さいほど熱効率は高くなる。

問7 ガスタービンの作動流体に関する次の問いに答えよ。
　　　　　　　　　　　　　　　　　　　　(1602/1610/1902/2010/2310)
(1) 吸入空気は，どのような主要構成要素を経て排気になるか。

(2) 作動流体の圧力は，機関内部のどこで最高になるか。
(3) 作動流体の温度は，機関内部のどこで最高になるか。
(4) 作動流体の速度は，どこを通過時に最高に達するか。
(5) 燃焼器を通過した作動流体により，タービンが作り出す出力のうち約 2/3 は，何に消費されるか。また，残り約 1/3 は，何に消費されるか。

解答
(1) 圧縮機→燃焼器→タービンを経て排気になる。
(2) 圧縮機出口
(3) タービン入口
(4) タービン入口ノズル
(5) ① 2/3：圧縮機の駆動　② 1/3：有効仕事 (注1)

解説
(注1) タービンは圧縮機を駆動し，残った出力で推進器や発電機などの負荷（有効仕事）を駆動する。

◆作動流体：熱機関において熱エネルギを機械エネルギに変換するための媒体流体で，ガスタービンでは空気及び燃焼ガスをいう。

問8　ガスタービンに関する次の問いに答えよ。　（1704/1807/2002/2402）
(1) ガスタービンの始動は，どのようにして行うか。
(2) 開放形ガスタービンにおけるタービン入口ガス温度を一定に保つ運転法では，下記⑦及び④の場合，出力は，それぞれ増加するか，減少するか，それとも変化しないか。
　　⑦　大気温度が上昇した。　　④　大気圧が上昇した。

解答
(1) 電動または空気式のスタータで圧縮機を機械的に回転させ，定格速度の 15〜20％ に加速したところで燃料を噴射し点火して，自力運転速度 (注1) に達したところでスタータを切り離す。
(2) ⑦　減少する。　　④　増加する。

機関その一

解説
（注1）スタータを切り離し，タービンのみで空気の圧縮ができる速度
◆開放（オープン）形サイクル：高圧空気中に燃料を吹き込んで燃焼させ，高温・高圧のガスをタービン内で膨張させて羽根車を回し，仕事の終わった燃焼ガスはそのまま排気として大気中へ排出される。タービンを出た排気を冷却器で冷却し，再び圧縮機に戻して循環させるサイクルは密閉サイクルという。
◆スタータ（始動機）：ディーゼル機関は高圧空気で始動し，ガスタービンは始動機で圧縮機を駆動し始動する。問1の図参照

問9 ガスタービンに関する次の(1)～(3)の用語をそれぞれ説明せよ。
(1) ホットセクション　　　　　　　　　　　　　（1702/1904/2202）
(2) コールドセクション　　　　　　　　　　　　（1504/1810/2007）
(3) モジュール構造　　　　　　　　　　　　　　（1502/1802/2104/2207）

解答
(1) 機関の中で高温の燃焼ガスにさらされる部分，すなわち燃焼室やタービン，排気系などの高温部分をいう。
(2) ホットセクション以外の燃焼ガスにさらされない部分，すなわち圧縮機や付属補機など比較的温度の低い部分をいう。
(3) 機関の整備性（注1）を考慮して，全体をいくつかの機能別または交換可能なグループに分割した構造をいう。

解説

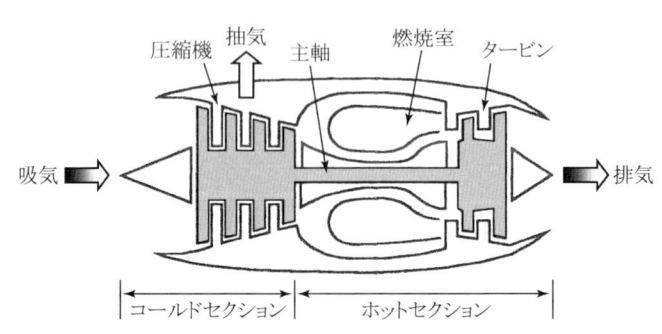

（注1）モジュール化により，部分的交換が可能となり，保守・整備が大幅に簡

2　ガスタービン

略化される。モジュールには「グループ分け」の意味がある。

> 問10　ガスタービンに関する次の(1)～(3)の用語をそれぞれ説明せよ。
> (1)　ウエットモータリング　　　　　　　　　　　　(1504/1810/2007)
> (2)　ドライモータリング　　　　　　　　　　　　　(1502/1802/2104/2207)
> (3)　フレームアウト　　　　　　　　　　　　　　　(1702/1904/2202)

解答
(1) 燃料系統の部品を交換した場合などに，燃料系統のプライミングや漏れの点検などの目的で，点火装置を作動させない状態にして，実際に燃料を燃焼室に噴射させて行うモータリングをいう。
(2) 燃料を噴射させないモータリングをいう。ウエットモータリングで燃焼室内に噴出された燃料を吹き飛ばすために行う。
(3) 始動時または運転中に燃焼が停止することをいう。

解説
(注)　ガスタービンの試運転は，ウエットモータリング，ドライモータリング，始動の順番で行う。
◆プライミング：燃料系統内の空気を排出すること
◆モータリング：出力軸をスタータ（始動機）で回すこと

> 問11　ガスタービンの始動に関する次の(1)～(3)の用語をそれぞれ説明せよ。
> (1)　ハングスタート　　　　　　　　　　　　　　　(1702/1904/2202)
> (2)　ホットスタート　　　　　　　　　　　　　　　(1504/1810/2007)
> (3)　ウエットスタート　　　　　　　　　　　　　　(1502/1802/2104/2207)

解答
(1) 燃焼開始後，所定時間内にアイドル回転(注1)まで加速しない現象で，燃料不足やスタータのトルク不足の場合などで起こる。
(2) 点火後，排気ガス温度が異常に急上昇する現象で，燃料流量が過多の場合などに起こる。

(3) 始動時に着火に失敗し，燃焼器やタービンなどに燃料が残った状態で行う始動。ホットスタートとならないようドライモータリングを行う。

|解説|
（注1） 無負荷で安定運転ができる回転

|問| 12 ガスタービン付属装置に関する次の問いに答えよ。
（1410/1910/2102/2210/2404）
(1) 下記㋐及び㋑の液体燃料系統は，一般にどのような機器で構成されているか。
　㋐　燃料をガスタービンに供給するための燃料供給系統（3つあげよ。）
　㋑　ガスタービン本体まわりの系統（2つあげよ。）
(2) 滑り軸受（平軸受）を用いるガスタービンでは，停止後も潤滑油を送りターニングする必要があるのは，なぜか。

|解答|
(1) ㋐　燃料タンク，燃料供給ポンプ，フィルタ
　　㋑　燃料ポンプ，燃料制御弁
(2) 停止後に高温のロータから熱が軸受部へ伝わり潤滑油の変質や軸受メタルの損傷を起こさないように，潤滑油を供給しターニングを行いながら全体を均一に冷却する。

|解説|
◆燃料系統：ガスタービンに燃料を供給する燃料供給系統と，燃料を制御するガスタービン本体まわりの系統からなる。
◆フローデバイダ：燃焼器の各ノズルに燃料を均等に分配する装置

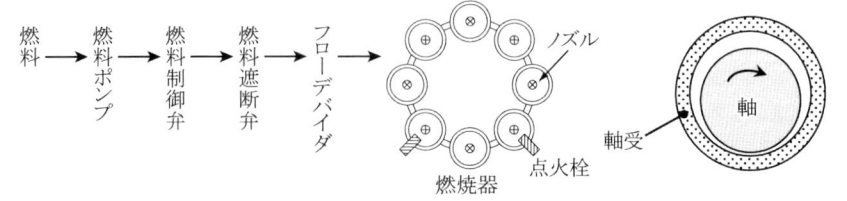

本体まわりの燃料系統　　　　滑り軸受（平軸受）

3 ディーゼル機関

問1 図は，ディーゼル機関の複合サイクル（サバテサイクル）を示す p-V 線図（圧力-体積線図）である。図によって，次の問いに答えよ。　（1407/1610/1802/2102/2304）

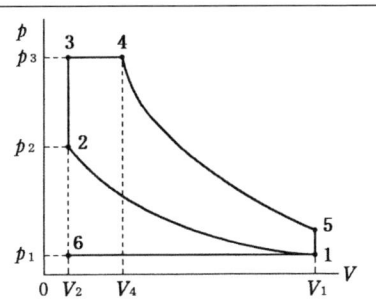

(1) 受熱及び放熱は，それぞれどの部分で行われるか。

(2) 圧縮比，締切比及び最高圧力比（爆発度）は，それぞれどのように表されるか。

解答

(1) ① 受熱：定容変化 2-3 および定圧変化 3-4 で行われる。

② 放熱：定容変化 5-1 で行われる。

(2) ① 圧縮比 = $\dfrac{V_1}{V_2}$　② 締切比 = $\dfrac{V_4}{V_2}$　③ 最高圧力比 = $\dfrac{p_3}{p_2}$

解説

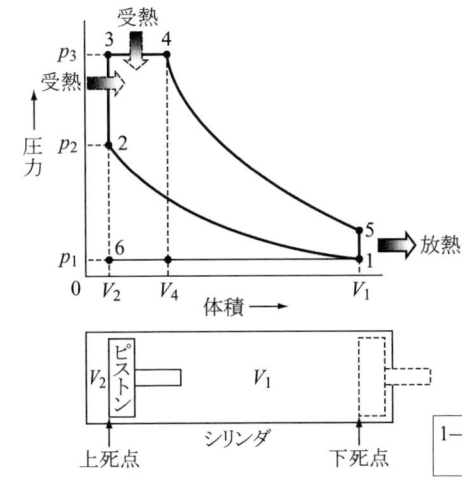

1→2：断熱圧縮
断熱状態で空気を圧縮し，圧力，温度が上昇して点2に達する。

2→3：等容燃焼
点2で燃料を吹き込んで燃焼させ，瞬時に点3に達する。

3→4：等圧燃焼
点3からは，圧力が一定になるように燃焼速度を制御して点4に至り，燃焼が終了する。

4→5：断熱膨張
点4からは容積は断熱状態で膨張し，点5に至る。

5→1：排気
点5では，瞬間的に排気弁が開き，瞬時に排気し，点1に戻る。

1→6, 6→1：四サイクルの排気・吸気行程を表し，二サイクルにはこの行程はない。

機関その一

◆複合サイクル：オットーサイクル（定容サイクル）とディーゼルサイクル（定圧サイクル）の2つのサイクルを組み合わせたもので，燃料の燃焼は定容・定圧のもとで行われる。二段燃焼サイクルとも呼ばれる。
◆ p-V 線図：縦軸は圧力 p（Pressure），横軸は体積 V（Volume）とした線図
◆最高圧力比：圧力上昇比，爆発度とも呼ばれる。

問2 ディーゼル機関の熱サイクルに関する次の文の（　）の中に適合する字句を記せ。　　　　　　　　　　　　　(1507/1704/1807/1910/2404)
　複合サイクルでは，熱効率を高めるには，なるべく圧縮比及び（㋐）比を（㋑）くするとともに，（㋒）比を 1 に近づければよい。すなわち，（㋓）時間に燃料を噴射して，（㋔）燃焼させ，（㋕）燃焼を（㋖）くすればよい。

解答
㋐：最高圧力　㋑：大き　㋒：締切　㋓：短　㋔：定容　㋕：定圧　㋖：少な

解説
（注）　複合サイクルの熱効率 η_th は

$$\eta_\text{th} = 1 - \underbrace{\frac{1}{\varepsilon^{\kappa-1}}}_{①} \times \underbrace{\frac{\rho\sigma^\kappa - 1}{(\rho-1) + \kappa\rho(\sigma-1)}}_{②}$$

ただし，ε：圧縮比，ρ：最高圧力比，σ：締切比，κ：比熱比

- 圧縮比 ε を大きくすると，$\varepsilon^{\kappa-1}$ は大きくなり，①は小さくなるので熱効率を高める。
- 締切比 σ を 1 に近づけると，②は 1 に近づき，オットーサイクルとなって熱効率を高める。

問3 四サイクルディーゼル機関の複合サイクル（サバテサイクル）に関する次の問いに答えよ。　　　　　　　　　(1602/1707/1810/2310)
(1) 理論熱サイクルの圧力-体積線図（p-V 線図）において，仕事量は，どのように示されているか。（図を描いて示せ。）　　(1610/1802/2102/2304)
(2) 締切比とは，何と何の比か。また，この比を小さくすることは，燃料

の噴射及び燃焼をどのようにすることか。
(3) 複合サイクルにおいて，熱効率に影響を及ぼす項目は，締切比のほか何か。

解答
(1) 仕事量の大きさは，1-2-3-4-5-1 で囲まれた面積
(2) ① 締切比 = $\dfrac{V_4}{V_2}$

② ・短時間に燃料を噴射する。
・定容のもとに燃焼させ，定圧のもとでの燃焼を少なくする。
(3) ① 圧縮比　　② 最高圧力比

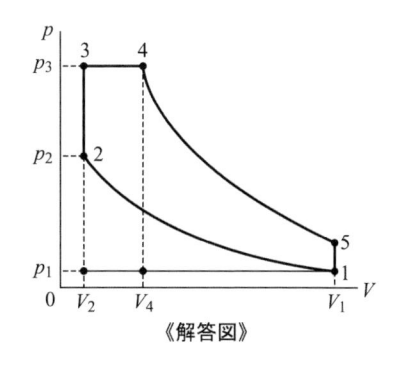

《解答図》

解説
◆熱効率：熱機関が受け入れた受熱量を Q_1，排出した放熱量を Q_2 とするとき
熱効率 = $\dfrac{Q_1 - Q_2}{Q_1}$ で表される。

問4 ディーゼル機関の出力増大の方法に関する次の文の（　　）の中に適合する字句を記せ。　　　　　　　　　　　　　　（1607/2002/2204）
(1) 機関出力を増大する方法には
① 機関のシリンダ数を増加する
② 機関のシリンダ径を増大する
③ 機関の（ ⑦ ）圧を増大する
④ 機関の（ ⑦ ）速度を増大する
などの方法がある。
(2) ⑦圧の増大は，熱的及び機械的強度上の問題と，⑦圧の増大に見合う（ ⑦ ）量の確保のための過給機性能の向上などの問題がある。
(3) ⑦速度は，機関の信頼性を保持するための適正値があり，それ以上にすることはむずかしい。⑦速度を一定とすると，（ ㊀ ）と（ ㊉ ）は反比例関係になり，㊀にはプロペラ効率が関係し，㊉には機関室高さが関係してくる。

(4) ㋐圧と㋑速度の積は，単位（㋒）面積当たりの機関出力に比例する値であり，これを（㋗）といい，機関の出力性能の目安としている。

解答
㋐：正味平均有効　㋑：平均ピストン　㋒：空気　㋓：回転速度　㋔：行程
㋕：ピストン　㋖：出力率

解説
◆機関出力：機関出力∝正味平均有効圧×シリンダ径×平均ピストン速度（行程×回転速度）×シリンダ数
◆正味平均有効圧：正味仕事（軸有効仕事）を行程体積（ピストンが上死点から下死点まで占める体積）で割った値で，正味平均有効圧は図示平均有効圧から摩擦平均有効圧（摩擦損失）を引いた値でもある。
◆図示平均有効圧：図示仕事を行程体積で割った値であり，シリンダ内圧力変化を記録した指圧線図（p-V 線図）の曲線内の面積を行程体積で割った値に相当する。

問5 ディーゼル機関の出力率に関する次の文の（　）の中に適合する字句または数値を記せ。　　　　　　　　　　　　　　　　　　(2010)
(1) 出力率は，（㋐）×（㋑）で示され，単位（㋒）面積当たりの機関出力に比例する値であり，燃焼室壁の（㋓）負荷を代表する数値でもある。
(2) 四サイクル機関と二サイクル機関の出力率を比較する場合は，四サイクル機関の㋐を（㋔）にすることによって同列に評価することができる。また，㋑の値は，（㋕）×（㋖）×1/30 で求められる。

解答
㋐：正味平均有効圧　㋑：平均ピストン速度　㋒：ピストン　㋓：熱
㋔：半分　㋕：行程　㋖：毎分回転速度

解説
◆平均ピストン速度 C_m：クランク軸が同じ速さで回転していても，ピストンの速さは，上死点・下死点で瞬間的に 0 となり，行程の中央で最高速度となる。このようにピストンの速さは場所によって異なるので，行程中ピストン

が同じ速さで動くとみなした平均ピストン速度が用いられる。

$$C_m = 2 \times 行程 \times \frac{毎分回転速度}{60}$$

◆行程（ストローク）：上死点から下死点までのピストンの移動距離

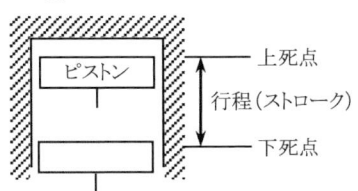

問6　ディーゼル機関に関する次の問いに答えよ。　　　　　（1604/1804）
　　出力率は，何と何の積で表されるか。また，出力率と出力の関係は，どのような式で表されるか。

解答
① 正味平均有効圧と平均ピストン速度の積
② 出力率 $\propto \dfrac{機関出力}{ピストン面積}$　（注1）

解説
（注1）この値が大きいほど小さい面積で大きな出力を出すので，エンジンのコンパクト性を表す。

　　　　機関出力 ∝ ピストン面積 × 正味平均有効圧 × 行程 × 回転速度
　　　　　　　　＝ ピストン面積 × 正味平均有効圧 × 平均ピストン速度
　　　　　　　　　（ここで，平均ピストン速度 ∝ 行程 × 回転速度）
　　　　　　　　＝ ピストン面積 × 出力率

問7　四サイクルディーゼル機関に関する次の問いに答えよ。　　（2207）
(1) 機械効率は，全負荷のときより低負荷のときが低くなるのは，なぜか。
　　　　　　　　　　　　　　　　　　　　　　　　　　　　（1702）
(2) 図示出力と軸出力の差の出力は，どのようなところで失われるか。
　　　　　　　　　　　　　　　　　　　　　　　　　　　　（1702）
(3) 運転中，トランクピストンに作用する側圧は，何によって変化するか。
　　　　　　　　　　　　　　　　　　　　　　　　　　　（1604/1804）

機関その一

解答
(1) 負荷が変わっても機械損失の量はほとんど変わらないので，低負荷では機関出力に対する機械損失の割合が高くなり，機械効率は低くなる。
(2) ① ピストンリングとシリンダライナの摩擦
② 軸受（主軸受やクランクピン軸受など）の摩擦
③ 機関直結の冷却水ポンプや潤滑油ポンプなどの駆動損失
(3) ① シリンダ内の燃焼ガス圧
② ピストンなど往復運動部の慣性力
③ 連接棒の傾斜角

熱勘定図

解説
◆機械効率 $\eta_m = \dfrac{軸出力}{図示出力}$

◆側圧（スラスト）：ピストンがシリンダ壁を押す力

◆慣性力：物体に外力を加えて，それまでの速度を変えようとするとき，物体は慣性によって抵抗しようとする。この抵抗力を慣性力という。この力を応用したものにフライホイール（はずみ車）がある。

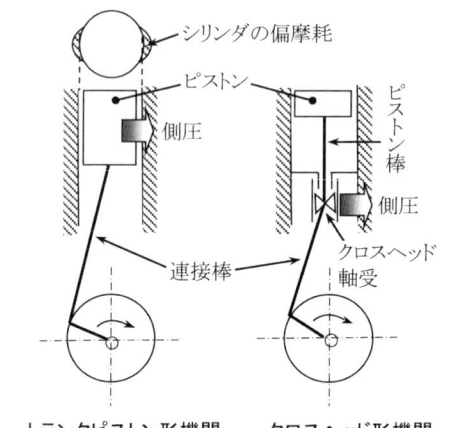

◆トランクピストン形機関／クロスヘッド形機関：トランクピストン形は，側圧により回転方向にシリンダが偏摩耗し，吹抜けを生じる。このため，側圧が無視できない大形機関においては，クロスヘッド軸受を設け，ここで側圧を受けることにより吹抜けを防止するクロスヘッド形を採用する。

問8 ディーゼル機関に関する次の文の中で，正しくないものを2つあげ，その文の下線を引いた部分を訂正して正しい文に直せ。　　　(1702/1902)

3 ディーゼル機関

> ㋐ 機械損失の中で最も大きい部分は，ピストンリングの摩擦により生じる。
> ㋑ 大気が標準状態では，体積効率と充てん効率は，等しい。
> ㋒ 出力率は，正味平均有効圧と行程容積の積である。
> ㋓ 複合サイクル（サバテサイクル）の熱効率は，締切比が1に近づくほど高くなる。
> ㋔ インジケータにより採取した p-V 線図（たび形線図）の面積は，図示平均有効圧を表す。

|解答|
㋒：正味平均有効圧と平均ピストン速度
㋔：1サイクルの仕事量

|解説|
◆機械損失（摩擦損失）：摩擦など機械的原因による損失。内燃機関ではこれに冷却水ポンプや潤滑油ポンプなど機関に直結する補機類を駆動する損失を加える。機械損失＝図示出力－軸出力
◆標準状態：気体は圧力，温度によって状態が異なるので，圧力1013.25 hPa，温度20℃を気体の標準状態という。
◆体積効率：吸・排気時に前サイクルにおける燃焼ガスが排出され，新気がシリンダ内に充てんされるが，その際，シリンダ内は完全に新気に置き換わるわけではなく，燃焼ガスの一部は残存する。このシリンダ内に吸入される新気の割合を体積効率といい，体積効率が低いと馬力の出ないエンジンとなる。

$$体積効率 = \frac{吸入新気体積}{行程体積}$$

充てん効率も体積効率と同じ意味であるが，充てん効率の場合は外気条件が変わると値が変わる。
◆行程容積：$\frac{\pi}{4}D^2 \times S$（ただし，$D$：シリンダ径，$S$：行程）で表され，排気量ともいう。
◆インジケータ線図：シリンダ内の圧力変化とピストン行程容積との関係を表した線図で，インジケートは「図示する」という意味

◆図示平均有効圧：面積は長方形にすると，縦×横で簡単に求まる。たび形の面積も横軸の長さは一定であるので，縦軸をたび形内の矢印の平均から図示平均有効圧として面積を求める。

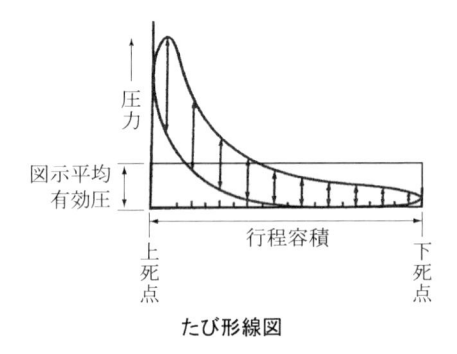

たび形線図

問9 ディーゼル機関に関する次の文の中で，正しくないものを2つあげ，その文の下線を引いた部分を訂正して正しい文に直せ。（1502/1710/2110）
㋐ ディーゼルノックは，燃焼の後期に起こる。
㋑ ピストンリングの摩擦により生じる損失は，機械損失の中で最も大きい。
㋒ 給気効率は，掃気後，シリンダ内に留まる新気の質量と掃気に使用した全給気の質量の比で表される。
㋓ 大気が標準状態では，体積効率は，充てん効率と比べて2倍である。
㋔ インジケータにより撮取した $p-V$ 線図（たび形線図）の面積は，仕事量を表す。

解答
㋐：初期　　㋓：等しい

解説
◆ディーゼルノック：ディーゼル機関において，着火遅れが大きいとシリンダ内に蓄積される燃料が多くなり，いったん着火すると多量の燃料が燃焼する結果，圧力の急上昇を起こし，シリンダ内に異常なたたき音を発する。この現象をディーゼルノックといい，燃焼の初期に発生する。

問10 ディーゼル機関に関する次の問いに答えよ。　　（1602/2007）
(1) 性能曲線（負荷試験曲線）には，燃料消費率のほか，どのような事項が示されているか。

3 ディーゼル機関

> (2) 運転中の機関の燃料消費率を求める場合，必要な計測項目は，何か。
> (3) 上記(2)の項目を正確に求めるため，それぞれどのようにして行うか。

解答
(1) ①燃料消費量，②機関回転速度，③平均有効圧，④機械効率，⑤排気温度など
(2) ①図示平均有効圧，②機関毎分回転速度，③燃料消費量，④燃料油温度
(3) ① 図示平均有効圧は，数回撮取し，その平均を求める。
　　② 毎分回転速度は，回転積算計により小数第1位まで求める。
　　③ 燃料消費量は，流量計で1時間程度計測し，温度により補正して15℃の容積を求め，密度をかけて質量を出す。

解説
◆性能曲線：横軸に負荷，縦軸に圧力や温度などの単位をとり，各項目について試運転によって得られたデータをもとに描かれる。したがって，機関の最良の状態の性能を表しており，現状の性能を検討するのに利用される。
◆燃料消費率 [g/kWh]：1時間，1軸出力（kW）当たりの燃料消費量で，出力や形式の異なる機関についてその性能を比較するのに用いる。
◆平均有効圧：平均有効圧とは1サイクルの仕事を行程体積で割ったもの。1サイクルの仕事には理論仕事，図示仕事，正味仕事があるので，それぞれに対する平均有効圧が得られる。

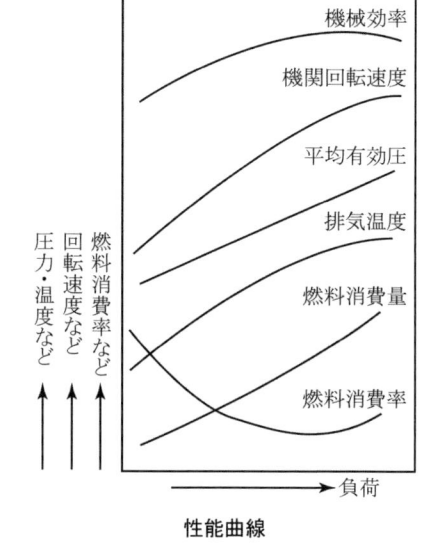

性能曲線

> **問11** ディーゼル機関の燃料油の点火遅れは，次の(1)〜(3)の事項によってどのような影響を受けるか。それぞれ述べよ。　　(1702/1807)
> (1) 噴射時期　　(2) 噴射量　　(3) 回転速度

機関その一

解答　（※問題文では「点火遅れ」となっているが，解答では「着火遅れ」に統一した。）
(1) 圧縮行程の終わる上死点近くで温度・圧力(注1)が最高になる時期に噴射すれば着火遅れは短くなる。
(2) 負荷が増加して噴射量が増すと，シリンダ温度が高くなるので，圧縮温度も高くなり，着火遅れは短くなる。
(3) 回転速度が増加すると，単位時間に発生する熱量が増え，圧縮中のガス漏れや熱損失が減少するので，燃焼室温度が上昇し，かつ回転速度とともに空気のうず流れも増すので，着火遅れは短くなる。

解説
(注1) 圧力が高くなるほど燃料の自然発火温度は低下する。
◆着火（点火）遅れ：着火遅れは，噴射された燃料が空気から熱を奪って気化し，混合気を形成して自然発火温度に達するまでの物理的着火遅れと，自然発火温度に達した混合気が燃焼するまでの化学的着火遅れからなる。同一燃料の場合，空気の温度，圧力が高いほど着火遅れは短くなる。

問12 ディーゼル機関に関する次の問いに答えよ。
(1) シリンダの点火順序は，どのようなことを考慮して決められるか。
　　　　　　　　　　　　　　　　　　　　　　　　（1604/1804/2302）
(2) シリンダ出口の排気温度計の示度は，排気集合管の排気温度計の示度より，一般に低く表れる理由は，何か。

解答
(1) ① 滑らかな回転力が得られること。
　② 主軸受に作用する力が過大にならないこと。隣り合ったシリンダが続けて燃焼する場合などは，両シリンダ間の主軸受に過大な力が作用する。
　③ ねじり振動を小さくすること。
　④ 給・排気干渉を生じないこと。
(2) シリンダを出た排気は大きな運動エネルギをもっているが，排気集合管内で速度を減じて，運動エネルギを熱エネルギに変換するので，排気集合管の排気温度計の示度がシリンダ出口の排気温度計の示度より高く表れる。

3 ディーゼル機関

問13 図は，ディーゼル機関のインジケータ線図である。図に関する次の問いに答えよ。 (1804/2202)

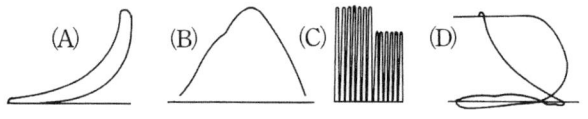

(A)　(B)　(C)　(D)

(1) (A)，(B)，(C)及び(D)のインジケータ線図から，それぞれ何を知ることができるか。 (1504)
(2) (A)の直線の長さは，何を示すか。 (1504)
(3) (B)は，インジケータを機関に取り付けた後，一般に，どのようにして撮取するか。

解答

(1) (注1)
- (A) シリンダ内で発生した出力（図示出力）(注2)
- (B) 圧縮圧，着火，最高圧および燃焼状況
- (C) 連続したシリンダ内の最高圧や圧縮圧の変化 (注3)
- (D) 吸気および排気の低圧部分の状況 (注4) や吸排気弁の開閉時期

(2) ピストン行程

(3) 上死点が記録紙の中央にくるように回転速度に合わせてコードを引きペンで描かせる。

解説

(注1) (A)：p-V線図，(B)：手引き線図，(C)：連続圧力線図，(D)：弱ばね線図という。

(注2) 面積がシリンダ内の仕事量を表す。

(注3) (A)，(B)では，1サイクルの状況を示し，連続した変化を知ることはできない。

(注4) 通常のばねでは，高圧部はよ

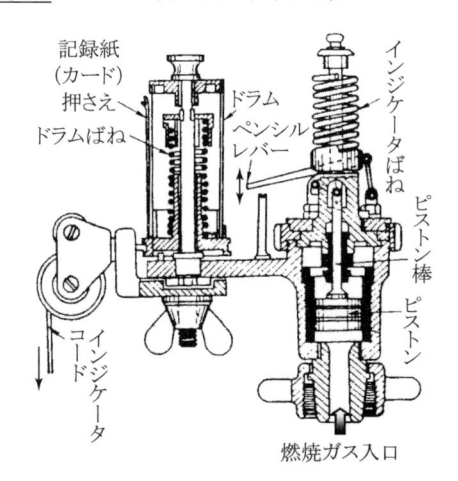

M3型インジケータ
〔今橋武・沖野敏彦『舶用ディーゼル機関の基礎と実際』を基に作成〕

くわかるが，低圧部の状況を知るには弱いばねに変えて拡大して描かせる。
◆インジケータ（指圧器）：シリンダ内の圧力の変化とピストン位置との関係を測定する計測器

問 14 ディーゼルノックに関する次の問いに答えよ。　　　　　　(1610/2104)
(1) ディーゼル機関のシリンダ内における正常燃焼とディーゼルノック発生時の燃焼は，手引き線図では，どのように表されるか。（手引き線図を描いて相違点を説明せよ。）
(2) ディーゼルノックの発生を防止するには，どのような方法があるか。

解答
(1) 図のとおり
　① ディーゼルノック発生時：着火遅れが大きく，一時的に燃焼するため急激に圧力上昇し，最高圧力が高く不安定である。
　② 正常燃焼：着火遅れはあるが，着火からの圧力上昇はなだらかである。
(2) (注1)
　① 着火性のよい（セタン価の大きい）燃料を使用する。
　② 圧縮空気温度および圧縮圧力を高める。
　③ 燃料の霧化・分散を良くして高温空気との接触を良好にする。
　④ 燃焼室温度を下げ過ぎない(注2)。

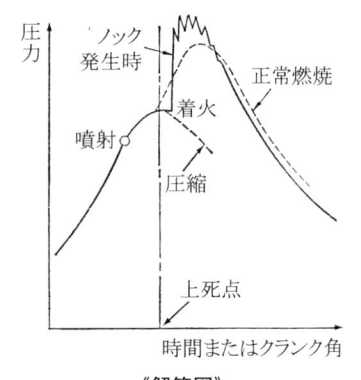

《解答図》
〔機関長コース1987年11月号の解答を基に作成〕

解説
(注1) ディーゼルノックの防止策は，燃料噴射後すみやかに着火する（着火遅れを短くする）対策をとる。
(注2) 吸気温度やシリンダ冷却水温度に注意する。

3 ディーゼル機関

問15 ディーゼル機関の最高圧に関する次の問いに答えよ。　（2107/2402）
(1) 最高圧がふぞろいとなる場合の原因は、何か。
(2) 最高圧が下記㋐及び㋑のようにふぞろいとなった場合、それぞれ機関にどのような影響を及ぼすか。
　　㋐　最高圧が他のシリンダに比べて、高過ぎるシリンダがある。
　　㋑　最高圧が他のシリンダに比べて、低過ぎるシリンダがある。

解答　（※問題文では「ふぞろい」となっているが、解答では「不ぞろい」に統一した。）
(1) ①　燃料の噴射に関する原因：噴射時期が不ぞろいの場合、噴射量が不ぞろいの場合、噴射圧が不ぞろいの場合
　　②　燃料噴射弁に関する原因：燃料噴射弁に漏れや焼付きがある場合、**燃料噴射弁のリフト**が不ぞろいの場合
　　③　燃焼室に関する原因：圧縮圧が不ぞろいの場合
(2) ㋐　高すぎるシリンダは、ノッキングにより機関の振動・騒音を増す。この状態が長く続くとクランク軸を折損する。
　　㋑　低過ぎるシリンダは、後燃えが長く、燃焼は不良となって排気温度が上昇し、効率が低下する。

問16 図は、四サイクルディーゼル機関のシリンダを示す。図に関する次の問いに答えよ。
　　　　　　　　　　　　　　　（1604/1804/2204）
(1) Aの役目は、何か。
(2) Bの溝は何のために設けるか。
(3) Cのくぼみを設ける場合があるのは、なぜか。
(4) Dの切欠きを設ける場合があるのは、なぜか。
(5) 機関の発停回数が多い場合、ライナの摩耗が増すのは、なぜか。　（2302）

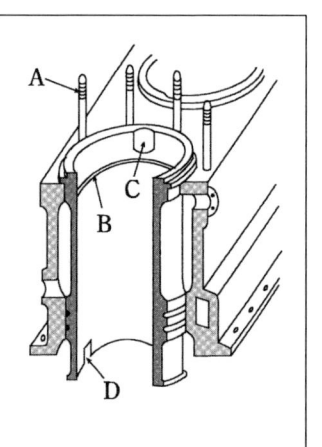

解答
(1) ナットでシリンダヘッドを締め付けるための植込みボルト
(2) ピストンが上死点のとき，第1ピストンリングの位置に摩耗によって段ができるのを防ぐ。
(3) 吸気弁や排気弁がライナに当たらないようにする。
(4) クランク軸の回転により，ライナ下部に連接棒が当たらないようにする。
(5) 始動時は
　① シリンダ内面の潤滑油が不足するため。
　② シリンダ内の温度が低いので，燃焼ガス中の硫酸ガスがシリンダ壁面に凝縮して硫酸が生成されるため。
　③ 燃焼不良を起こしやすいので，炭化物の生成量が多くなるため。

解説
◆シリンダ：シリンダには一体形とライナ形がある。**側圧（スラスト）** による摩耗が無視できない大形機関においては，交換可能なライナ形が採用される。
◆植込みボルト（スタッド）：通しボルト（両方からナットで締め付けるボルト）が使用できない場合に用いる。

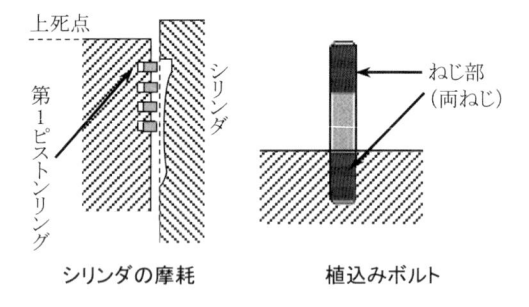

問17 ディーゼル機関におけるアンチポリッシングリング（ファイヤリング）に関する次の文の（　）の中に適合する字句を記せ。　　(1510/2104)
(1) このリングは，シリンダライナの（㋐）部に挿入され，ライナ内径より若干小さい内径を有する（㋑）製のリングである。
(2) このリングにより，ピストン（㋒）に付着する（㋓）は，リングの内径以上に成長しないため，ライナ壁との接触を避けることができる。
(3) 上記(2)の結果，ライナの摩耗によってライナ表面の（㋔）加工溝が消失し，（㋕）のようになる現象を防止することができる。

3 ディーゼル機関

解答
㋐上　㋑特殊鋳鉄　㋒頂部外周　㋓硬質カーボン　㋔ホーニング　㋕鏡面

解説
◆ ホーニング加工：穴の内径を精度よく仕上げる加工をいう。
◆ アンチポリッシングリング：ピストンに付着した硬質カーボンは，ライナの偏摩耗や鏡面化を起こし潤滑油の消費を増加させる。このため硬質カーボンを除去する目的でライナ上部に装着されるリング

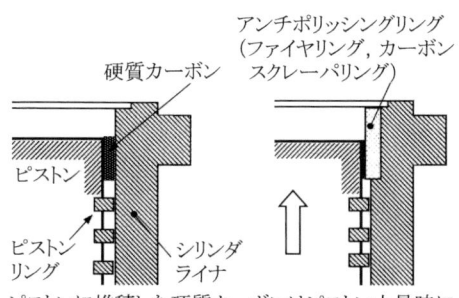

ピストンに堆積した硬質カーボンはピストン上昇時にアンチポリッシングリングによって掻き落とされる。

問18 ディーゼル機関のシリンダライナに関する次の問いに答えよ。
(1502/1704/1807/2304)

(1) 鋳鉄がライナの材料として用いられる理由は，何か。
(2) ライナのフランジ部に割れが生じる場合の原因は，何か。
(3) ライナを新替えした場合，どのような事項を調べておかなければならないか。(2210)
(類) ライナ挿入後，確認する事項は，何か。(1810)

解答
(1) 組織中の黒鉛(注1)の潤滑性と保油性が摩耗や焼付きを防止する。
(2) ① フランジ部の厚さが不十分な場合
　　② コーナー部の**丸み**が不十分な場合
　　③ シリンダ本体とライナとの中心線が不一致な場合
　　④ 材質が不良の場合
(3) ① シリンダとピストンのすきまの検査
　　② シリンダ中心の検査
　　③ トップクリアランスの検査
　　④ シリンダ冷却水の漏れの検査（水圧試験）

⑤ シリンダ潤滑油の注油具合の検査

|解説|
(注) シリンダは爆発燃焼による高温高圧に耐える強度と，ピストンリングの**しゅう動**に対する耐摩耗性が要求される。
(注1) 鉄と炭素量が 2% までの合金を鋼といい，炭素量が 2% を超えると**鋳鉄**と呼ばれる。炭素量が多くなると炭素は黒鉛として単体で存在する。黒鉛（グラファイト）は鉛筆の芯と同じもので，軟らかく，潤滑油を保持する作用がある。

◆トップクリアランス（上死点すきま）：ピストンが上死点のとき，シリンダヘッド底面とのすきま，またはすきま容積

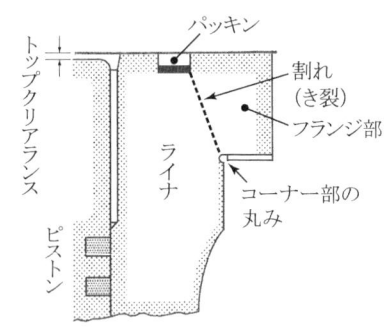

シリンダライナ（内筒）　　　ライナ上部フランジ部

|問|19 四サイクルディーゼル機関のシリンダライナに関する次の問いに答えよ。
(1) ライナは，どのような要領で抜き出すか。（略図を描いて説明せよ。）
　　　　　　　　　　　　　　　　　　　　　　　　（1710/2307）
(2) 抜き出したライナの冷却水側について，どのような事項について検査するか。　　　　　　　　　　　　　　　（1710/2307）
(3) ライナをシリンダブロック（シリンダケーシング）に挿入する場合，どのような要領で行うか。　　　（1610/1810/2210）

|解答|
(1) ライナ抜き出し専用の工具を使用する。

3　ディーゼル機関

① 抜き出す前にシリンダライナとシリンダブロックに復旧時のために**合いマーク**を付ける。
② 内部注油金具があれば外す。
③ 冷却水通路のスケールやさびがクランク室に落下するので、クランク軸やクランクケース底部にキャンバスなどを敷く。
④ シリンダヘッド締付けボルトに同じ高さの鋼管をはめ込み、その上に上部当金 A を取り付ける。
⑤ 下部当金 B をライナ下部にあて、ボルト C にナット E で取り付ける。
⑥ ナット D を締め付け、ライナを上方に抜き出す。
⑦ ライナにひずみを与えないようにゆっくりと平均に抜き出す。

《解答図》

(2)
① スケールの付着や腐食、侵食の状況
② 上部フランジ部付け根のき裂の有無
③ ゴムガスケットの状態およびガスケット溝部の侵食の状況
④ **保護亜鉛**の状態（海水冷却の場合）

(3) 専用の工具を使用する。
① ライナ外周およびシリンダブロックを清掃する。
② グリースを塗った下部ガスケットを取り付ける。
③ 上部銅ガスケットは必要があれば新替えする。
④ ライナを挿入し、専用の工具板(注1)で押さえる。
⑤ 専用の締込み工具(注2)をシリンダヘッド締付けボルトに挿入し、ナットを利用して、平均に締め込み挿入する。

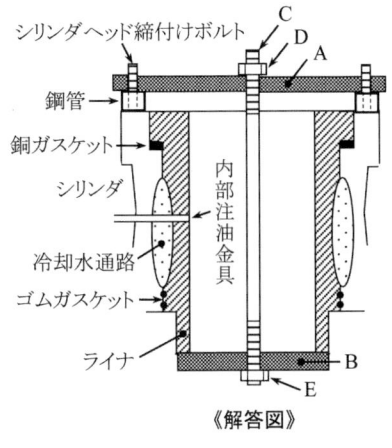

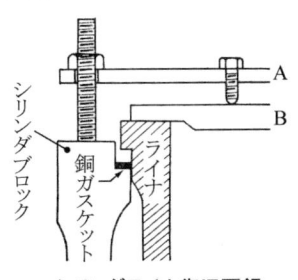

シリンダライナ復旧要領
〔運航技術研究会編『新機関科実務』を基に作成〕

|解説|
(注1) 図中 B

機関その一

(注2) 図中 A
◆グリース：半固体状の潤滑剤
◆フランジ：「鍔（つば），出っ張り」の意味
◆ガスケット：パッキンと呼ばれることがあるが，パッキンは運動部のシール（気密）に，ガスケットは固定部のシールに使用されるものをいう。

問20 大形ディーゼル機関のピストンリング及びシリンダライナを新品と取り替えた場合，すり合わせ運転が必要なのは，なぜか。また，それはどのような運転要領で行うのか。それぞれ記せ。　（1702/2107）

解答
　新品に取り替えた場合，なじみができていないため，摩擦抵抗が大きく発熱もしやすく機関に無理を生じやすいため，すり合わせ運転を行う。
＜運転要領＞
　① 負荷をかけずに，低速回転で5分程度運転し，いったん停止して発熱の有無など各部を点検する。
　② 異常がなければ，さらに同じ状態で30分程度の運転を行い，停止して同様の点検を行う。
　③ 異常がなければ，1/4程度の負荷をかけて60分程度の運転を行い，停止して同様の点検を行う。
　④ 異常がなければ段階的に負荷を上げ，最後に全負荷で1時間程度運転を行い，同様の点検を行う。
　⑤ すり合わせ運転は，同じ状態を長く続けるよりも，できるだけ無負荷で短時間ずつ運転した方が効果をあげる。

解説
◆すり合わせ運転：軸と軸受などしゅう動部になじみをもたせるために行う慣らし運転をいう。

問21 トランクピストン形ディーゼル機関のクランク室内の爆発に関する次の問いに答えよ。　（1502/1810/2202/2310）

3 ディーゼル機関

(1) 爆発の原因は，何か。
(2) 爆発を防止するため，どのような警報装置が設けられるか。
(3) 運転中，上記(2)の警報が鳴り，クランク室の異常過熱を認めた場合は，どのように処置するか。
(4) 爆発の被害を減少させるため，クランク室は，どのような構造になっているか。

解答
(1) ① 可燃性ガス：ブローバイにより漏洩した未燃焼ガス，潤滑油から発生した可燃性ガス
② 発火源：ブローバイによる燃焼ガス中の火炎，軸と軸受など金属接触による火花，軸受の過熱
①，②の条件が揃うと，クランク室内で爆発が発生する。
(2) ① オイルミスト警報装置：クランク室内のガスを警報装置に吸引し，光電管を用いて光度の変化からオイルミストの濃度を測定する。
② 軸受高温警報装置
(3) 直ちに機関を減速する。機関の固着がなければ機関を停止し，ターニングしながら機関を自然冷却させる(注1)。
(4) ① クランク室に外気に逃がすガス抜き管を設ける。
② クランク室ドアに自動閉鎖式の安全弁を設ける。

解説
(注1) 停止後すぐにクランク室ドアを開けると，新気の流入により爆発を起こす場合があるので，ドアの開閉には注意を要する。
◆オイルミスト：油分を含んだ蒸気
◆光電管：光の強度を電流に変換する装置

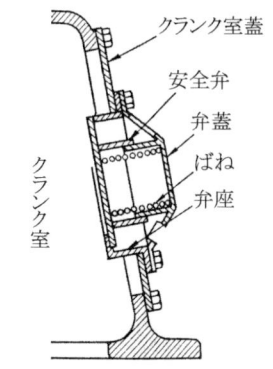

クランク室爆発安全装置
〔機関長コース1987年8月号の解答より〕

問22 ディーゼル機関の運転終了後，クランク室内部を点検する場合，どのような事項について行うか述べよ。　　　　　　　　(1504/1910/2104/2402)

機関その一

|解答|
① 主軸受，クランクピン軸受およびピストンピン軸受などの発熱の有無
② 各部の締付けボルトやナットの緩みの有無
③ ライナ内面の損傷の有無
④ 冷却水などの漏れの有無
⑤ 内部構成部のき裂やさびその他，異常の有無
⑥ クランク室底部のホワイトメタルなど落下物の有無 (注1)

|解説|
(注1) 軸受が異常発熱するとホワイトメタルなどの軸受材が溶けてクランク室底部に落下する。

◆ホワイトメタル（白色合金）：すず（Sn）や鉛（Pb）を主体とした軟質の軸受用合金で，180℃を超えると溶融する恐れがある。軸受荷重が大きくなると銅（Cu）と鉛（Pb）の合金であるケルメット（銅鉛合金）を使用する。

|問|23 ディーゼル機関のタイロッドに関する次の問いに答えよ。
(1) タイロッドは，何を締め付けるものか。（図を描いて示せ。）
(2) タイロッドを締め付ける場合，片締めするとどのような害があるか。
(2307)

|解答|
(1) 図のとおり。台板から架構，シリンダ上端まで一括して締め付ける。
(2) ① 台板や架構 (注1) にひずみを生じる
　　② 機関中心に狂いを生じる。
　　③ タイロッド自身に大きな応力を生じ，タイロッド折損の原因になる。
　　④ **クランクアーム開閉量**が変化する。

《解答図》

|解説|
(注1) 台板は「ベッド」，架構は「フレーム，クランク室，コラム」とも呼ばれる。

◆タイロッド（控え棒）：機関運転中，架構とシリンダには爆発圧力による引

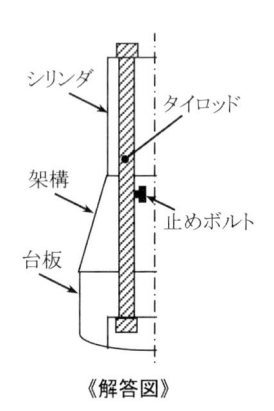

3　ディーゼル機関

張り力が作用する。大形機関の場合，この引張り力に対する強度を架構でもたせると架構の質量が大きくなるので，タイロッドを用いて引張り力を負担させ，機関の質量を軽減する。タイは「結ぶ，縛る」，ロッドは「棒」の意味で，タイロッドは「支柱ボルト，テンションボルト（引張りボルト），貫通ボルト」とも呼ばれる。

問24 ディーゼル機関のタイロッドに関する次の問いに答えよ。
(1410/1710/1902/2207)

(1) タイロッドを用いると，どのような利点があるか。また，どのような欠点があるか。

(2) タイロッドのねじは，緩みを防ぎ，強さをもたせるため，どのようなねじとするか。

(3) 長いタイロッドの場合，曲げ応力を防止するため，どのようにするか。

解答

(1) ＜利点＞
① シリンダや架構にかかる引張応力を軽減する。
② 機関の質量を軽減する。
③ 機関の振動を軽減する。

＜欠点＞
① タイロッドの片締めや締め過ぎ，締め不足に注意を要する。
② タイロッドの折損やナットの緩みに注意を要する。
③ 長いタイロッドを抜き出すための機関室スペースが必要となる。
④ 製作費が高くなる。

(2) ① 山数の多い細目ねじ
② <u>切欠き効果がないよう</u>(注1) 加工精度の高いねじ

(3) ① タイロッドの材料は伸びや曲げに強い高強度材を使用する。
② タイロッドは定期的に点検し，必要時は増締めをする。
③ <u>中間に振動止めボルトを設ける</u>(注2)。
④ 振動止めボルトは定期的に点検し，必要時は増締めをする。

機関その一

|解説|
(注1) 丸み（R アール）をもたせる。
(注2) 振動により曲げ応力が加わるので，中間に支えを設ける。問 23 の図参照

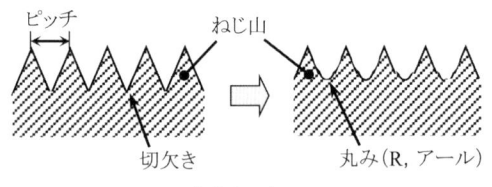

◆ 細目ねじ：メートルねじには，並目ねじと細目ねじがあり，並目ねじが一般的であるが，並目ねじよりピッチの細かいねじをいう。あそびが少なく，緩み防止の効果がある。

◆ 切欠き効果（局部的集中応力）：材料の形状が急激に変化する箇所を切欠きといい，この部分に応力が集中するので，き裂の起点となる。お菓子などの袋も開封しやすいように切欠きを設けている。丸みをもたせると応力が分散するので，き裂を防止できる。

|問|25 トランクピストン形四サイクルディーゼル機関に関する次の問いに答えよ。 (1410/1702/1907)
(1) ピストンの慣性力が最大となる位置は，クランク角度で何度か。(2110)
(2) ピストンの側圧が最大となる位置は，クランク角度で何度くらいか。
(3) 図は，ピストンとクランクの位置を示す。図の①〜⑥の各位置においてピストンに働くガス圧と慣性力の合成力が上向きとなるのはどれか。また，ピストンの側圧が左方向に作用するのはどれか。（それぞれ番号で示せ。） (2110)

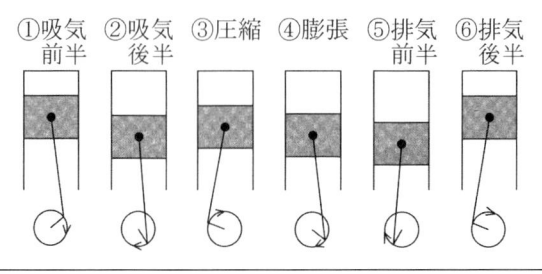

①吸気前半　②吸気後半　③圧縮　④膨張　⑤排気前半　⑥排気後半

|解答|
(1) 0° および 180° (注1)

3 ディーゼル機関

(2) 上死点過ぎ 20° くらい

(3) (注2)
　　＜上向き＞　①，⑥
　　＜左方向＞　②，④，⑥

解説

(注1) **慣性力**が最大となるのは，ピストンの加速度が最大となる上死点と下死点の位置

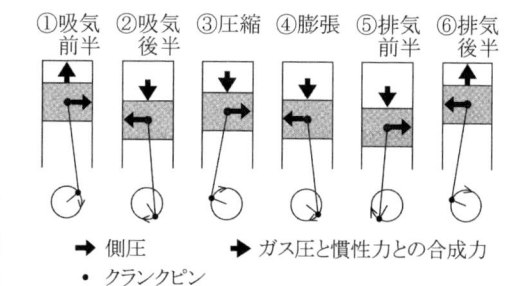

①吸気前半　②吸気後半　③圧縮　④膨張　⑤排気前半　⑥排気後半

→ 側圧　　　→ ガス圧と慣性力との合成力
・クランクピン

(注2) 合成力が上向きの場合，クランクピンのある側のシリンダに側圧を受け，合成力が下向きの場合は，クランクピンの反対側のシリンダに側圧が作用する。

◆側圧（スラスト）：ピストンがシリンダ壁を押す力
◆慣性：物体は外力を受けなければ，静止しているものはいつまでも静止し，運動しているものは運動を続けるという性質

問26 ディーゼル機関のピストン冷却に関する次の問いに答えよ。
　　　　　　　　　　　　　　　　　　　　（1607/1904/2010/2307）

(1) 冷却液に潤滑油を使用する場合は，清水を使用する場合に比べて，どのような利点と欠点があるか。

(2) トランクピストン形のピストンを油冷却する場合，どのような方法があるか。（2つあげよ。）

(3) クロスヘッド形のピストン（運動部）と冷却管（固定部）の接続には，どのような方法があるか。（2つあげよ。）

解答

(1) ① 利点
　　・漏れによる影響が小さい(注1)。
　　・システム油が利用できる(注2)ので，冷却装置が簡単になる(注3)。
　　・腐食のおそれがない。

　　② 欠点

- 比熱が小さいので冷却効果が悪く，多量の潤滑油を必要とする。
- 高温部に接して劣化しやすく，炭化された油が冷却面に付着し伝熱を阻害する。

(2) ① ジェット冷却
　　② シェーカ冷却
(3) ① テレスコピックチューブ（抜差し管，入れ子管）式
　　② 関節管式

解説

(注1) 清水の場合，漏れるとシステム油を劣化させる。
(注2) ピストンピン軸受を潤滑したシステム油がピストンを冷却し，サンプタンクに戻る。
(注3) 清水の場合，ピストン冷却系統が必要になる。

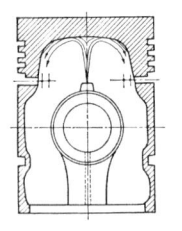

潤滑油をピストン頂部裏面に吹きつけて冷却する。

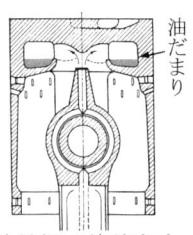

油だまりの油がピストンの上下運動によって動揺して冷却する。

ジェット冷却　　**シェーカ冷却**
〔機関長コース1987年11月号の解答を基に作成〕

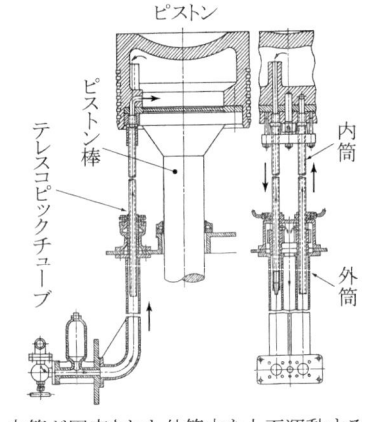

内筒が固定された外筒内を上下運動する。

テレスコピックチューブ式
〔川瀬好郎『舶用機関概論』を基に作成〕

問27 ディーゼル機関のピストンピン及びピストンピン軸受に関する次の問いに答えよ。
(1) ピストンピン軸受メタルは，どのような形状をしているか。また，材質は，何か。
(2) ピストンピン軸受の油すきまは，どのようにして計測するか。また，すきまが限度を超えている場合，どのようにして標準すきまとするか。
(3) 固定式ピストンピンの取付け部が緩むと，どのような害が生じるか。

3 ディーゼル機関

[解答]
- (1) ① 形状：筒形
  - ② 材質：りん青銅
- (2) ① すきまの計測
  - 軸受とピンの間に**すきまゲージ**を挿入して計測する。
  - ピンの外径とメタルの内径を計測し，その差からすきまを求める。
  - ② すきまが限度を超えているとき：軸受メタルまたはピストンピンを新替えする。
- (3) ① 衝撃によりピンのあたるボス部が割れる。
  - ② メタルの摩耗を早める。
  - ③ 潤滑油の漏出により潤滑油消費量が増加する。
  - ④ 漏れた潤滑油が炭化してピストンリングが固着する。

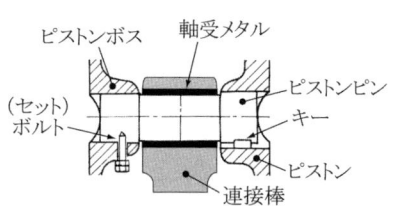

ピストンおよびピストンピン

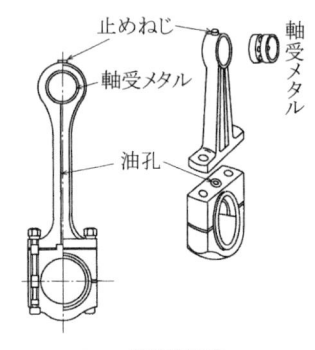

Ｔエンド型連接棒

[解説]
◆りん青銅：銅（Cu）にリン（P），すず（Sn）を加えた合金で，強度が高い。
◆固定式ピストンピン：キーで回り止めし，ボルトで抜け止めをしたピストンピン。これに対し，運転中，自由に回転するピストンピンは浮動式と呼ばれる。

問28 ディーゼル機関のピストンリングに関する次の問いに答えよ。
(1604/2002)
- (1) リングフラッタとは，どのような現象か。
- (2) 上部のピストンリングと下部のピストンリングでは，どちらが上記(1)の現象を起こしやすいか。また，それはなぜか。
- (3) サイドクリアランス（リングとリング溝の上下すきま）が小さ過ぎる場合及び大き過ぎる場合，それぞれどのような害があるか。

解答

(1) ピストンリングは，リング自身の張りと燃焼室からの燃焼ガス圧により，シリンダ壁およびピストンのリング溝下側に押し付けられて気密を保っているが，機関の回転が高くなると，燃焼ガスがシリンダとピストンのすきまおよびリング溝で絞られるので，リングの上面に作用する圧力が低くなる。これに対してリングの**慣性力**は大きくなるので，リングは溝の中で浮いて，リングの裏側を燃焼ガスが素通りし，同時にシリンダ壁を押し付ける力も弱められ，ガス漏れは急に増加する。この現象をリングフラッタという。

(2) 下部：リング上面に作用する燃焼ガス圧は下部リングになるほど低いため。

(3) (注1)

① 過小の場合：リングが過熱により膨張し，固着して折損しやすく，ガス漏れやシリンダ壁の摩耗を増大する。

② 過大の場合
- リングの背面に作用するガス圧が強くなり，シリンダ壁に強く押し付け，シリンダ壁の摩耗を早める。
- 潤滑油を吸い上げ，潤滑油消費量を増加する。
- リングの運動により溝の縁が叩かれて溝が大きくなる。

解説

(注1) リングが自由に張り出せるように上下のすきまは必要であるが，小さいほうが望ましい。ただし，燃焼室側の1～2本は固着しやすいので大きくする。

◆リングフラッタ（リング踊り）：リングがリング溝内で上下に踊ること。フラッタとは「バタバタする」の意味

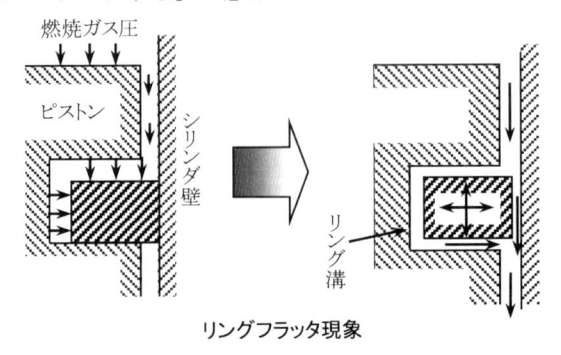

リングフラッタ現象

3 ディーゼル機関

問29 ディーゼル機関のピストンリングに関する次の問いに答えよ。
(1504/2207)
(1) 膨張行程で燃焼ガスの圧力は，第1リング（最上部）にどのように作用するか。また，気密作用を行うのはどこの部分か。（略図を描いてそれぞれ説明せよ。）
(2) ピストンリング部からのガス漏れを少なくするには，どのような方法があるか。（3つあげよ。）

解答
(1) 図のとおり
　① 燃焼ガス圧の作用
　　・リングの上面に作用して，リングをピストンのリング溝下側に押し付ける。
　　・リングの背面に作用して，リングをシリンダ壁に押し付ける。
　② 気密箇所
　　・リングの下面とリング溝下側
　　・リング外面とシリンダ壁

《解答図》

(2) (注1)
　① リングの上面・下面およびリング溝の上側・下側の面を精密に仕上げる。
　② シリンダ内面を真円とし，リングの張りを均一にする。
　③ 適切な合い口の形状およびすきまとする。

解説
(注1) その他，④気密作用をもったシリンダ油を使用するなどがある。

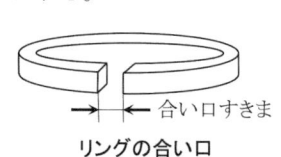

リングの合い口

問30 四サイクルディーゼル機関のシリンダ内において発生するブローバイについて，次の問いに答えよ。
(1407/1510/1802/2007/2404)
(1) ブローバイが発生するのは，どのような場合か。
(2) ブローバイが発生したまま運転を続けると，どのような害があるか。

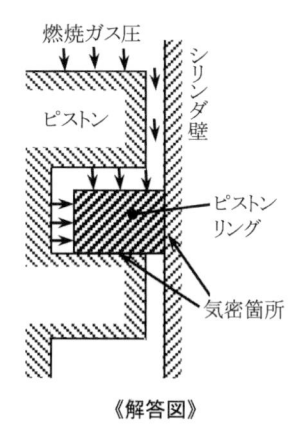

機関その一

|解答|
(1) ① ピストンリングがリングフラッタを起こした場合
　　② ピストンリングの張力が不均一の場合
　　③ ピストンリングの真円度が不良の場合
　　④ ピストンリングが折損または著しく摩耗した場合
　　⑤ シリンダ内面が偏摩耗している場合
　　⑥ シリンダ潤滑油膜が不良の場合
(2) ① 燃焼ガスのブローバイ
　　　● ピストンに作用する爆発力が減少するので出力が低下し，最高圧が不ぞろいになる。
　　　● 潤滑油が汚損し，劣化を早める。
　　　● シリンダおよびピストンリングの摩耗が増加する。
　　② 圧縮空気のブローバイ：圧縮圧が低下するので，燃焼不良となる。
　　③ 混合気のブローバイ：クランク室内で爆発を起こすおそれがある。

|解説|
◆ブローバイ（吹抜け）：シリンダとピストンリングの気密が悪く，シリンダ内のガスがクランク室へ漏出する現象で，行程によって，圧縮空気，混合気，燃焼ガスの3種類のガスが吹き抜ける。

問31　トランクピストン形ディーゼル機関の連接棒に関する次の問いに答えよ。
(1) 連接棒大端部の形状には，どのようなものがあるか。（2種類の名称をあげ，略図を描いて示せ。）　　　　　　　　　　（2102/2404）
(2) 連接棒の長さ（ℓ）とクランク半径（r）の比（ℓ/r）は，どのくらいか。また，この比を大きくすると，機関にどのような影響を及ぼすか。
　　　　　　　　　　　　　　　　　　　　　　　　　（1607/1910/2202）
(3) 連接棒の中心線が不正となるのは，どのような場合か。
　　　　　　　　　　　　　　　　　　　　　　（1607/1910/2102/2202/2404）

|解答|
(1) フォークエンド形，Tエンド形

3　ディーゼル機関

```
     幹部
クランクピン
ボルト
     大端部

   フォークエンド形    Tエンド形
```

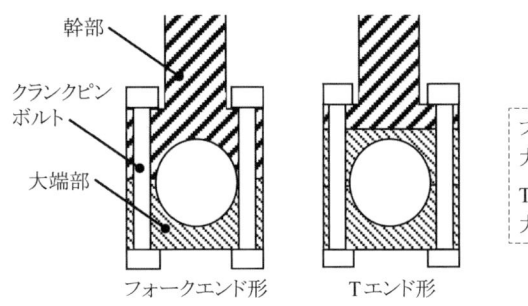

フォークエンド形：
大端部の半分が幹部と一体
Tエンド形：
大端部は別に取り付ける

《解答図》

(2) ① $\ell/r = 4～5$
    ② 影響：**ピストンの側圧は減る**(注1)が，機関の高さを増す。
(3) ① クランク軸の中心線が不良の場合
    ② シリンダライナの中心線が不良の場合
    ③ ピストンピン軸受，クランクピン軸受の平行度が不良の場合
    ④ ピストンとピストンピンの直角度が不良の場合

解説
(注1) 側圧が減るとシリンダの偏摩耗が減少するのでガスの吹抜けを軽減する。
◆フォークエンド形：フォークは「二股（ふたまた）」の意味

問32　二サイクルクロスヘッド形ディーゼル機関に関する次の文の（　）の中に適合する字句を記せ。　　　　　　　　　　　　（1504/1802/2004）
(1) クロスヘッドに滑り金を設け，滑り金は（ ㋐ ）に取り付けられたガイドに沿って往復運動を行い，連接棒の傾斜による（ ㋑ ）を受けるようにしてある。
(2) （ ㋒ ）掃気の機関では，ピストンはピストンリングを取り付けるだけの長さがあればよく，長いピストン（ ㋓ ）は必要としない。
(3) シリンダと（ ㋔ ）が隔離され，ピストン棒が㋕上部を貫通する部分には（ ㋖ ）を設けている。

解答
㋐：架構　㋑：側圧　㋒：ユニフロー　㋓：スカート　㋔：クランク室

㋕：スタフィングボックス

解説

◆ユニフロー掃気（単流掃気）：シリンダ内の吸排気の流れを下方から上方への一方向とした掃気方法。ユニは「単」，フローは「流れ」の意味

◆ピストンスカート：ピストンは上下で名称が異なり，上部をピストンクラウンまたはピストンヘッド（頭部）といい，下部はピストンスカートまたはピストン胴部という。スカートは「裾」の意味

◆スタフィングボックス（パッキン箱）：スタフィングとは「詰め物」の意味

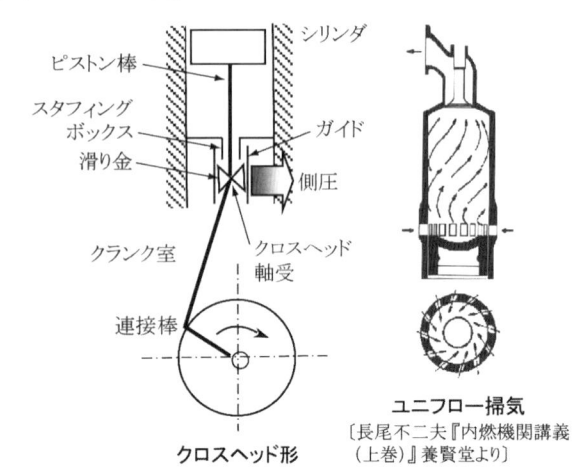

クロスヘッド形

ユニフロー掃気
〔長尾不二夫『内燃機関講義（上巻）』養賢堂より〕

問33 図は，二サイクルディーゼル機関のシリンダライナ付近の断面を示す。図に関する次の問いに答えよ。　　　　　　　　(2302)
(1) ①の弁及び②の穴の名称は，それぞれ何か。
(2) ②の穴の開閉は，どのようにして行うか。
(3) 新気は，シリンダ内部のどのような方向に，どのようにして流れるか。（それぞれ記せ。）
(4) 上記(3)のような新気を通す方法は，何と呼ばれるか。

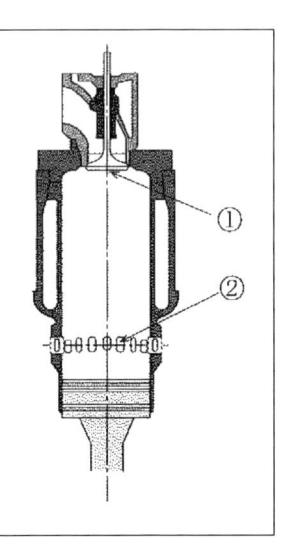

3 ディーゼル機関

解答
(1) ①排気弁　②掃気ポート
(2) ピストンの上下運動
(3) (注1)
　　掃気ポートの流入角度をシリンダ中心より外して，旋回流を発生させる。
(4) ユニフロー方式

解説
(注1) 問32の図参照

問34 ディーゼル機関のクランクアーム開閉量に関する次の問いに答えよ。
(2010)
(1) 開閉量を計測する場合，計測値のほかどのような事項を記録するか。
(2) 開閉量が大きくなると，クランク軸に生じる曲げとねじりの応力のうち，どちらの応力が大きくなるか。また，その応力によってき裂が発生する場合，そのき裂は，クランク軸のどのような位置に発生し，どの方向に進行するか。（略図を描いて説明せよ。）
(3) 開閉量の許容限度は，一般に，どのように決められているか。また，高速機関の開閉量の許容限度は，低速機関の許容限度より小さくとるのは，なぜか。

解答
(1) ①計測した日付，②計測した港名（場所），③船首・船尾の喫水，④クランク室温度，⑤機関の運転状態など
(2) 大きい応力：曲げ応力
　　き裂の位置：図のとおり（アームとピンの付け根，アームとジャーナルの付け根）
　　き裂の方向：ジャーナルおよびピンの軸心に直角の方向，また，アームの長さの方向に直角な方向に進行する。
(3) 許容限度：安全に運転し得る限度＝行程（ストローク）×$\frac{1}{10000}$

理由：高速の機関ほど繰返し開閉作用による軸材料の**疲労**が進行する。

|解説|
◆クランクアームの開閉作用：クランクアームの間隔がクランクの位置によって開いたり閉じたりする作用で，この作用が大きくなると繰返し曲げ応力によってクランク軸折損の原因となる。

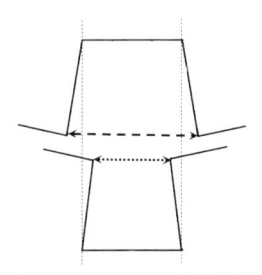

クランクアームの開閉作用

|問| 35　ディーゼル機関のクランク軸に関する次の文の中で，<u>正しくない</u>ものを2つあげ，その理由を記せ。　　　　　　　　　　　　(2302)
㋐　クランク軸の材料は，一般に，鍛鋼が用いられる。
㋑　クランクアーム開閉量の計測は，ジャーナル軸の軸心線上で計測する。
㋒　クランクアーム開閉量の限度は，シリンダ径を基準として決められている。
㋓　クランクアーム開閉量が限度を越えた場合，主軸受を取り替えて修正する。
㋔　クランクアーム開閉量は，主軸受の摩耗量により変化する。
㋕　クランクのピンとアームを一体につくり，ジャーナルをアームに焼ばめしたものは，半組立形クランク軸という。

|解答|
㋑：<u>ジャーナルの下端線上</u>(注1)で計測する。
㋒：<u>ピストン行程を基準として決められている</u>(注2)。

|解説|
(注1)　図のとおり
(注2)　問34(3)参照
◆クランク軸：ピストンの往復運動を回転運動に変えるが，運転中は常に曲げとねじりの作用を受ける。
◆鍛鋼：ハンマやプレス機で加圧して成形し，強じんにした鋼

◆ジャーナル：軸のうち，軸受で支えられている部分

◆焼きばめ：軸と軸穴を結合する場合，穴を加熱し径を拡げて軸を挿入し，常温まで冷やすと穴が軸を締め付け密着させる結合法

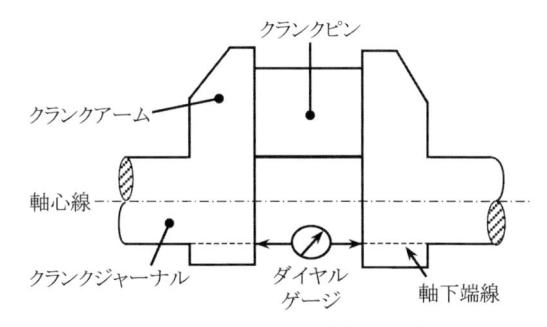

クランクアーム開閉量の測定箇所

問36 ディーゼル機関のクランク軸に関する次の問いに答えよ。
(1) 運転中，クランク軸に作用する曲げの力及びねじりの力が大きくなるのは，それぞれどのような場合か。
(2) 半組立形クランク軸とは，どのようにして作ったものか。
(3) クランク軸に釣合いおもりを取り付ける目的は，何か。
(4) クランクアームに取り付ける釣合いおもりは，どのような力と釣り合わせるためのものか。
(1407/1602/1807/2004/2207)

解答
(1) ＜曲げの力(注1)＞
　① 主軸受のすきまの過大や，不均一摩耗の場合
　② **スラスト軸受**の調整不良の場合
　③ クランクピン軸受のすきまが過大の場合
　④ 異常燃焼によりノッキングまたは急回転した場合
　⑤ 長時間の過負荷運転をした場合
　＜ねじりの力＞
　① 各シリンダの出力が不ぞろいの場合
　② 危険（回転）速度で長時間運転した場合
(2) クランクピンとクランクアームは一体で作り，クランクジャーナルをクランクアームに圧入または焼ばめする。

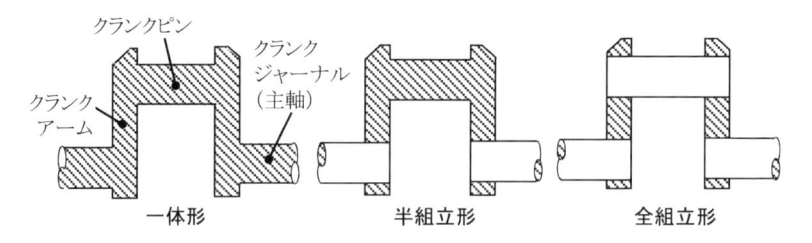

(3) 機関の振動を防ぐ^(注2)。
(4) クランク軸の回転によって生じるクランクピンおよびクランクアームの遠心力

解説

(注1) **クランクアームの開閉作用**が大きくなると過大な曲げの力が働く。

(注2) クランク軸は，その軸心に対しクランクアームとクランクピンが張り出しているので，質量の片寄りがあり，回転すると遠心力の不釣合いを起こして機関に振動が発生する。このため，遠心力を釣り合わせるためクランクアームとクランクピンの反対側に釣合いおもりを取り付ける。

◆ 危険（回転）速度：クランク軸に作用する回転力による振動数とクランク軸の固有振動数が共振を起こす回転速度

◆ 遠心力：回転運動をしている物体に作用する，回転円の中心から外方へ引っ張られる力

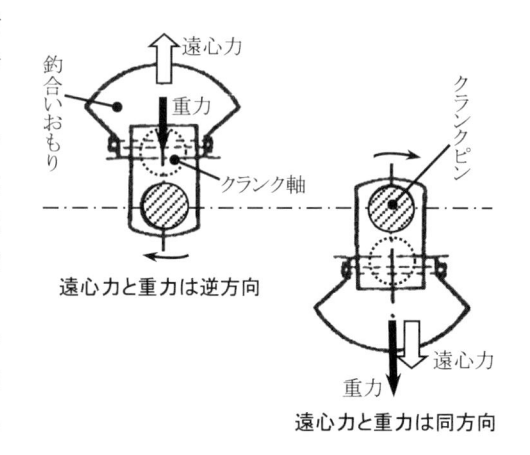

問37 四サイクルディーゼル機関のクランク軸に関する次の問いに答えよ。
（1407/1602/1807/2004/2207）

(1) クランクピンの真円度とは，どのようなことか。
(2) クランクピンで偏摩耗が多い部分は，どこか。

(3) クランクピンの偏摩耗が大きくなると，どのような害があるか。また，その理由は何か。

解答
(1) ピンのある位置における直径の最大値と最小値の差
(2) クランクピンが回転方向に**上死点**から 10° くらい進んだ位置のピン上面部
(3) 害：軸受メタルの発熱や**焼付き**，割れを生じる。
　　理由：クランクの位置により軸受のすきま(注1)が変わるため。

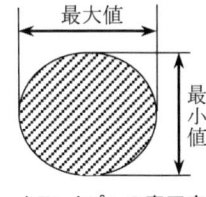

解説
(注1) 軸受のすきまは，すべり面の油膜の形成と冷却に影響を及ぼす。
◆偏摩耗：均一でない偏(かたよ)った摩耗

クランクピンの真円度

問38 四サイクルディーゼル機関の主軸受に関する次の問いに答えよ。
(1604/1904)
(1) 基準軸受は，他の主軸受と構造上どのように相違するか。また，機関のどの位置に設けられるか。
(2) 主軸受キャップ上部から注油する場合，上メタルの油溝の大きさは，何を考慮して決められるか。
(3) 主軸受メタルに割れや剥離(はく)を生じる場合の原因は，何か。

解答
(1) 相違点：両側に軸受メタルを張ったつばを設けて**スラスト**を受ける。
　　位置：**はずみ車**に最も近い主軸受
(2) クランクピン軸受およびピストンピン軸受ならびにピストンの冷却に十分な油量を供給できることを考慮して油溝の大きさ（長さ，深さ，形状）を決める。
(3) ① 主軸受メタルの材質が不適の場合
　　② 主軸受メタルの仕上げが不良の場合
　　③ 主軸とメタルのすきまが過大の場合
　　④ 主軸受裏金の背面と台板の密着が不良
　　⑤ 軸心が不良の場合

機関その一

⑥ 軸受荷重が過大の場合

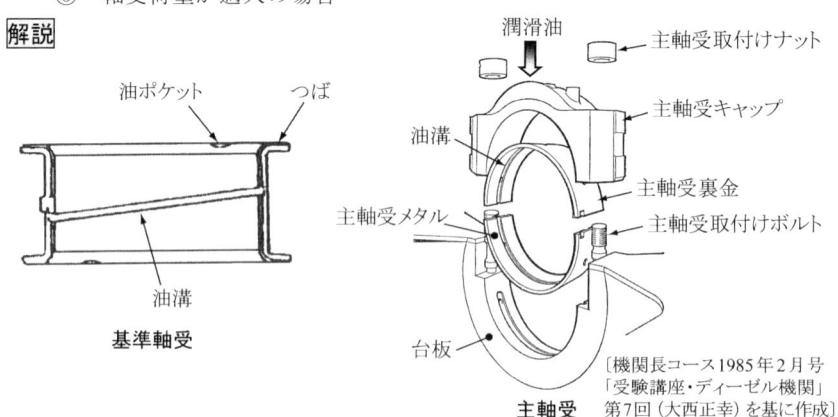

|解説|

基準軸受／主軸受（図）

〔機関長コース1985年2月号
「受験講座・ディーゼル機関」
第7回（大西正幸）を基に作成〕

問39 ディーゼル機関の主軸受に関する次の問いに答えよ。　(1507/1710)
(1) 油溝を円周方向に設ける場合，軸心に直角にせず図のように斜めにする場合の利点は，何か。また，油溝は，軸方向に設けないほうがよいのは，なぜか。
(2) 軸受裏金の背面と台板の密着が悪いと，どのような害が生じるか。
(3) 大形機関の場合，図のように，軸受上下メタルの合わせ面を油隙間量(すき)の半分程度当たりを逃がすのは，なぜか。

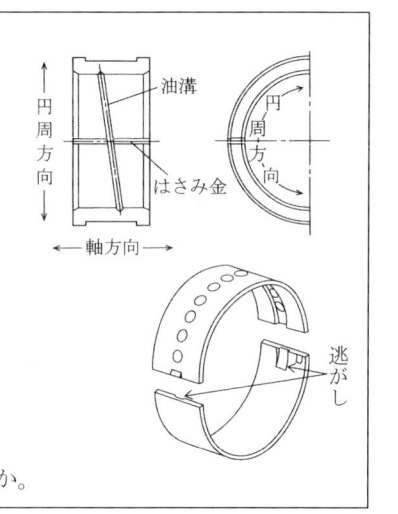

|解答|
(1) 利点：軸に段が付いて，油膜が保持できなくなるのを防止する(注1)。
　　理由：油溝を軸方向に設けると油のまわりはよいが，圧力曲線は二分されて減少するので，軸を支えるのに十分な油膜圧力の保持が困難となる。
(2) ① 熱伝導が悪く，**焼付き**を生じる。

》68《

3　ディーゼル機関

② 軸受荷重により裏金が変形し、軸受メタルが割れたり、はがれたりする。
(3) ① 油溜まりとして軸受を冷却する潤滑油量を増す。
② 軸受の締付け後の膨らみを防いで油隙間を確保する。

解説
(注1) 軸心に直角の場合は、油溝に対応する軸の部分だけは摩耗しないので段がつく。

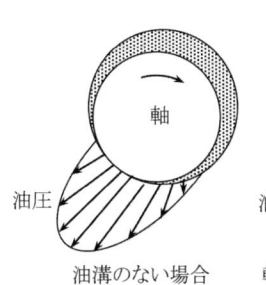

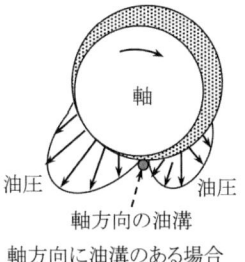

油の圧力分布
油溝のない場合／軸方向に油溝のある場合

問40 四サイクルディーゼル機関の吸気弁及び排気弁に関する次の問いに答えよ。　　　　　　　　　　　　　　　　　　　　(1410/2010/2204)
(1) 高速機関において、1つのシリンダに吸気弁及び排気弁を、それぞれ2個ずつ設けると、1個ずつの場合に比べて、どのような利点があるか。
(2) 弁棒頭部は、ロッカーアーム（揺れ腕）による衝撃や摩耗に耐えるために、どのような対策が施されているか。
(3) 弁案内が摩耗すると、どのような害があるか。
(4) 弁棒頭部と弁ばね受は、どのようにして結合するか。

解答
(1) ① 弁リフトが小さいので、ピストン頂面の弁の逃がしを小さくできる。
② 弁の大きさが小さく軽くなるので、弁と弁座の損傷が軽減される。
③ 開弁時の流路面積が広くなるので、ガス交換がよくなる。
④ シリンダヘッドの温度が平均化する。
(2) ① 弁棒頭部を焼入れ加工またはステライトを溶着して表面を硬化する。
② 弁棒頭部に弁キャップを装着する。
(3) ① 弁がぐらついて首振り運動をし、弁と弁座の当たりが悪くなって、ガス漏れを生じる。
② 弁案内への伝熱が悪くなり過熱する。
③ すきまに燃焼ガスが侵入し、潤滑油が変質して、弁棒がこう着する。

(4) ① 傾斜面のある二つ割れの弁止め金（コッタ）をはさんで止める。
② ねじで固定して止める。

|解説|
◆弁リフト，弁の逃がしおよびコッタ：図参照

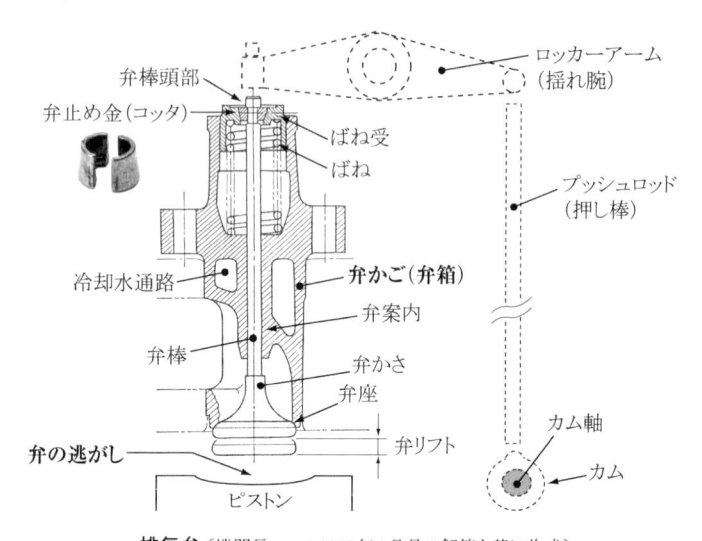

排気弁〔機関長コース1983年1月号の解答を基に作成〕

|問|41　四サイクルディーゼル機関の排気弁に関する次の問いに答えよ。
(2202/2402)
　弁座の荒れが軽微な場合，弁のすり合わせは，どのような要領で行うか。

|解答|
① カーボランダムの粉末をマシン油で溶いたものを弁座に薄く塗布し，すり合わせ工具を使用して弁を弁座に軽くたたきながら弁の位置を変え，当たりが完全にでるまですり合わせを行う。
② 当たりが十分ついた後は，弁座にマシン油を塗布し「油ずり」を行い，精密にすり合わせるとともに，カーボランダムが残ると弁座を傷め摩耗を早めるので，カーボランダムを完全に取り除く。

3　ディーゼル機関

解説
◆カーボランダム：けい砂（Si）とコークス（石炭を蒸し焼きにして不純物を取り去ったもの）からなる研磨材

問42　四サイクルディーゼル機関の吸気弁及び排気弁に関する次の問いに答えよ。　(1907)
(1) ポペット弁（きのこ弁）の弁フェース（弁の当たり面）に用いられるステライトは，どのような点が優れているか。　(2402)
(2) 中形機関において，吸気弁は直接シリンダヘッド（シリンダカバ）に取り付け，排気弁は弁かご（弁箱）を設けてシリンダヘッドに取り付ける方式を採用する場合が多いが，その理由は，何か。　(2304)

解答
(1) 高硬度合金で，耐衝撃性・耐熱性・耐摩耗性・耐食性に優れる。
(2) 排気弁は吸気弁に比べて常に高温にさらされるので，焼損しやすく，汚れも激しい。このため，排気弁は弁かごを用いて冷却するとともに，弁座，弁棒などの交換を容易にしている(注1)。

解説
(注1) 弁かごを設けない場合，弁を交換するにはシリンダヘッドを取り外す必要がある。（問40の図参照）
◆ステライト：コバルト（Co）を主成分（40〜50%）とし，タングステン（W）5〜20%，クロム（Cr）25〜35%からなる合金

問43　ディーゼル機関の排気弁に関する次の問いに答えよ。
(1) 弁の材質は，何か。
(2) バルブローテータは，どこに取り付けられるか。　(2304)
(3) バルブローテータを取り付ける目的は，何か。　(1404/1907/2210/2402)
(4) バルブローテータが，損傷を防止できるのはどのような理由によるか。　(2210/2304)

機関その一

|解答|
(1) ニッケルクロム鋼などの耐熱鋼
(2) 弁棒頭部のばね受
(3) ① 弁の変形や焼損，折損などを防止する。
　　② ガスの吹抜けを防止する。
　　③ 弁の寿命を延ばす。
(4) 排気弁が開閉するたびに弁をわずかずつ回転させて弁座の当たる位置を変えることにより，弁がさの温度を一様にして局部的に過熱される(注1)のを防止する。

|解説|
(注1) 弁かさの燃焼室中心側が集中的に過熱される。

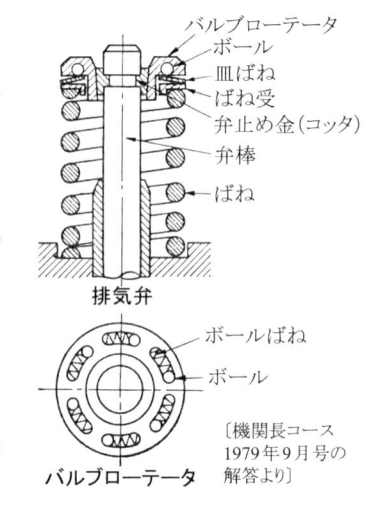

〔機関長コース 1979年9月号の解答より〕

問44 図は，ディーゼル機関の排気弁の頂部に取り付けられるバルブローテータの略図を示す。図に関する次の問いに答えよ。　　　　　　　　(2307)
(1) ①及び②の名称とその役目は，それぞれ何か。
(2) 図は，排気弁が開いている状態か，それとも閉じている状態か。また，この状態からどのようにして弁棒を回転させるか。（図を利用してその過程を説明せよ。）

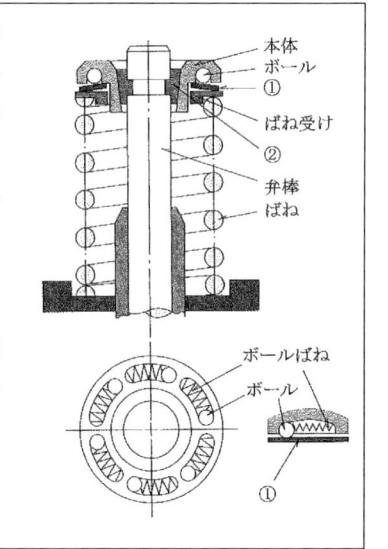

|解答|
(1) ① 皿ばね：皿ばねのたわみを利用して，弁を回転させる。

②　コッタ：ばね受けを弁棒頭部に固定する。
(2)　①　閉弁時 (注1)
　　　②　開弁時皿ばねがたわんでボールを押すため，ボールは皿ばねと傾斜みぞを接触しながらころがり，本体を反対方向に移動させ，弁を少しずつ回転させる。閉弁時にはボールばねがボールを元の位置に復帰させる。

解説
(注1)　開弁時は，ボールが本体の端から移動して離れる。
◆バルブローテータ：弁回転装置
◆コッタ：弁ばね止め金

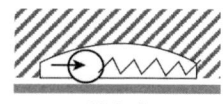

開弁時

問45 四サイクル過給ディーゼル機関に関する次の問いに答えよ。
(1510/1904)
(1)　無過給機関と比べて，燃料消費率が少ないのは，なぜか。
(2)　動圧過給方式の場合，排気管を 2～4 群に分けて，それぞれ過給機へ導くのは，なぜか。
(3)　点火順序が 1-5-3-6-2-4 で動圧過給方式の 6 シリンダ機関において，排気管を 2 群に分けて過給機へ導くとき，各シリンダの排気をどのように分けるか。
(2302)

解答
(1)　①　過給により出力が増しても，**機械損失**はほとんど変わらないので，**機械効率**が良くなり，**燃料消費率**が改善される。
　　　②　過給により圧縮圧力・温度が高くなり，燃焼が良くなり，燃料消費率が改善される。
　　　③　大気に放出されるエネルギの一部を回収できるので，サイクルの熱効率が向上し，燃料消費率が改善される。
(2)　排気管を共通にすると，他のシリンダの排気圧で排気が阻害される排気干渉 (注1) が発生するため，これを防止する。
(3)　1, 2, 3 のシリンダと 4, 5, 6 のシリンダの 2 群に分ける (注2)。

解説
(注1)　吸込み空気量に影響を及ぼし，機関出力を低下させる。

(注2) 続けて点火するシリンダの排気管が同じグループにならないよう，6 シリンダの場合は 240°間隔で排気弁が開くシリンダの排気管を 2 組に分けて連結する。

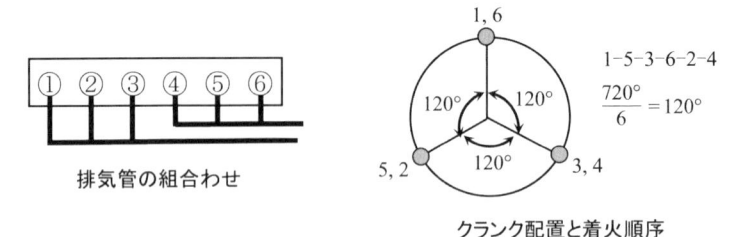

排気管の組合わせ

クランク配置と着火順序

1-5-3-6-2-4

$\dfrac{720°}{6} = 120°$

◆過給機：シリンダ内に供給される空気量が多くなれば，それだけ多量の燃料を燃焼させることができ，出力は増大する。空気量を増すため圧縮機を用いて空気をシリンダ内に押し込むことを過給といい，過給に用いる圧縮機を過給機という。

問46 四サイクルディーゼル機関に関する次の問いに答えよ。
(1410/1704/2210)
(1) 弁重なり（オーバラップ）は，無過給機関と過給機関ではどちらが大きいか。また，それは，なぜか。 (1510)
(2) 弁重なりを大きくすると，ピストン頂部の形状について，どのような対策が必要か。
(3) 四サイクル機関が二サイクル機関に比べて過給しやすいのは，なぜか。

解答
(1) 過給機関
　理由：過給機関は，無過給機関に比べて熱負荷が大きいので，弁重なりを大きくして
　　● 加圧空気により気筒内の残留ガスを完全に排出し，新気と交換する。
　　● 排気弁や燃焼室，ピストンなどを空気冷却し，各部の熱応力を軽減する。
(2) ピストン頂部を弁の逃がしを大きくした形状とする(注1)。
(3) ● 二サイクル機関に比べ，吸・排気弁の開閉時期を変更しやすく，オーバ

3 ディーゼル機関

ラップを大きくできる。
- 二サイクル機関では，掃気・排気ポートの高さを変更し，自動掃気弁や管制弁などを取り付ける必要がある。

解説
(注1) 開弁期間が長くなるので，ピストン頂部と接触しない対策が必要となる。
◆オーバラップ：排気行程の終わりから吸気行程にかけて排気弁と吸気弁の両方が開いている期間をいう。速やかに燃焼ガスを排出し，できるだけ新気を多く吸入するため，開弁期間はクランクの回転角で 135°～145° と大きくとられる。

問47 ディーゼル機関の過給及び排気タービン過給機に関する次の文の〔　〕の中の字句または数字の中で，適合するものを選べ。

(1) 一般に，高過給になれば，動圧過給より静圧過給のほうが〔㋐有利 ㋑不利〕である。
(2) 6シリンダ四サイクルディーゼル機関の過給方式が動圧過給の場合，排気管は〔㋒2 ㋓3〕群に分ける。
(3) シリンダからの排出エネルギ（ブローダウンエネルギ）を有効に利用できるのは，〔㋔動圧過給 ㋕静圧過給〕である。
(4) ディフューザの入口角の大きさは，サージング防止に影響〔㋖する ㋗しない〕。
(5) タービン動翼に取り付けるレーシングワイヤは，翼の〔㋘飛び出し ㋙振動〕を防止するために設けられる。

解答
(1) ㋐有利　(2) ㋒2　(3) ㋔動圧過給　(4) ㋖する (注1)　(5) ㋙振動

解説
(注1) 入口角を小さくすると，**サージング**は発生しにくくなる。
◆動圧過給：排気の吹出しエネルギを直接タービンの駆動力とする方式
◆静圧過給：排気だめを設けて一定圧としてタービンの駆動力とする方式
◆ディフューザ（案内羽根）：羽根車の出口に設けられ空気の速度エネルギを圧力エネルギに変換する。ディフューズは「拡がる」の意味

機関その一

◆レーシングワイヤ：羽根の中間部に設けた押さえ金

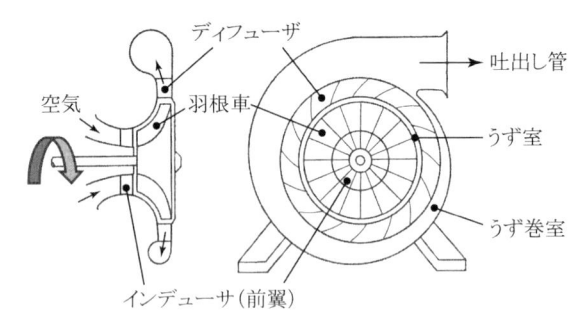

遠心式送風機

〔機関長コース1984年7月号「受験講座・内燃機関」最終回（三原伊文）を基に作成〕

問48 ディーゼル機関の排気タービン過給機に関する次の問いに答えよ。
(1907/2404)
(1) 機関の負荷が同じであるのに過給機出口の給気圧が標準値より高い場合の原因は，何か。(1702)
(2) 運転中に行う軸流式タービンの固形物洗浄は，水洗浄による方法と比べた場合，どのような利点があるか。

解答
(1) ① タービンの回転速度が増加した場合 (注1)
　　・排気弁より燃焼ガスが漏れている。
　　・燃料噴射弁の不具合などにより着火遅れやあと燃えが多い。
　② 過給機出口側通路が狭くなった場合：空気冷却器の汚れや給気管の詰まりがある。
(2) (注2)
　① 機関負荷を下げることなく洗浄できる。
　② 洗浄時間が短い。
　③ 熱衝撃による損傷が少ない (注3)。
　④ 硬質の付着物も洗浄できる。

3 ディーゼル機関

解説
- (注1) タービン入口の排気温度や圧力が上昇すると，回転速度は増加する。
- (注2) やしがら活性炭や米などの植物性固形物を用いて，その衝撃力により付着物を除去する。
- (注3) 水洗浄の場合，蒸気に変化するとき急激な体積膨張を起こすので，運動部分の衝撃を緩和するため機関の負荷を下げて洗浄する。

◆軸流式：排気ガスが軸方向に流れる方式。半径方向の場合は遠心式という。

問49 ディーゼル機関の排気タービン過給機に関する次の問いに答えよ。
(1607/2004/2110/2310)
(1) 遠心圧縮機に生じるサージングとは，どのような現象か。
(2) 上記(1)の現象は，どのような場合に発生するか。

解答
(1) 圧縮機（送風機）が遠心式の場合，吐出し空気圧と空気量の関係がある範囲から外れると不安定な状態(注1)となり，空気圧と空気量が周期的な変動を起こして激しく振動する現象で，騒音を発し，ときには吐出し空気の逆流を生じ，運転が継続できなくなる場合がある。

(2) ① 空気冷却器や掃気口など圧縮機吐出側が汚損し，流路が絞られた場合(注2)
② 圧縮機吸入フィルタの汚れなど，空気流量が減少した場合
③ 荒天運転中のレーシングなど，機関の負荷に急激な変動がある場合
④ 過給機のタービンノズルや圧縮機のインペラが汚れた場合

解説
- (注1) サージング領域での運転では，吐出し空気圧と空気量の変化に対して変動を助長する方向に作動し，不安定状態となる。一方，一定回転曲線の右下がりの領域では，復原性があるので，安定運転ができる。
- (注2) 吐出し空気圧は上昇し，空気量は減って，サージング領域に入る。

◆サージング（脈動）：サージは「波打つ，激しく変動する」の意味
◆レーシング：プロペラが空中にさらされ空転すること。

機関その一

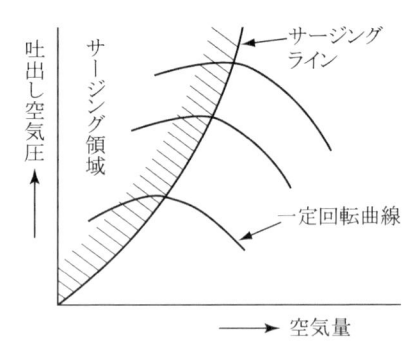

送風機の特性曲線

問50 図は，ディーゼル機関の燃料制御機構を示す。図に関する次の問いに答えよ。
(2307)

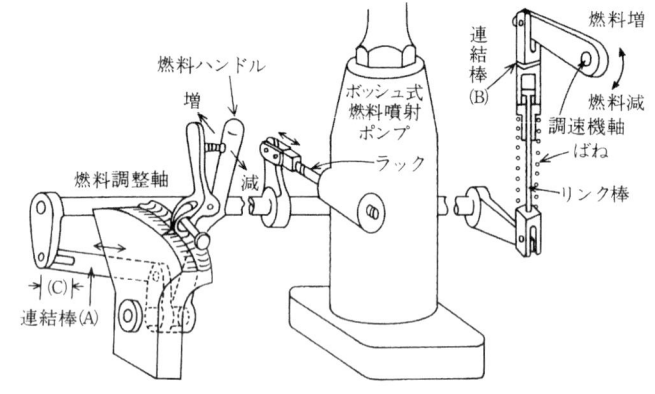

(1) 連結棒(A)に溝(C)が必要な理由は，何か。
(2) 連結棒(B)に取り付けてあるばねは，燃料ハンドルの位置を一定として運転している場合及び燃料ハンドルを停止位置に移動したり，低速から増速したりする場合，それぞれどのような働きをするか。

解答
(1) 負荷が減少すると回転速度が上昇するので，調速機は燃料調整軸を燃料減の方向へ動かす。この場合，連結棒に溝がないと調整軸が動かないので，燃料噴射ポンプの噴射量を減少することができない。

(2) ＜燃料ハンドルの位置を一定として運転している場合＞
- 機関回転の微小変動による衝撃を吸収する。
- 負荷が増加すると回転速度が低下するので，調速機は燃料調整軸を燃料増の方向へ動かす。この場合，このばねの圧縮によりリンクに無理が生じない。

＜燃料ハンドルを停止位置に移動する場合＞　ばねを圧縮してリンクに無理が生じない。

＜燃料ハンドルを低速から増速する場合＞　ばね力で燃料調整軸は常に燃料増の方向に動こうとしているので，溝があっても燃料ハンドルの位置まで増速する。

解説

(注)　燃料ハンドルが固定されていても，(C)のすきまや連結棒(B)とリンク棒とのすきま，あるいはリンク棒のばねによって燃料調整軸は動くことができるので，燃料噴射量を加減することができる。

機関その一

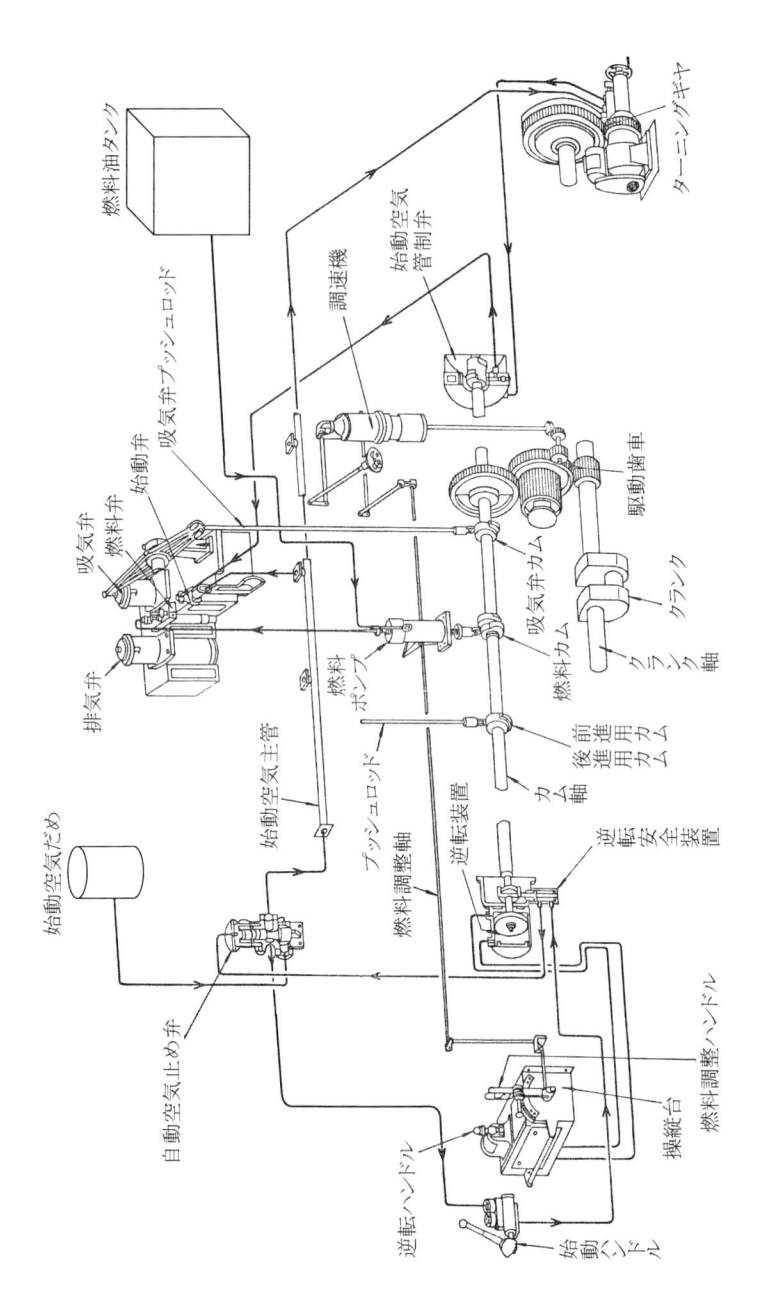

機関操作図 〔川瀬好郎『舶用機関概論』を基に作成〕

3 ディーゼル機関

> **問51** ディーゼル機関の燃料カムに関する次の問いに答えよ。
> (1) 燃料カムは，どのようにしてカム軸に取り付けられるか。
> (2) 燃料カムは，カム軸受の近くに設けたほうがよいのは，なぜか。

解答
(1) カム軸にキー止めした調整金具の側面とカムの側面に，のこぎり状の細かい歯（セレーション）が切ってあるので，位置を合わせて調整金具の歯とカムの歯をかみ合わせ，ナットで締め付けてカム軸に固定する。
(2) 高圧を発生させる燃料噴射ポンプを作動させるため，カムには大きな荷重がかかるので軸受近くに設ける。

解説
◆カム：突起の面をもち，回転運動を上下運動に変えるなど運動方向を変える機械要素
◆セレーション：山形の歯（鋸歯状の形状）を等間隔に削りだしたもので，カム位置を調整する。

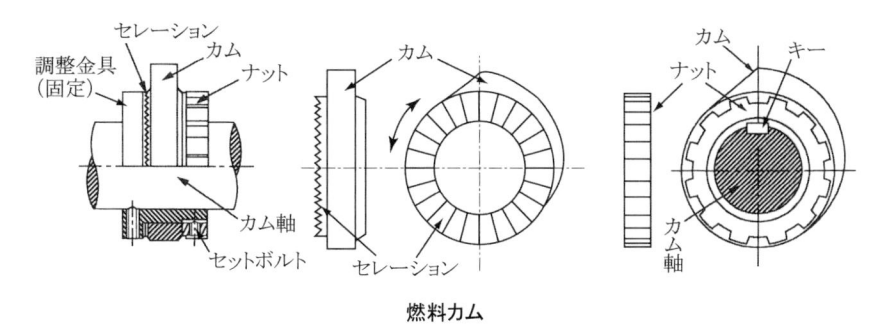

燃料カム

> **問52** ディーゼル機関の燃料カムの調整に関する次の問いに答えよ。
> （1502/1810/2310）
> (1) カムの位置を調整できるようにしてあるのは，なぜか。
> (2) 図は，燃料カムのカム軸への

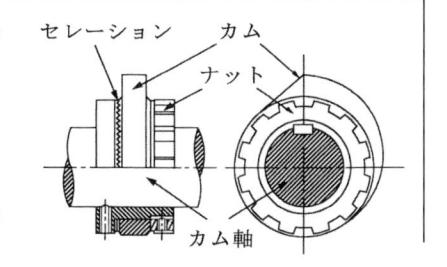

機関その一

取付け状態を示す。このカムの場合，どのような要領で位置の調整を行うか。

|解答|
(1) 燃料カムは燃料噴射ポンプの高圧化に伴い，他のカムより高荷重を受け摩耗しやすく，また，使用燃料油によって燃料噴射時期を変更する場合があるので，カムの位置を調整できるようになっている。
(2) ① カムと調整金具に合いマークをつける。
② ナットのセットボルトを緩めてナットを緩める。
③ 調整金具からカムを外し，調整する方向にカムのかみ合わせ位置を調整し，歯と歯をかみ合わせる。
④ ナットを締め付け，セットボルトを締める。

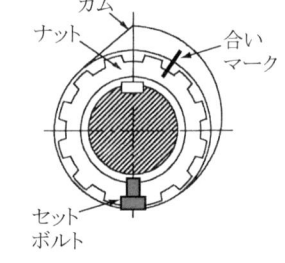

|解説|
◆合いマーク：ナットの締付け力や緩みのチェックに利用する。
◆セットボルト：固定用のボルト

|問|53 図は，ディーゼル機関のボッシュ式燃料噴射ポンプを示す。図に関する次の問いに答えよ。　　（1507/1704/2002）
(1) 送出し弁④は，燃料噴射弁の油の切れをよくするため，どのような形状としているか。（略図を描いて説明せよ。）
(2) ⑥，⑩及び⑪は，それぞれどのような役目をするか。
(3) プランジャ及びプランジャバレルを取り外す場合，どのような手順で行うか。ただし，燃料吸込み管及び燃料噴射管などは取り外して，ポンプは作業台に置いてあるものとする。（図の番

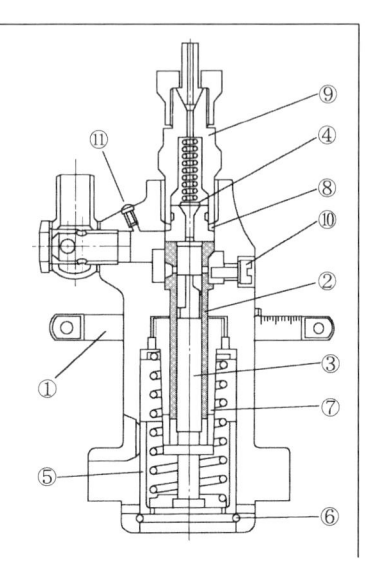

》82《

3 ディーゼル機関

号を利用して説明せよ。）

解答

(1) 図のとおり。送出し弁に小ピストンを設け（注1），弁が閉じるまでに小ピストンの吸い戻し作用により燃料噴射管内の圧力を減圧するので，燃料噴射弁の噴射の切れをよくし，後だれを防止する。

(2) ⑥：プランジャガイドの支持
　　⑩：プランジャバレルの回り止め
　　⑪：燃料中の空気抜き

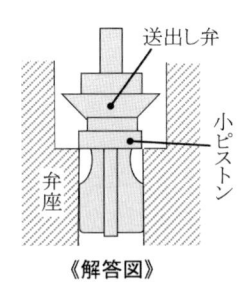

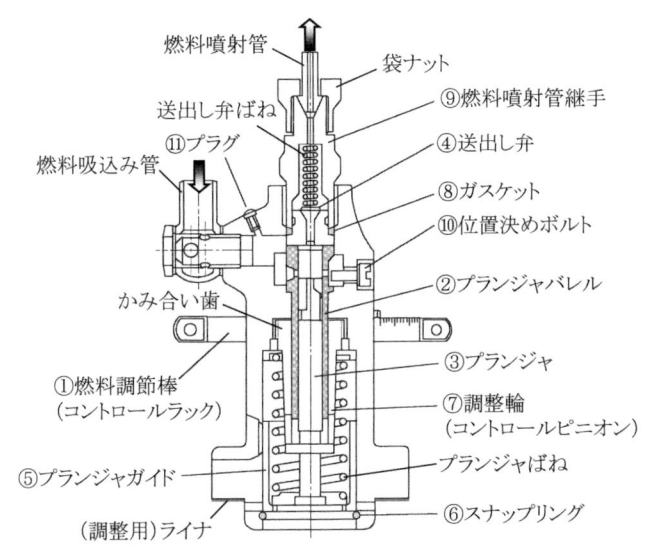

《解答図》

ボッシュ式燃料噴射ポンプ

(3) ・燃料噴射管継手⑨を外し，送出し弁ばねを取り出す。
　　・専用工具で送出し弁④と弁座，ガスケット⑧を取り外す。
　　＜ポンプを逆さにする＞
　　・スナップリング⑥を外し，プランジャガイド⑤を取り出す。
　　・プランジャばねとプランジャ③を抜き出す。
　　・**ラックとピニオン**のかみ合わせマークを確認し，調整輪⑦を外す。

機関その一

＜ポンプを元に戻す＞
- 位置決めボルト⑩を戻し，プランジャバレル②を上側へ抜き出す。

|解説|
(注1) 吸戻し弁または減圧弁ともいう。
◆バレル：「樽(たる)」の意味から，プランジャを納める容器

|問|54　ディーゼル機関の運転中，次の(1)及び(2)の現象が現れた場合，燃料噴射ポンプ（ボッシュ式）については，どのように調整すればよいか。また，調整後どのようなことに注意しなければならないか。それぞれ記せ。ただし，燃料噴射ポンプの調整不良のほかは，良好な状態とする。
(1407/1802)
(1) 各シリンダの最高圧にふぞろいがある。
(2) 各シリンダの排気温度にふぞろいがある。

|解答|
(1)(注1)

＜調整＞　噴射始めの時期を
- カムとローラのすきまを調整ボルトまたはポンプ取付け部のライナによって調整する(注2)。
- カムのセレーションのかみ合わせを調整する。

＜注意事項＞
- 調整後，指圧図を撮取し最高圧を確認する。
- 噴射量の調整も実施する。

(2)(注3)

＜調整＞　噴射終わりの時期を，燃料調整軸とラックを接続している調整ねじで調整する。
＜注意事項＞　燃料ハンドルを停止位置に置き，すべての燃料ポンプのラックの位置が停止位置にあることを確認する。

|解説|
(注1) 最高圧の不ぞろいは，噴射時期あるいは噴射量の不ぞろいが考えられる。
(注2) 問53図中の「(調整用)ライナ」の厚さを変えて調整する。

3　ディーゼル機関

(注3) 排気温度の不ぞろいは，噴射時期，噴射量のほか，後だれや噴射終わりの不ぞろいが考えられる。

問55　ディーゼル機関の自動弁式燃料噴射弁に関する次の問いに答えよ。
(1) 開弁圧（噴射開始圧）を高くした弁を取り付けた場合，そのシリンダの燃焼は，どのように変わるか。　　　　　　　　　　　（1602/2110）
(2) 開弁圧（噴射開始圧）を低くした弁を取り付けた場合，そのシリンダの燃焼は，どのように変わるか。
(3) 開弁圧と閉弁圧は，どちらが高いか。また，その理由は，何か。
　　　　　　　　　　　　　　　　　　　　　　　　　　（1602/1707/2110）
(4) ノズルを冷却すると，どのような害を防止できるか。　（1602/2110）

解答
(1) ① 燃料油の噴射始めは遅れるが，噴射圧が高いので燃料油の霧化は良くなり，燃焼は良好となる。
　　② 燃料油の噴射始めが遅れるので，燃料油の噴射量が減少し，出力は他シリンダに比べて低下する。
(2) ① 噴射圧力が低いので霧化が悪く，燃焼状態は悪くなる。
　　② 噴射始めが早くなるので噴射量が増加し，一時に着火して最高圧が高くなる。
　　③ 燃焼が不良となり，噴射量の割には出力が低下する。
(3) 開弁圧のほうが高い。
　　＜理由＞　弁ばねの力を P_n，ニードル弁の断面積を f_n，弁座の断面積を f_s，開弁圧を P_o，閉弁圧を P_s とすれば

$$P_o = \frac{P_n}{f_n - f_s}, \quad P_s = \frac{P_n}{f_n}$$

　　となるので，$P_o > P_s$ となる。
(4) ノズル先端にカーボンフラワが付着するのを防止できる。

解説
◆ノズル（噴口）：高圧の燃料をシリンダ内に噴射し霧化する。
◆カーボンフラワ：燃料油が噴口の出口で炭化して花のように付着した状態をいい，噴霧に悪影響を及ぼす。

機関その一

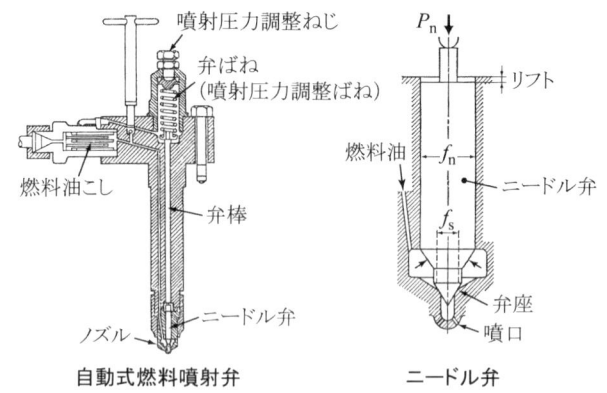

自動式燃料噴射弁　　**ニードル弁**

〔機関長コース1986年11月号の解答を基に作成〕

問56　ディーゼル機関の自動弁式燃料噴射弁に関する次の問いに答えよ。
(1707)
(1) ノズル先端にカーボンが付着するのは，どのような場合か。
(2) ノズルを燃料噴射弁本体に取り付ける場合，どのような注意が必要か。

解答
(1) ・弁のすり合わせが不良の場合　・弁の冷却が不良の場合
　　・燃料油が不良の場合　・燃焼が不良の場合
(2) ・ニードル弁とノズルは，一組として取り扱うこと（注1）
　　・噴射圧力調整ねじを緩めておくこと（注2）
　　・ノズル締付けナットは締め過ぎないこと
　　・十分に洗浄し，ごみなど異物が混入しないこと

解説
(注1) ニードル弁とノズルは精密に仕上げられている。
(注2) 噴射圧力は，ノズル締付けナットを締め付けた後で調整する。

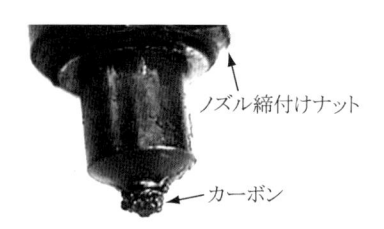

カーボンが付着したノズル

問57 図は，大形二サイクルディーゼル機関の始動弁及び始動空気管制弁を示す。図に関する次の問いに答えよ。　　　　　　　　　　(1510/1910)

(1) 機関の始動時において，図の2つの弁は，どのように作動するか。（図の記号を用いて弁の開閉を説明せよ。）
(2) 始動して燃料運転となった場合，㋐部の始動空気は，どのようになるか。
(3) 始動弁へ始動空気を導く始動空気管内に発生する爆発の原因は何か。また，この事故防止のためどのような注意が必要か。

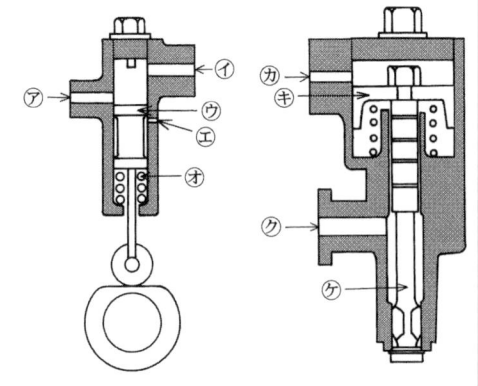

解答
(1) 操縦ハンドルを始動にすると，始動空気管制弁の㋑から入った圧縮空気は，ピストン弁㋒の上側に入る。ローラが図のように管制カムの凹部に当たる始動空気管制弁では，ピストン弁㋒を下方に押し下げ，管制空気は㋑から㋐を経て始動弁の㋕に入り，空気ピストン㋖をばねに抗して押し下げ始動弁を開く。機関が始動すると管制カムが回転し，その凸部によりピストン弁㋒が押し上げられ，㋐と㋑の連絡は絶たれ，始動弁の空気ピストン㋖に働いていた管制空気は，逃げ孔㋓から大気へ放出され，始動弁はばねの力で閉じる。
(2) 燃料運転となると，始動空気管系にある自動空気止め弁が空気だめからの空気を遮断し，この弁と始動弁の間の空気を大気へ放出する。
(3) ＜原因＞
 ・始動弁の変形や異物のかみ込みなどにより燃焼ガスが始動空気管へ逆流する場合
 ・始動空気管内に可燃性の混合気がたまっている場合
 ＜注意事項＞
 ・始動弁の保守・整備に努め，確実に閉鎖することを確認する。
 ・始動弁の固着や可燃性混合気発生の原因となる潤滑油の使用に十分注意

し，必要以上に注油しない。
- 空気だめや空気管のドレンは錆の原因となるので十分に排除する。

[解説]

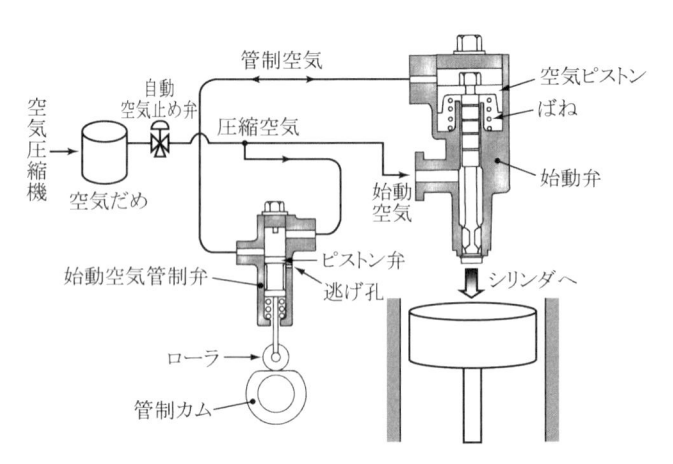

始動弁および始動空気管制弁

[問]58 四サイクルディーゼル機関の空気管制弁式始動弁に関する次の問いに答えよ。 （1707/2007/2302）
(1) 図は，空気管制弁式始動弁を示す。図の①及び②のガスケットが不良の場合，それぞれ何が漏出または漏入するか。（始動時及び運転時に分けて記せ。）
(2) 始動時，始動弁の開閉は，どのように行われるか。
(3) 始動弁が開弁状態で固着すると，どのような害を生じるか。

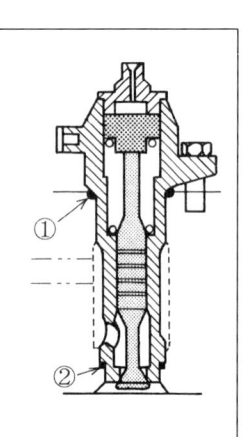

[解答]
(1) ＜ゴムガスケットの不良＞
   始動時：始動空気が漏出
   運転時：シリンダヘッドから潤滑油の漏入
   ＜銅ガスケットの不良＞

3 ディーゼル機関

　　始動時：始動空気がシリンダ内に漏入
　　運転時：シリンダ内のガスが漏出
(2) 開弁：始動空気管制弁の管制カムの位置によって，管制空気が始動弁の空気ピストン上部に作用し，ばねに抗して始動弁が開く。

　閉弁：管制カムの位置によって，空気ピストン上部の管制空気が抜けて，始動弁はばねの力で閉じる。
(3) ＜始動空気がシリンダ内に漏入＞
　● 始動空気がブレーキとなり，始動が困難となる。
　● シリンダ内圧力が異常な高圧になる。
　＜燃焼ガスが始動弁に漏入＞
　● 燃焼ガスが漏入し，始動弁を焼損する。

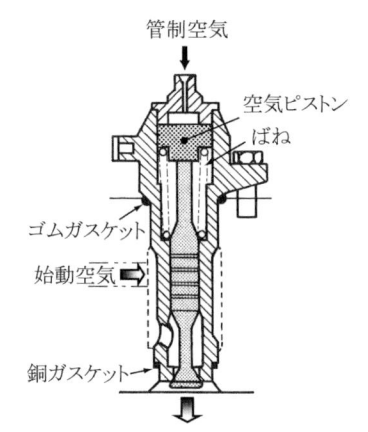

空気管制弁式始動弁

問59 図は，ディーゼル機関における回転弁式始動装置を示す。図に関する次の問いに答えよ。　　　　　　　　　　　　（1902/2004/2107/2402）
(1) Ⓐ及びⒷは，それぞれ何か。
(2) ⒶとⒷは，どのように接続されているか。
(3) 始動弁へ空気を送り込む管は，ⒸまたはⒹのどちらか。
(4) 上記(3)に該当する管は，始動弁のどこに接続するか。
(5) 始動弁は，どのように閉弁するか。

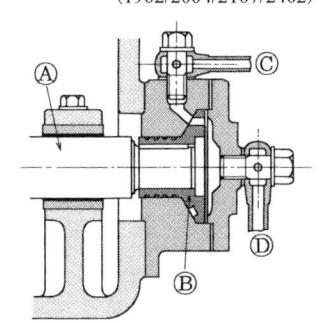

解答
(1) Ⓐ：カム軸
　　Ⓑ：分配弁
(2) ⒷはⒶ端部に緩いキーで嵌り込んでおり，軸方向に自由に移動できる。

(3) ⓒ
(4) 始動弁の上部
(5) 開弁期間が終了すると，始動空気は大気に放出されるので，始動弁はばねの力で閉弁する。

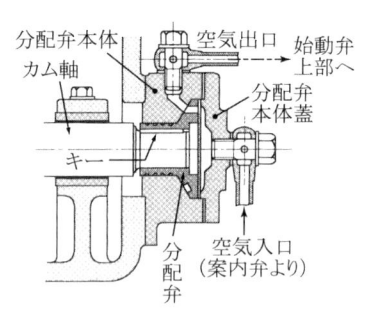

回転弁式始動装置

問60 二サイクルディーゼル機関の直接逆転装置に関する次の文の（　）の中に適合する字句を記せ。　　　　　　　　　　(1610/1804/2210)

(1) カム軸移動式では，カム軸に（㋐）用と（㋑）用の2種類のカムを取り付け，カム軸の移動は，圧縮空気を利用した油圧により行われる。しかし，カムの移動は，操縦ハンドルが（㋒）の位置にある場合は，行われないような安全装置がある。カム軸を移動させる場合，ローラとカムが接触したまま滑らせる方法と，ローラをまず（㋓）ておいて軸を動かす方法がある。

(2) カム回転変位式では，カム軸とこれに緩くはめてある鎖車（チェーンホイール）との間にかみ合いクラッチを設けて，クランク軸の回転は鎖車とかみ合う（㋔）によってカム軸に伝達される。逆転に際しては，まず圧縮空気をブレーキシリンダに送り，カム軸を一時（㋕）ようにする。始動空気で機関が逆転すれば，鎖車はかみ合いクラッチの（㋖）だけ回転して，カムと（㋗）軸の位置関係を変える。このとき，ブレーキシリンダへの圧縮空気は自動的に断たれて，カム軸は逆方向に回転する。

解答
㋐：前進　㋑：後進　㋒：運転(注1)　㋓：上げ　㋔：鎖　㋕：回らない
㋖：遊び　㋗：クランク

3　ディーゼル機関

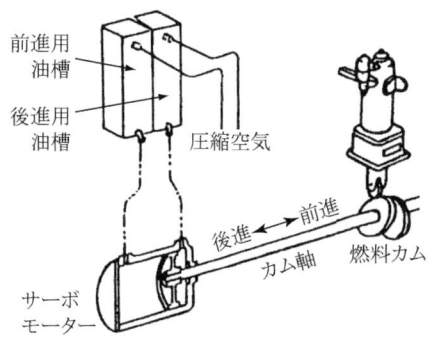

前進用, 後進用のカムを用い, カム軸を軸方向に移動して前・後進に切り替える。
カム軸移動式
〔海技大学校『舶用機関Ⅰ』を基に作成〕

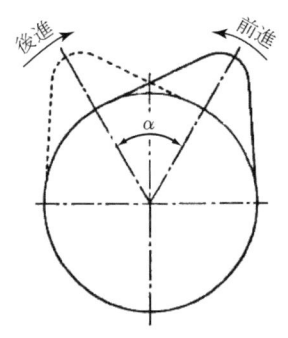

燃料カムに対称形のカムを用い, カム軸をα角回転させて前・後進を行う。
カム回転変位式
〔長尾不二夫『内燃機関講義(上巻)』(養賢堂)を基に作成〕

解説
(注1) 問50の図参照
◆逆転装置：機関自体が逆転する方式を直接逆転方式といい, 機関は逆転しないで常に同一方向に運転されながら, 可変ピッチプロペラなどにより逆転する方式は, 間接逆転方式という。
◆カム回転変位式：二サイクル機関は, 吸・排気カムを要しないので, カム軸を回転して位相変化する逆転方式

問61　ディーゼル機関に関する次の問いに答えよ。　　(1507/1904/2104/2202)
(1) 高温多湿の海域を航行中, 空気冷却器の取扱いについては, どのような注意が必要か。
(2) 冷却清水の水質管理については, どのような事項について注意が必要か。

解答
(1) ①　大量のドレンが発生しないように空気冷却器の出口空気温度を冷却海水入口弁の開度で調節する。
　　②　ドレンの発生状況によって空気冷却器および掃気室のドレン弁を開弁する(注1)。
(2) ①　防錆剤の濃度管理：1〜2週間に1回程度, 防錆剤の濃度を測定して

メーカの指示した濃度範囲に保つ。補水した場合や防錆剤を投入した場合は濃度変化に注意し，補水量との関係を記録する。
② <u>pH の管理</u>(注2)：8〜10 の範囲に保つ。この範囲を外れると防錆剤の効果が減少する。
③ 油分の管理：油分は熱交換能力を低下させるので，ろ過機能を持ったタンクなどでできるだけ除去する。
④ 浮遊物・沈殿物の管理：流路の閉塞や熱交換能力を低下させるので，基準を超えた場合は冷却水を新替えする。
⑤ <u>塩分の管理</u>(注3)：腐食の原因となる。
⑥ <u>定期的にメーカに分析を依頼する</u>(注4)。

解説
(注1) 掃気室内のドレンが空気とともにシリンダに流入すると，燃焼不良あるいはシリンダライナやピストンリングの異常摩耗を起こす原因となる。
(注2) pH は液体の酸性やアルカリ性の度合いを表し，0〜14 の数値で示され，pH 7 が中性，7 を下回る場合が酸性，7 を上回る場合はアルカリ性を表す。鉄は冷却水が酸性の場合，さびるので，冷却水はアルカリ性に保つ。
(注3) 冷却清水クーラ冷却管の破損などによる冷却海水の混入などが考えられる。
(注4) メーカの分析結果から，本船計測器の精度を確認できる。
◆ 防錆剤：鉄は水と接すると腐食する。系統内の全てに塗装・めっき処理することは現実的でないので，冷却水中に防錆剤を添加して，金属表面に保護皮膜を形成し防食する。

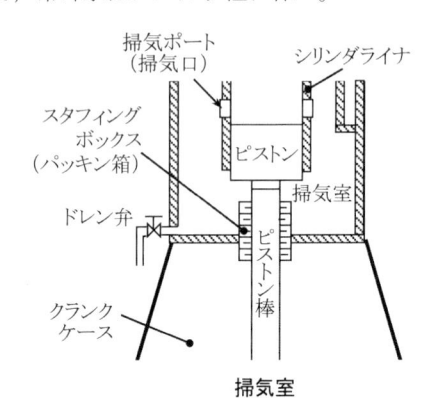

掃気室

問62 ディーゼル機関に関する次の問いに答えよ。　　　　　　(2204)
(1) 始動前にターニングを行っている場合，どのような事項を確認するか。
(2) 運転中，振動が大きくなる場合の原因は，何か。

3 ディーゼル機関

解答

(1) (注1)
① 機関の回転に異常がないことを確認する(注2)。
② インジケータ弁から，水分などの漏出の有無を確認する(注3)。
③ 吸・排気弁や燃料噴射ポンプの作動に異常がないことを確認する。

(2) ① **着火遅れ**により，**ディーゼルノック**を生じた場合
② 各シリンダの出力が不ぞろいの場合
③ 軸受メタルの摩耗により，すきまが過大になった場合
④ 危険回転速度で運転している場合
⑤ 過給機が**サージング**を起こした場合
⑥ シリンダ架構，機関台などの取付けボルトが緩（ゆる）み，または折損した場合

解説

(注1) 始動前のターニングは，機関各部に異常がないことの確認と，潤滑油を各軸受に供給するために行う。

(注2) 回転の異常は，異音や振動のほか，ターニングモータの電流値からも確認できる。

(注3) 運転中，き裂部は燃焼室が高温のため膨張により閉じているが，停止し冷態になると傷口が開くので冷却水が漏れ出て，ピストン上部に溜（た）まる。

◆ターニング（回転）：モータによって外部から機関を一定速度で回転させること。始動前以外に整備や点検時も使用する。

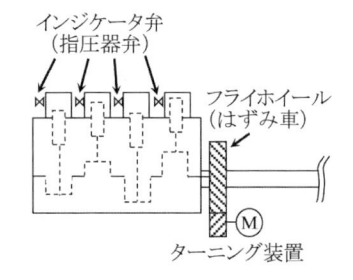

◆インジケータ（指圧器）弁：指圧図を撮取（さっしゅ）するためにインジケータを取り付ける弁

問63 ディーゼル機関の長時間の低速運転は，避けたほうがよい理由をあげよ。
(2102/2304)

解答

① シリンダ内の発生熱量が少ないので，燃焼室温度が低下し，不完全燃焼や低温腐食を起こす。

② 燃料噴射ポンプのプランジャ速度がおそく，噴射量も少ないため，霧化・分散が不十分で燃焼不良を起こす。
③ <u>各シリンダの出力が不ぞろい</u>^(注1)となり，機関の振動を増加する。
④ 不完全燃焼によって発生したカーボンにより燃焼室が汚損し，かつシリンダとピストンの摩擦面に侵入して，その摩耗を早める。
⑤ 十分な圧縮圧が得られず，噴油量も不安定で，ミスファイヤを起しやすい。

|解説|
（注） 燃料噴射ポンプは，常用出力時に出力が均一になるよう調整されているので，低速運転を行うと各シリンダ出力は不ぞろいとなりがちで，ミスファイヤを起こすことがある。
◆低温腐食（硫酸腐食，サルファアタック）：燃料中の硫黄が燃焼によって硫酸となり，鋼を腐食する。

|問64| ディーゼル機関に関する次の問いに答えよ。　　　　　(2302)
一般に，定格回転速度よりも低い回転速度では，定格出力の場合より燃料消費率が大きいのは，なぜか。

|解答|
低い回転速度では
① 発生出力のうち機械損失の割合が多くなる。
② 膨張行程の時間が長くなり，シリンダ壁から冷却水に失われる熱量が増加する。
このため，燃料消費率は大きくなる。

|解説|
◆燃料消費率（燃費）：燃料消費率と熱効率は反比例の関係にあり，燃料消費率の少ない機関は熱効率の良い機関である。

|問65| ディーゼル機関における危険速度（危険回転速度）とは，どのようなことか。また，危険速度で機関を運転すると，どのような害を生じるか。それぞれ述べよ。　　　　(1707/1902/2007/2107)

解答

<定義> 軸系の固有振動の周期と，シリンダ内で発生した回転力の変動によって生じる強制振動の周期が，機関のある回転速度で一致すると，共振して大きなねじり振動を生じる。このときの回転速度を危険速度という。

<運転の害>（注1）
- クランク軸や中間軸，プロペラ軸のき裂や折損の原因となる。
- 軸系のキーやフランジの継手ボルトを折損する。
- 軸受の発熱や焼付き，ホワイトメタルのはく離を生じる。
- クランク軸により駆動される歯車の歯面を損傷する。
- ピストンの焼付きを生じる。
- 機関や船体に大きな振動を生じる。

解説

（注1）危険速度で運転すると大きなねじり振動によりクランク軸などが折損するので，この速度での運転は回避する。蒸気タービン問25参照

4 ボイラ

> 問1　舶用2胴D形水管主ボイラについて述べた次の文の（　）の中の㋐〜㋖に適合する字句を，下記①〜⑱の語群の中から選べ。
>
> (1502/2007/2207)
>
> (1) 2個の（ ㋐ ）と，これらを連結する多数の水管及び（ ㋑ ）からなっている。
>
> (2) 胴の直径が小さいので（ ㋒ ）に耐え，保有水量が少なく（ ㋓ ）が大きいので蒸気の発生が速い。また，炉の形を自由に作れるので（ ㋔ ）も広く良好な燃焼ができる。しかし，構造が複雑で（ ㋕ ）の給水を必要とし，負荷の変動によって圧力及び（ ㋖ ）の変化が大きい。
>
> 語群：①水位　②硬度　③たき口　④管寄せ　⑤腐食　⑥高圧　⑦バーナ
> 　　　⑧燃焼室　⑨酸性　⑩煙管　⑪ステー　⑫蒸気通路　⑬良質
> 　　　⑭れんが　⑮ドラム　⑯伝熱面積　⑰アルカリ性　⑱燃料油温度

|解答|
㋐：⑮ドラム　㋑：④管寄せ　㋒：⑥高圧　㋓：⑯伝熱面積　㋔：⑧燃焼室
㋕：⑬良質 (注1)　㋖：①水位

|解説|
(注1) 良質とは，不純物が少ないこと。
◆ 2胴D形水管主ボイラ：蒸気ドラムと水ドラムの2胴および管寄せからなり，その断面がD字形に見えるボイラ
◆ 管寄せ（ヘッダ）：水管を寄せ集めた集合管

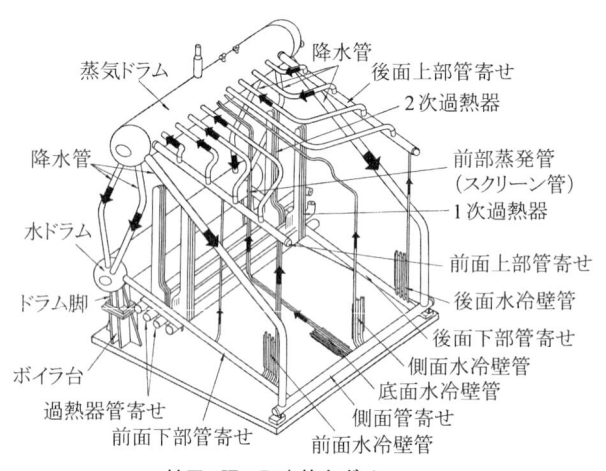

舶用2胴D形水管主ボイラ
〔機関長コース1986年3月号「受験講座・ボイラ」第1回(馬場弘明)より〕

問2　舶用2胴D形水管主ボイラに関する次の問いに答えよ。
(1604/1710/1902/2110/2304)
(1) 蒸気ドラム内には，どのようなものが設置されているか。　(1510)
(2) 水ドラム内には，どのようなものが設置されているか。
(3) 過熱器管寄せ内に仕切り板（隔板）が設けてあるのは，なぜか。
(4) 水冷壁管寄せの側面にハンドホールが設けてあるのは，なぜか。
(1510)

4 ボイラ

解答
(1) ①蒸気内管 ②**水面吹出し内管** ③**給水内管** ④邪魔板 ⑤制水板
　　⑥過熱低減器または緩熱器
(2) ①**底部吹出し内管** ②過熱低減器または緩熱器
(3) 仕切り板を設けて流路を分割することにより，<u>適切な蒸気流速を確保するとともに，流量分布を均一にして</u>(注1)所要の過熱蒸気温度を得ることができ，また管の過熱も防止する。
(4) 検査や掃除または拡管などのために設ける。

解説
(注1) 過熱器は過酷な条件（高温高圧）で使用されるため，不均一流れにより，滞留を起こしたり蒸気流量が少ないと過熱により変形や膨れ，曲がりなどを生ずる。

◆蒸気内管（気水分離器）：遠心力や邪魔板を利用して蒸気と水分を分離する。
◆制水板（波よけ板）：船の動揺によるボイラ水の片寄りを防止する。
◆邪魔板（バッフル）：プライミング防止などを目的とした多数の小径の穴を設けた多孔板
◆過熱低減器：過熱蒸気の温度を調節する。
◆緩熱器（過熱もどし器）：過熱蒸気の一部を飽和温度近くに下げて補助蒸気とする装置

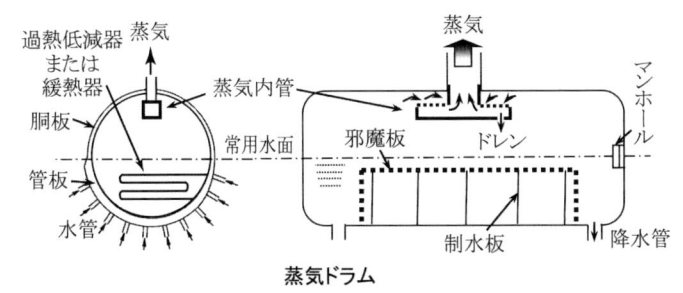

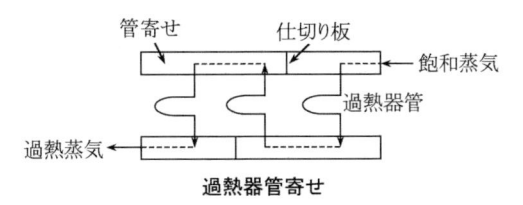

蒸気ドラム

過熱器管寄せ

問3　舶用2胴D形水管主ボイラに関する次の問いに答えよ。
(1807/2102/2307)
(1) 蒸気ドラムの胴板は，上半と下半ではどちらが厚いか。また，それは，なぜか。　(1510/1610)
(2) 降水管は燃焼ガスに接触しないようにするのは，なぜか。　(1610)
(3) ひれ付水管を互いに溶接した構造の水冷壁を，何というか。

解答
(1) 下半(注1)が厚い。
　　＜理由＞　下半部には多数の水管を取り付けるため，開口された穴により胴板の強度が低下しないよう板厚を厚くする。
(2) 降水管が燃焼ガスに接触すると，降水管内の水が加熱されて蒸気が発生しボイラ水の循環力が減少する(注2)。
(3) メンブレンウォール(注3)

解説
(注1) 問2の図参照
(注2) 蒸気ドラムと水ドラムの間を，温度の低い降水管内のボイラ水は下向きに，加熱された蒸発管内のボイラ水は上向きに流れ，水循環経路を形成する。

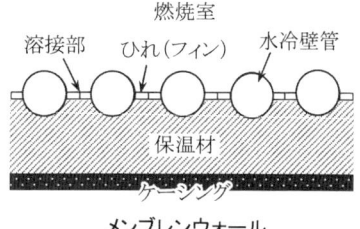

◆メンブレンウォール（板状溶接壁）：管壁の気密を保ち，吸熱を高めるため，フィンチューブまたは裸水管を溶接して板状にした構造の管壁で，メンブレンは「薄膜」，ウォールは「壁」の意味
◆ひれ（フィン）：水冷壁管に溶接された平鋼板

問4　舶用2胴D形水管主ボイラに関する次の問いに答えよ。
(1410/1602/1802/1904/2107/2310)
(1) 水管は，ドラムや管寄せにどのような方法で取り付けられるか。
(2) 前部蒸発管の管のピッチ（隣の管との中心間の距離）は，後部蒸発管のピッチより大きくするのは，なぜか。
(3) 下記⑦〜⑨の管を管径の大きい順に並べると，どのようになるか。

》98《

4 ボイラ

⑦降水管　　①過熱器管　　⑦水冷壁管

[解答]
(1) ① 拡管法：水管の管端を管座から突き出し，**チューブエキスパンダ**（拡管器）によって取り付ける。
　② 溶接法(注1)：水管を溶接によって取り付ける。
(2) ① ピッチが小さいとガス流速が大きくなり(注2)熱負荷がさらに増大して，蒸発管の過熱のおそれが生じる。
　② 第2列以降の蒸発管における放射による吸熱量を確保する。
　③ 燃焼ガス流に対する抵抗を小さくする。
(3) ⑦降水管　⑦水冷壁管　①過熱器管(注3)

[解説]
(注1) 拡管が困難な大口径の水管や管寄せへの取付けは溶接によることが多い。
(注2) 管と管との間隔が狭いと，狭水道や川幅の狭い場所の流速が大きくなるのと同様で，燃焼ガス流速も大きくなる。
(注3) 管径が小さい程，保有水量が少なく伝熱面積が大きいので吸熱量が多くなる。

◆蒸発管：燃焼室下流に配置され，燃焼ガスの接触によって吸熱する管
◆水冷壁管：燃焼室で放射熱を受ける壁面に配置された外径 50～60 mm の管
◆降水管：蒸気ドラム内のボイラ水を水ドラムまたは管寄せに送る外径 200～300 mm の大きな管
◆過熱器管：ボイラで発生した飽和蒸気を，温度を上げて過熱蒸気とする外径 30～40 mm の管
◆チューブエキスパンダ：当直，保安および機関一般問 32 の図参照

問5 ディーゼル船に採用される補助ボイラ及びこれとは別に設置された排ガスエコノマイザを組み合わせた装置の系統図を描いて，航行中，ボイラ内へ送られた給水が，ボイラから蒸気となって出るまでの流れを，通過する主要な機器名を入れて説明せよ。　　（1407/1702/1902/2207/2310）

解答
① 図のとおり
② 補助ボイラ
　↓
　循環ポンプからこし器を経て排ガスエコノマイザの分配管寄せへ。
　↓
　蒸発管入口にノズルを設け，ボイラ水の配分を調整する。
　↓
　蒸発管で吸熱し，気水混合体となる。
　↓
　集合管寄せを経て補助ボイラに戻る。
　↓
　補助ボイラで気水分離され，蒸気が取り出される。
　（余剰蒸気は，圧力調整弁から復水器へ回収する。）

《解答図》

解説
◆排ガスエコノマイザ（排ガスボイラ）：大形ディーゼル機関からの排気ガスは 400～500 ℃と高温なので，航海中は煙突内でこの排ガスの熱を回収して蒸気を発生させる熱交換器
◆補助ボイラ：排ガスボイラが使用できない停泊中，重油を燃焼させて主に加熱用蒸気を発生させるボイラで，蒸気タービン主機用蒸気を発生させるボイラは主ボイラという。

問6　ディーゼル船に採用されている補助ボイラ及びこれとは別に設置された排ガスエコノマイザを組み合わせた蒸気発生装置に関して，次の文の（　）の中に適合する字句を記せ。　　　　　　　　(2202/2307)
　航行中，ボイラ水は補助ボイラから（ア）ポンプで送られて，排ガスエコノマイザの（イ）を経て各蒸発管へ入る。各蒸発管入口にはノズルを取り付け，ボイラ水の（ウ）を安定にしている。ボイラ水は各蒸発管を流れる間に主機の排気の熱を吸収して（エ）となって補助ボイラに戻り，ここで（オ）と（カ）が分離される。発生蒸気量が余る場合は，一般に蒸気配管中に（キ）を設けて，余剰蒸気を（ク）に導く方法が

4 ボイラ

とられている。

解答
㋐：循環　㋑：分配管寄せ　㋒：配分　㋓：気水混合体　㋔：蒸気　㋕：水分
㋖：圧力調整弁　㋗：復水器

解説
◆圧力調整弁：ダンプ弁ともいう。（問5の図参照）

問7 補助ボイラに関する次の文の中で，<u>正しくない</u>ものを2つあげ，その理由を記せ。
㋐ 安全弁の上部には，手動で蒸気を逃がすためのレバーが取り付けてある。
㋑ 蒸気内管は，ボイラから取り出す蒸気に水滴が混入しないようにするために設ける。
㋒ 給水内管の先端は，ボイラ胴の最底部中央付近まで導かれている。
㋓ 水面吹出し弁は，内管によりスカムパンに連絡している。
㋔ 給水逆止め弁は，ボイラと給水止め弁の間に設ける。
㋕ ボイラ水の酸消費量（アルカリ度）が高過ぎると，プライミングの原因となる。

解答
㋒：給水内管は，ボイラ胴の熱応力とボイラ水の循環を考慮して，安全低水面より少し下に配置する。
㋔：給水止め弁は給水逆止め弁とボイラの間に設け，<u>給水逆止め弁の開放・修理を可能にする</u>(注1)。

解説
（注）㋐は問11，㋑は問2および㋓は問37の図参照
（注1）給水逆止め弁が損傷すると，給水の圧力が低いとき逆流し，ボイラ水位が低下する。
◆安全低水面：ボイラ運転中に許容される最低水面で，水面計最下部が指示する水準（水面計中央は常用水面）
◆給水内管：管の先端を塞いで側面に多数の小孔を開け，そこから給水を分散

して放出する多孔管
◆給水止め弁：給水を遮断する弁
◆給水逆止め弁：逆流を防止する弁

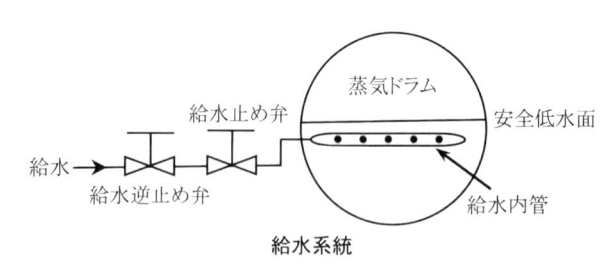

給水系統

問8　補助ボイラに関する次の文の中で，正しくないものを2つだけあげ，その理由を記せ。　　　　　　　　　　　　　　　　（1504/1707/2107）
㋐　蒸気内管の下側には，ドレンを排除するための小孔を設ける。
㋑　給水内管の先端は，ボイラ胴の最底部中央付近まで導かれている。
㋒　安全弁の上部には，手動で蒸気を逃がすためのレバーが取り付けてある。
㋓　水面計元弁の蒸気側の元弁は，できるだけ蒸気止め弁の近くに設ける。
㋔　給水止め弁は，ボイラと給水逆止め弁の間に設ける。
㋕　プレパージとは，点火前に炉内から残留ガスを排除することをいう。

解答
㋑：給水内管は，ボイラ胴の熱応力とボイラ水の循環を考慮して**安全低水面**より少し下に配置する(注1)。
㋓：蒸気止め弁の近くに設けると，排出される蒸気流れで水面計指示が影響を受けるので，離して設ける。

解説
(注1) 給水はボイラ水に比べ温度が低いので，ボイラ胴の最低部に集中して放出するとドラム板に不当な熱応力を与え，かつボイラ水の循環を妨げる。
◆ドレン：蒸気管系などで温度低下によって蒸気が熱を失い凝縮したもの

問9　補助ボイラに関する次の文の中で，正しくないものを2つあげ，そ

4 ボイラ

　の理由を記せ。　　　　　　　　　　　　　　　　　(1407/1510/1904)
　㋐　すす吹きを行う場合，通風圧は，通常運転時より高くする。
　㋑　ボイラを気醸した場合，水面計の水位は，点火前に比べて上昇する。
　㋒　ポストパージとは，燃料油加熱器内にあるガスを排除することをいう。
　㋓　ボイラを開放する場合，安全上，マンホールドアは，上部のドアより下部のドアを先に開く。
　㋔　運転中，煙管の途中からの漏れ事故が発生した場合は，管栓を挿入する。

解答
㋒：ポストパージとは，燃焼停止後に炉内から残留ガスを排除すること。
㋓：マンホールドアは，上部のドアを先に取り外し，次に下部のマンホールドアを開く。逆の場合，上部のドアを開いた瞬間に，開放した下部ドアからの強い通風力により高温の蒸気を浴びることがある。

解説
(注)　㋐：**すす吹き**を行う場合，排ガスの排出に影響しないよう通風圧を高くする。
　　　㋑：ボイラを気醸すると，ボイラ水は膨張するので水位は上昇する。
◆管栓：管を密封するプラグ

問10　図は，補助ボイラの低揚程安全弁を示す。図に関する次の問いに答えよ。
(1)　Ⓐのリップは，どのような目的で設けられているか。
(2)　弁棒の先端を円すい状にしている理由は，何か。
(3)　安全弁を開放した場合，弁体と弁座については，どのような箇所を検査するか。

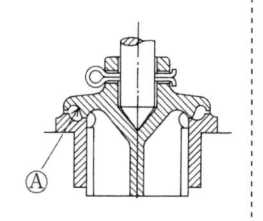

解答
(1)　①　吹出し圧となって弁が開き始めたときに，リップにより蒸気圧を受ける面積を大きくし，弁を速やかにもち上げ，弁の開度も維持する[注1]。
　　　②　弁のばたつきを防止する。

(2) ばねの力を弁の中心線上に作用させ，弁が弁座に均等に当たるようにする。
(3) ① 弁と弁座の当たりの状態
    ② 当たり面のスケールやさび，傷の有無
    ③ 弁足と弁座のすきまを計測し，計測値が規定値にあること。
    ④ リップすきまを計測し，計測値が規定値にあること。

|解説|

(注1) 安全弁が開弁するとばねも圧縮されるので，圧縮されたばねにより弁を押し下げる余分な力が加わり，弁は開弁しにくくなる。この力に抗して弁の揚程（リフト）を維持するため，リップを設け蒸気の受圧面積を大きくして弁を押し上げる力を増加し，ボイラ圧力が一定値に下がるまで開弁させることができる。

◆弁のばたつき（チャタリング）：弁が短時間に不安定な開閉を繰り返すこと。
◆リップ（唇）：下唇のめくれた形状に似ていることからついた名称

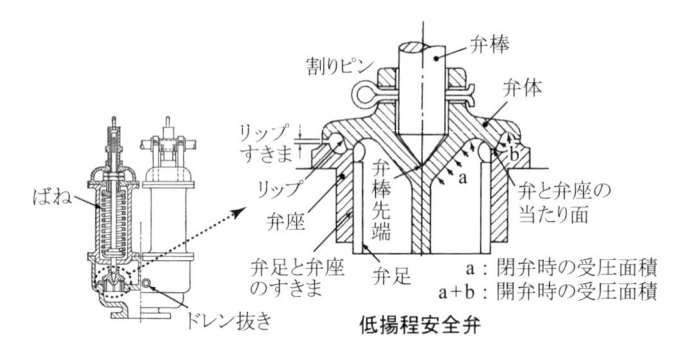

低揚程安全弁

|問| 11 ボイラの安全弁に関する次の問いに答えよ。
(1) 安全弁の取付け位置は，どのようなところにするか。
(2) ドレン抜き装置は，どのような役目をしているか。(1604/1804/2110/2404)
(3) 揚弁装置は，どのような場合に使用するか。
(類) 安全弁の揚弁装置とは，どのようなものか。　　　(1507/1807/2302)

|解答|
(1) 蒸気止め弁の取付け場所近くを避けて，ボイラの最も高い位置(注1)に垂

4 ボイラ

直に取り付ける。
(2) ① ドレンによる弁箱の腐食や弁の固着を防止する。
② ドレンの滞留により吹出し圧力が変わるのを防止する。
③ 噴気の際,高速蒸気流れにより弁箱内が真空になるのを防ぐ。
(3) ① ボイラの圧力が上昇し,破裂事故などのおそれのある場合,揚弁装置を手動操作して安全弁を開け,蒸気を大気へ放出して,危険を回避する。
② 時々操作して蒸気を噴出させ,弁が弁座に固着するのを防止する。

解説
(注1) 蒸気止め弁の取付け場所近くは,蒸気の流出により蒸気圧力が低下するので,安全弁の開閉に影響を及ぼす。

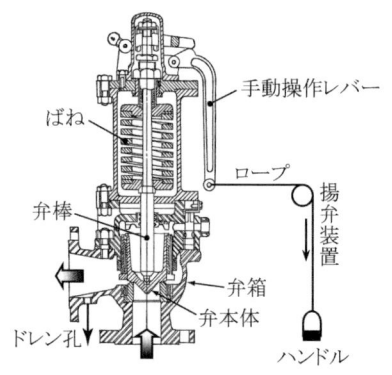

〔木脇充明・金子延男『船用ボイラ』を基に作成〕

問12 補助ボイラの安全弁に関する次の問いに答えよ。　(1507/1807/2302)
(1) 安全弁が噴気して,吹止まり圧までボイラ圧が降下しても吹出しが止まらない場合の原因は,何か。(2つあげよ。) (1410)
(2) 安全弁が噴気した場合,どのような応急処置を行うか。

解答
(1) ① 弁足と弁座のすきまが過大または過小の場合 (注1)
② 弁棒の湾曲や形状不良,安全弁の組立不良などにより,弁と弁座の中心が狂っている場合
(2) (注2)
- 使用中のバーナ数を減らすか消火する。
- ボイラ水位に注意し,ボイラ水を補給する。
- 蒸気の使用量を増やす。

解説
(注1) すきまが適切でないと，弁が正しく上下運動をしない。(問10の図参照)
(注2) ボイラ圧力の低下に努める。

問13 舶用2胴D形水管主ボイラの安全弁に関する次の問いに答えよ。
(1407/1607/1804/1907/2104)
(1) 安全弁の面積は，蒸発量を一定とした場合，制限気圧に比例するか，それとも反比例するか。また，その理由は，何か。
(2) 過熱器の安全弁吹出し圧は，ボイラ胴の安全弁吹出し圧よりも高くするか，それとも低くするか。また，その理由は，何か。
(3) 安全弁の仮封鎖は，どのような要領で行うか。

解答
(1) 反比例する (注1)。
　＜理由＞ 高圧ほど蒸気の噴出速度は大きくなるので，蒸発量を一定とした場合，安全弁の面積は小さくなる。
(2) 低くする。
　＜理由＞ 蒸気は，ボイラ胴から過熱器へと流れるため，ボイラ胴の安全弁が過熱器の安全弁より先に吹き出すと，過熱器に流れる蒸気量が減少し，過熱器を焼損させるおそれがある。
(3) ・調整しないほうの安全弁は，弁棒上端を固定金具で押さえて，噴気しないようにしておく。
　・ボイラの蒸気圧を上昇させ，規定の圧力で噴出するように調整ねじで調整する。
　・同様にして，他方の安全弁を調整する。
　・調整後，再度蒸気圧を高めて，2個の安全弁が規定の圧力で作動することを確認する。
　・吹出し圧，吹止まり圧を記録する。

解説
(注1) 安全弁の面積 $= \dfrac{蒸発量}{噴出速度}$

ここで噴出速度は制限気圧（最高使用圧力）の平方根にほぼ比例する。また，安全弁の面積は，弁座口の面積で示す。

◆仮封鎖：仮封鎖とは検査官の検査（本封鎖）を受けるために，前もって行う安全弁の噴出圧力の調整

問14 排ガスエコノマイザの加熱管に付着したすすを除去する装置には，蒸気噴射式以外にどのようなものがあるか。3つあげ，その概要を述べよ。
(1610/1710)

解答
① 空気噴射式：圧縮空気を用いて加熱管に付着したすすを吹き飛ばして除去する。ドレンによる腐食の心配がなく，蒸気圧より高圧の空気圧を使用できるので除去効果が大きい。
② 清水噴射式：低温の高圧清水を用いて加熱管に付着したすすを吹き飛ばす方法である。固着したすすには熱ひずみにより，また，軟質のすすに対しては水が蒸気になるときの体積膨張力を利用してすすを飛散させて除去する。
③ 鋼球散布式：多数の小さな鋼球を加熱管上部から落下させ，その衝撃力によって加熱管に付着したすすを叩き落として除去する。

解説
◆すす吹き（スートブロー）：煙突内には排ガスの熱を利用する空気予熱器や給水予熱器（節炭器，エコノマイザ）が設置されている。これらに不完全燃焼で生じたすすが堆積すると，伝熱を妨げ，腐食や通風阻害，火災などの原因となる。このため，すす吹き器で定期的にすすを除去する。

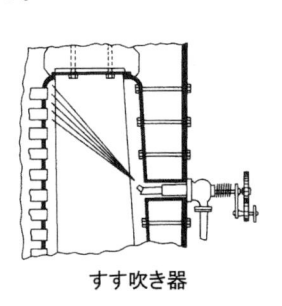

すす吹き器

問15 補助ボイラのマンホールに関する次の問いに答えよ。 (1702/1802/1907/2204)
(1) 図のようなボイラ胴に設けるマンホールの長径は，図のA-A′方向に向けるか。それとも，B-B′方向に向けるか。また，その理由は，何か。

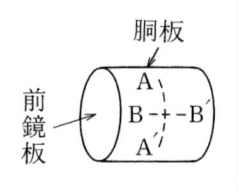

(2) 鏡板に設けるマンホールは，どのようにして補強しているか。
(3) マンホールドアは，鏡板に設けるマンホールに，どのようにして取り付けてあるか。（取り付けた状態の略図を描いて示せ。）

解答
(1) A-A′
　＜理由＞　内圧が働くと，B-B′断面に生じる応力はA-A′断面に生じる応力の2倍となるので，B-B′方向の開口長さはA-A′方向より極力短くする。
(2) 鏡板をボイラの内側に折り曲げる。（折込みフランジ）
(3) 図のとおり
　① 鏡板をボイラ内側に折り曲げてフランジを出して強度を持たせる。
　② マンホールドアを，ボイラ内部から当て，外側にドックステーをかけ，ナットで締め付ける。

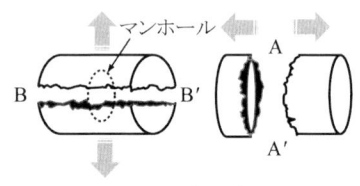

B-B′断面が先に破壊する。
危険断面

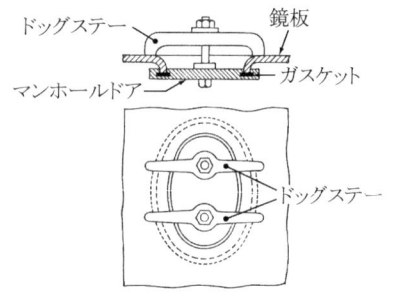

《解答図》
〔伊丹良治ほか『船用ボイラの基礎と実際』を基に作成〕

解説
◆マンホール（人孔）：ボイラ内部の掃除や検査，修理などのため，人が出入りできるように，ボイラ胴や前鏡板に設けた楕円の穴
◆ドッグステー：補強を必要とする箇所の面積が狭い場合に使用される「つかみ形」の補強材

問16　補助ボイラのマンホールに関する次の文の（　）の中に適合する字句を記せ。　　　　　　　　　　　　　　　　　（1602/1810/2007/2304）
(1) マンホールを設けるための穴をあけると，その部分の板の強度が減少するから，ボイラ胴のマンホールでは，（ ㋐ ）環を取り付け，前鏡板下部のマンホールでは，鏡板をボイラ内側に（ ㋑ ）てフランジを出し

4　ボイラ

　　　て強度をもたせている。
(2) マンホールドアは，その周囲に溝を設け，この溝に（ ㋒ ）を入れる。そして，マンホールドアをボイラに取り付けるには，ドアをボイラの（ ㋓ ）部から当て，（ ㋔ ）をかけてナットで締め付ける。

解答
㋐：補強　㋑：折り曲げ
㋒：ガスケット　㋓：内
㋔：ドッグステー

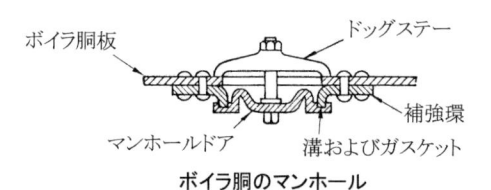

ボイラ胴のマンホール
〔伊丹良治ほか『船用ボイラの基礎と実際』より〕

問17　補助ボイラの燃焼装置の1例を示す略図に関する次の問いに答えよ。　　(2210)
(1) このバーナの形式は，何か。（名称を記せ。）
(2) ㋐～㋔の部品は，それぞれ何か。
(3) 燃料油を完全燃焼させるために，一次空気はどのような役割をするか。

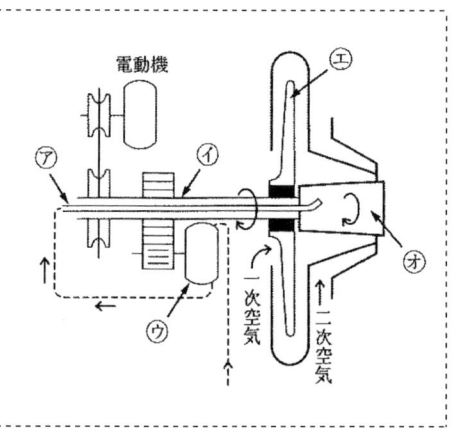

解答
(1) 回転式バーナ（ロータリバーナ）
(2) ㋐：燃料油管　㋑：中空軸　㋒：噴燃ポンプ　㋓：送風機　㋔：霧化筒
(3) バーナの着火と火炎を安定させる。

解説
◆回転式バーナ：霧化筒を電動機で毎分3000～4000位の高速で回転させ，この霧化筒内に燃料油を滴下して遠心力を与え，飛散する油と送風機からの高速旋回気流で微細な噴霧を得る。油圧を必要とせず油と空気の混合がよく短炎となるので燃焼室をコンパクトにできる。

問18 主ボイラの重油燃焼装置のエアレジスタに関する次の問いに答えよ。
(1504/1704/2007)
(1) ウインドボックスは，供給空気に対してどのような役目をするか。
(2) 供給空気は，一次空気と二次空気に分けられるが，それぞれどのような役目をするか。

解答
(1) 送風機からの燃焼用空気を動圧から静圧に変えて，炉内に供給する空気流れを均一にする。
(2) ① 一次空気：バーナ周りに供給され，着火と火炎安定のために供給される空気
② 二次空気：旋回などにより燃料と空気の混合を良好にして，完全燃焼させるために供給される空気

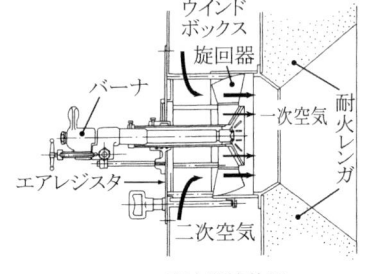

解説
◆エアレジスタ：燃焼用空気の給気装置
◆ウインドボックス：風箱ともいう。

重油燃焼装置

問19 機関室内の空気が船用 2 胴 D 形水管主ボイラの燃焼に利用され，船外に排出されるまでの経路を示した次の線図の中の⑦〜⑰に適合する字句を，下記①〜⑥の語群の中から選べ。 (1510/1707)

機関室 ──→ ⑦ ──→ ⑦ ──→ 再生式空気予熱器 ──→ ⑦ ──→ ⑦
煙突内筒 ←── 再生式空気予熱器 ←── ⑦ ←── ⑦ ←── 燃焼室 ←──

語群：①エコノマイザ（節炭器） ②強圧送風機 ③風量調節用ベーン
④過熱器 ⑤エアレジスタ ⑥ウインドボックス

解答
⑦：③風量調節用ベーン ⑦：②強圧送風機 ⑦：⑥ウインドボックス
⑦：⑤エアレジスタ ⑦：④過熱器

㋕：①エコノマイザ（節炭器）

|解説|
◆ 節炭器：煙道ガスの排熱を回収して給水を予熱する装置
◆ 再生式空気予熱器：煙道の排ガスから熱を吸収し，加熱された伝熱エレメント（鋼板）が回転し，次に空気に接触し，これに吸収した熱を与える方式の空気予熱器

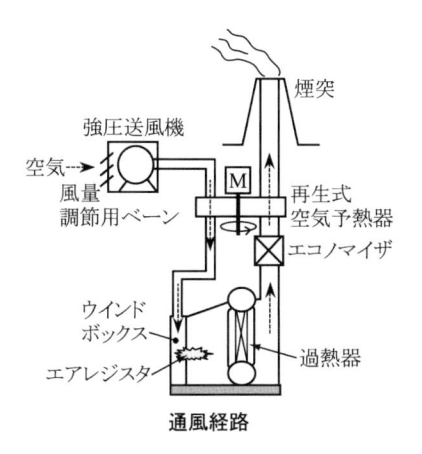

通風経路

問20　舶用 2 胴 D 形水管主ボイラの燃焼装置に関する次の問いに答えよ。
(1507/1807/1910)
(1) 天井だき方式とは，どのような方式か。また，この方式の利点は，何か。
(1610/1904/2210)
(2) 圧力噴霧バーナにおいて，直流式（直接式）及び環流式（循環式）とは，それぞれどのような方式のバーナか。(2202/2402)
(3) 蒸気噴霧バーナの利点は，何か。(2202/2402)
(4) バーナ負荷調整範囲（ターンダウン比）とは，どのようなことか。(2202/2402)

|解答|
(1) ＜方式＞　燃焼室天井部にバーナを設置して，燃焼ガスは燃焼室を下方に向かって降下する垂直燃焼方式
　　＜利点＞
　・燃焼室内の燃焼ガス流れが単純で一様なので，燃焼室温度が均一となり，水冷壁の収熱が平均化される。
　・燃料と空気の反応時間が長くとれるので燃焼が良好となり，低酸素燃焼が容易である。
　・バーナを天井に設置するのでボイラ前面のスペースを十分取れる。
(2) ＜直流式＞　バーナに送油される重油の全量をノズルから噴射させる方式

で，噴射量は重油の圧力で調節する。
　＜環流式＞　バーナに送油される重油のうち余分な重油は噴燃ポンプに環流させる方式で，噴射圧を一定とし，噴射量は戻りの油圧で調節する。
(3) ①　霧化が良好で完全燃焼しやすい。
　　②　噴油量の調節範囲が広い。
　　③　低質重油の使用が可能である。
　　④　カーボンの付着が少なく，ノズルの掃除間隔を長くできる。
(4) 燃焼可能な最小噴油量と最大噴油量との比

解説

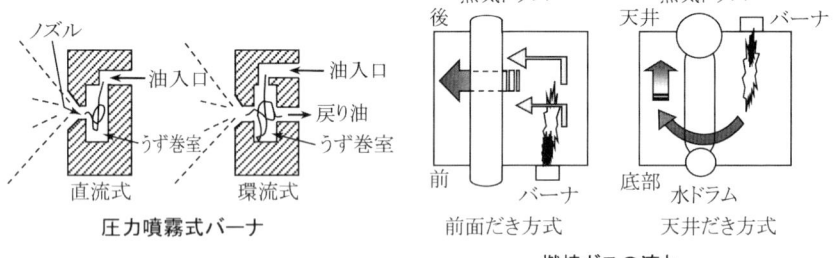

圧力噴霧式バーナ　　　燃焼ガスの流れ

◆蒸気噴霧バーナ：ノズルから噴出する高速蒸気流によって重油を霧化する方式
◆ターンダウン比：たとえば，1000kg/h のバーナで，250kg/h まで連続使用できる場合，ターンダイン比は 25 ％（1/4 など）という。

問21 ボイラの燃焼装置に関する次の問いに答えよ。
（1610/1904/2007/2210/2307）
燃焼状態の良否を点検するには，どのような方法があるか。（3つあげよ。）

解答
①　スモークインジケータにより，ばい煙の濃淡によって判定する。
②　炭酸ガス濃度計（CO_2 メータ）により判定する。
③　燃焼室内の火炎の色から判定する。

解説
◆スモークインジケータ（ばい煙濃度計）：煙の濃度を光度の変化として測定

4 ボイラ

する装置

問22 補助ボイラの自動燃焼制御装置に関する次の問いに答えよ。
(1510/1710/2002)
(1) 燃焼制御装置を設置すると，どのような利点があるか。　（2104/2302）
(2) 燃焼制御装置は，負荷の変化に応じて，何を自動的に調整するか。
(2104)
(3) 運転中の危険防止のため，フレームアイは，どのような役目をするか。
(4) プレパージ及びポストパージとは，それぞれ何をすることか。（2104）

解答
(1) ① 負荷変動による蒸気圧力の変化が少ない。
　　② 良好な燃焼によりボイラ効率が向上し，燃料が節約できる。
　　③ 常時監視の必要がないので作業人員が少なくてすむ。
　　④ ボイラ運転に対する安全性が向上する。
(2) 燃料油量と燃焼用空気量
(3) 不着火や失火を検知した場合に，重油電磁弁を閉鎖して燃料の供給を遮断する。
(4) ＜プレパージ＞　点火前に炉内から残留ガスを排除すること。
　　＜ポストパージ＞　燃焼停止後に炉内から残留ガスを排除すること。

解説
◆自動燃焼制御（Automatic Combustion Control）：ボイラ負荷が変動したとき，燃料および空気の量を自動的に調整し，ボイラ圧力を一定に保つための制御で，ACCともいう。
◆フレームアイ（火炎検出器）：フレームは「火炎」，アイは「監視」の意味
◆プレパージおよびポストパージ：プレは「予め」，ポストは「後の」，パージは「排除」の意味

問23 補助ボイラの自動燃焼制御装置に関する次の問いに答えよ。
(1410/1607/1910)
(1) 点火は，ボイラの何を検出して行うか。　（2302）
(2) バーナの燃料への自動点火は，どのようにして行われるか。

》113《

(3) 点火前，どのようなことを行うか。　　　　　　　　　　　(2302)
　　(4) 燃焼中，フレームアイが作動するのは，どのような場合か。　(1510)
　　(5) フレームアイが作動不良の場合，どのような害があるか。

解答
(1) 蒸気圧力
(2) ① 高電圧の電流がイグナイタでスパークを発してパイロットバーナに点火する。
　　② フレームアイが火炎を検知すれば，主バーナ用 FO 電磁弁が開き，パイロットバーナの種火で主バーナが着火する。
　　③ 数秒後パイロットバーナは消火する。
(3) ① <u>押込み送風機を始動し，炉内から残留ガスを排除する</u>(注1)。
　　② 噴燃ポンプを始動して，重油を循環させ，燃料加熱器で油温を上昇させる。
(4) ① <u>失火した場合</u>(注2)
　　② フレームアイが汚損した場合
(5) 失火しても重油電磁弁が閉鎖されないので，炉内へ重油の流入が継続する。

解説
(注1) プレパージという。
(注2) 点火時，不着火の場合も作動する。
◆パイロットバーナ（点火用バーナ）：大容量ボイラでは，主バーナから噴出される燃料量も多くなるので，点火に失敗すると多量の燃料が炉内に放出され，逆火の原因となる。確実な点火を行わせるためにパイロットバーナを用いる。
◆イグナイタ（点火栓）：イグナイトは「点火する」の意味
◆ FO（Fuel Oil）：燃料油

問24 補助ボイラの自動制御に関する次の問いに答えよ。
　　　　　　　　　　　　　　　　　　　　(1704/1902/2102/2402)
　　(1) 燃焼制御装置において，運転中，燃焼遮断装置が作動するのは，どのような場合か。

> (類) 運転中，警報を発して自動的に消火するのは，どのような場合か。
> (2) 給水制御装置において，ボイラの水位などを検出して給水量を増減するには，どのような制御方法があるか。

解答
(1) ① ボイラ蒸気圧が規定圧を超えた場合
　　② ドラム水位が規定水位より低下した場合
　　③ 失火した場合
　　④ 燃料油の圧力または温度が低下した場合
　　⑤ 押込み送風機が停止した場合
　　⑥ 電源が喪失した場合
(2) ① 給水加減弁の開度による。
　　② 電動給水ポンプの発停による。
　　③ 蒸気駆動の給水ポンプの場合は，蒸気供給量による。[注1]

解説
(注1) 蒸気量を調整して，回転速度を変える。

> **問25** 舶用2胴D形水管主ボイラの給水に関する次の問いに答えよ。
> (1702/1910/2302)
> (1) 給水の標準値は，どのような項目について示されているか。
> (2) 給水処理（ボイラ外処理）のため，どのような設備が設けられているか。
> (3) 補給水は蒸留水タンクより，どのような経路で，給水・復水ラインのどこへ入れるか。また，それはなぜか。

解答
(1) ① pH　②硬度　③油脂類　④溶存酸素　⑤全鉄　⑥全銅　⑦ヒドラジン
(2) ①脱気器　②イオン交換装置　③蒸化器　④カスケードタンク
(3) ＜経路＞　蒸留水タンク→メイクアップ弁→大気圧ドレンタンク→ドレンポンプ→脱気器[注1]の手前
　　＜理由＞　密閉給水法を採用し，脱気器において溶存ガスを除去するため。

解説
(注1) 脱気器の水位によってプラント全体の水量を調節する。

機関その一

<図：密閉給水システム>

一般に，主復水器から脱気器内の貯水槽までを復水，貯水槽からボイラまでは給水と呼ばれる。

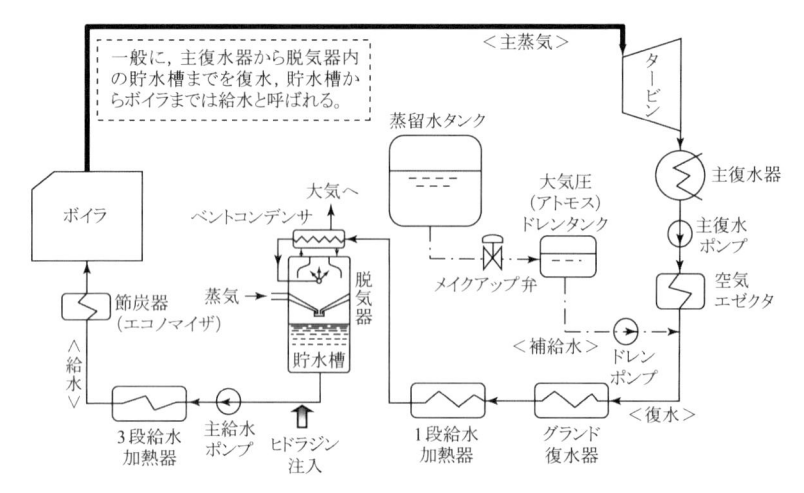

密閉給水システム

- ◆メイクアップ弁：補給水弁，低水位調整弁ともいう。
- ◆脱気器（空気分離器，デアレータ）：脱気と加熱を行い，2段給水加熱器の役割も担う。
- ◆カスケードタンク：油分などを除去するろ過器を兼ねた給水タンク。清浄剤も投入される。カスケードは「連なった小さな滝」の意味がある。
- ◆イオン交換装置：CaやMgなどの硬度成分を除去する。
- ◆蒸化器（造水器，エバポレータ）：海水から蒸留水を作る。

問26 舶用2胴D形水管主ボイラの給水系統に密閉給水法を採用する理由を記せ。　　　　　　　　　　　　　　（1704/1904/2110/2307）

解答
　ボイラ水中の溶存酸素は鉄を腐食するので，高温・高圧ボイラでは，給水中の溶存酸素を極力少なくする目的で，外気との接触をしゃ断してボイラに給水する密閉給水法を採用する。

解説
- ◆密閉給水法：復水器で空気を分離除去した復水に，空気が侵入することを防

》116《

ぐため，大気開放型のタンクなどを設けず，復水ポンプと給水ポンプを直結してボイラに給水する。

問27 再生タービンプラントを採用した蒸気タービン船において，復水がボイラドラムに入るまでに給水加熱器などによって加熱されるが，加熱される熱源としてどのようなものを使用しているか。5つあげよ。
(1810/2010/2207)

解答
① 空気エゼクタ：エゼクタ作動蒸気
② グランド復水器：タービングランドなどからの漏洩蒸気
③ 1段給水加熱器：低圧タービンからの抽気
④ 脱気器：補助排気，3段給水加熱器のドレン
⑤ 3段給水加熱器：高圧タービンからの抽気

解説
(注) その他，⑥節炭器：ボイラからの排気ガス。蒸気タービン問3の図参照
◆再生タービンプラント：タービン内で膨張途中の蒸気を一部取り出し（抽気という），給水を加熱するサイクル
◆空気エゼクタ：復水器内の真空度を高め，復水の脱気を行う装置
◆グランド：タービンのロータ軸が車室を貫通する部分をいい，気密のためグランドパッキン蒸気が供給される。
◆復水器（コンデンサ）：蒸気を水に戻す装置
◆節炭器（エコノマイザ）：煙道ガスの排熱を利用して，給水を予熱する装置

問28 舶用2胴D形水管主ボイラの水処理に関する次の問いに答えよ。復水及び給水の中に含まれる空気は，どこで，どのようにして分離するか。
(1610/2004/2204)

解答
① 主復水器：空気エゼクタまたは真空ポンプにより脱気する。
② 大気圧ドレンタンク：加熱により脱気する。

③　脱気器：加熱と霧化により空気を分離し，ベントコンデンサより脱気する。
④　給水ライン：脱酸素剤（ヒドラジン）により除去する。

|解説|
◆ボイラ水処理：ボイラ水中の不純物は，腐食やスケール，スラッジの生成，キャリオーバなどボイラ障害の原因となるので，不純物の処理が必要であり，ボイラ外処理とボイラ内処理とがある。

ボイラ水処理 ┬ ボイラ外処理：脱気器，蒸化器，軟水器など
　　　　　　└ ボイラ内処理：清浄剤 ┬ pH，アルカリ度の調整
　　　　　　　　　　　　　　　　　　├ スケールの生成防止
　　　　　　　　　　　　　　　　　　└ 脱酸素

◆軟水器：イオン交換樹脂で水中の硬度成分であるCaイオンとMgイオンをNaイオンに置換して除去する装置

不純物 ┬ ガス体：酸素，炭酸ガスなど…腐食
　　　 ├ 溶解固形分：CaやMgの重炭酸塩（一時硬度）や非炭酸塩（永久硬度）…スケールやスラッジ（かまどろ）
　　　 └ 固形きょう雑物：油脂分など浮遊混入物…キャリオーバ

◆溶解固形分（溶解鉱物質，蒸発残留物）：ボイラに入った溶解固形分はボイラ水の蒸発によって濃縮され，溶解度以上になるとスケールやスラッジとなる。

問29　舶用2胴D形水管主ボイラにおいて，給水及びボイラ水を管理する場合，次の(1)，(2)の項目に標準値を設ける理由を，それぞれ述べよ。
（1602/1707/1907/2402）
(1) シリカ（ケイ酸）　　　(2) pH

|解答|
(1) シリカが含まれると，
　① 伝熱面上に熱伝導の悪い硬質のスケールを生成し，伝熱を阻害し，蒸発管の過熱や**膨出**，破裂の原因となる。
　② 蒸気とともに排出されると過熱器内に付着し，過熱の原因となる。また，タービン翼に付着すると性能を低下させる。
(2) pHが適正であると，

4　ボイラ

① ボイラの腐食を防止する。
② スケール付着を防止する。
③ 気水共発を防止する。

解説
◆ pH：水溶液の酸性またはアルカリ性の程度を表し，中性は pH 7，これより低いと酸性，高いとアルカリ性という。
◆ シリカ（SiO_2）：スケールの中でも硬質で熱伝導率も悪い。
◆ スケール：ボイラ水中の不純物が，ドラムや水管内壁などに析出し，固着したもの

問30 ボイラ水及び給水の硬度に関する次の問いに答えよ。
(1407/1704/1810/2107/2210/2404)
(1) 硬度に制限値を設けて，ボイラ水や給水の処理を行うのは，なぜか。
(1602/1707/1907/2402)
(2) 一時硬度及び永久硬度とは，それぞれどのような硬度か。

解答
(1) 硬度とは水中に溶存する Ca イオンおよび Mg イオンの量を表す。ボイラ内で生成されるスケールやスラッジは，硬度成分によるので，ボイラ水や給水の硬度は極力低く抑える。
(2) ＜一時硬度＞　煮沸すると沈殿するので除去できるもので，重炭酸カルシウムなどをいう。
　　＜永久硬度＞　煮沸しても除去できないもので，硫酸カルシウムや塩化マグネシウムなどをいう。

解説
◆ 硬度成分：水に溶けると Ca イオンや Mg イオンを電離する物質

問31 ボイラ水や給水の硬度に関する次の問いに答えよ。
(1) 下記⑦～⑨の硬度成分は，それぞれ一時硬度成分か，それとも永久硬度成分か。
　　⑦硫酸カルシウム　　④重炭酸カルシウム　　⑨塩化マグネシウム

(2) 一時硬度と永久硬度のうち，煮沸によって沈殿除去できるものは，どちらか。
(3) 一時硬度と永久硬度の和は，何というか。(1407/1704/1810/2107/2210/2404)

解答
(1) 一時硬度成分：⑦重炭酸カルシウム
　　永久硬度成分：⑦硫酸カルシウム，⑦塩化マグネシウム
(2) 一時硬度
(3) 全硬度

問32 補助ボイラのボイラ水の酸消費量（アルカリ度）に関する次の問いに答えよ。　(2404)
(1) 適度の酸消費量を保つようにするのは，なぜか。　(1804/2004/2010)
(2) 酸消費量は，どのようにして計測するか。

解答
(1) ① 伝熱面上にスケールが付着するのを防止する。
　　② 伝熱面上にち密で安定した保護皮膜を形成し，腐食を防止する。
　　③ スラッジに浮遊性を与えて吹出しによって排出しやすくする。
　　④ **キャリオーバ**を防止する。
　　⑤ か性ぜい化やアルカリ腐食を防止する。
(2) ① Pアルカリ度：指示薬としてフェノールフタレイン指示薬を用い，硫酸で滴定し，この時の硫酸消費量から求める。
　　② Mアルカリ度：指示薬としてメチルレッド指示薬を用い，硫酸で滴定し，この時の硫酸消費量から求める。

解説
◆酸消費量（アルカリ度）：水に溶けているアルカリ物質の量（濃度）を表す指標。Pアルカリ度はpHを8.3より高くしているアルカリ物質の濃度を表し，Mアルカリ度はpHを4.8より高くするアルカリ物質の濃度を表す。Mアルカリ度はアルカリ物質の総量に対応するため全アルカリ度とも呼ばれる。

4 ボイラ

◆か性ぜい化（応力腐食割れ）：アルカリ度が高く，かつ応力が集中する場所では，もろくなって割れを起こす現象
◆アルカリ腐食：アルカリ度が過度に高くなって起こる腐食

問33 舶用2胴D形水管主ボイラの水処理に関する次の問いに答えよ。
(1610/2004/2204)
(1) りん酸三ナトリウム（第3りん酸ソーダ）を使用する場合の注意事項は，何か。（安全管理上の注意事項は除く）
(2) りん酸三ナトリウムの投入は，ボイラ水中の何を測定して決めるか。

解答
(1) 硬度成分との反応により生成したリン酸塩(注1)の沈殿物が管系を閉塞するおそれがあるので，ブローを確実に行うとともに，一度に大量の投入を避ける。
(2) ①リン酸イオン濃度(注2)　②pH

解説
(注1) リン酸イオンと水中に溶存する塩類との反応生成物のことで，重炭酸ナトリウムなどがある。
(注2) リン酸イオン：PO_4^{3-}（ただし，Pはリン）
◆イオン：原子はもともと陽子と電子の数が等しく電気的に中性であるが，電子の入出により帯電状態となった原子。水中で，水の一部は $H_2O \rightarrow H^+ + OH^-$ のようにイオン化（電離）している。

問34 下記(1)及び(2)のボイラ清浄剤の効用を，それぞれ述べよ。
(1504/2002/2304)
(1) りん酸三ナトリウム（第3りん酸ソーダ）　(2) ヒドラジン

解答
(1) ① 硬度成分と迅速に反応してリン酸塩のスラッジを形成し，軟化処理を行うとともにスケールの付着を防止する。
　② 油分を吸着沈殿させ，伝熱面付着を防止する。

③　ボイラの内面に緻密なりん酸鉄の皮膜をつくり，腐食を防止する。
(2)　①　給水中の溶存酸素と反応して窒素と水を生成する脱酸素剤である(注1)。
　　②　適量のヒドラジンは，pHを高め防食に効果がある。

解説
(注1)　N$_2$H$_4$（ヒドラジン）＋ O$_2$ → N$_2$ ＋ 2H$_2$O
　　　ただし，過剰に注入すると，熱分解してアンモニア（NH$_3$）となり，pHを高めてアルカリ腐食の原因となる。
◆清浄剤：清缶剤，脱酸素剤，分散剤などの総合的なボイラ水処理薬品をいう。
◆溶存酸素：腐食に最も影響を及ぼす不純物である。溶存酸素があると金属表面での保護皮膜の形成が妨げられ，腐食が急激に進行する。また，酸素濃淡電池ができると孔食の発生原因になる。

問35　補助ボイラの取扱い上，ボイラ水の次の(1)～(3)の事項について注意しなければならない理由を，それぞれ記せ。　（1502/1804/2010/2207）
(1)　酸消費量（アルカリ度）
(2)　塩化物イオン濃度　　　　　　　　　　　　　　（1602/1802/1910）
(3)　硬度

解答
(1)　問32(1)参照
(2)　①　塩化物イオン(注1)は金属表面の保護皮膜を破壊し，腐食を促進する。
　　②　ボイラ水中の溶解固形分濃度を推定できる(注2)ので，吹出しの目安になる。
(3)　問30(1)参照

解説
(注1)　塩素イオンは，現在「塩化物イオン」と表現する。
(注2)　ナトリウム，カルシウム，マグネシウムの塩化物は水に溶けるので，ボイラ水中の塩素量を測定することでボイラ水中の全固形分の濃縮量を推定できる。
◆吹出し（ブロー）：ボイラ水濃度を下げ，また油分や沈殿物を除去するためにボイラ水の一部をボイラ外に排出すること。

4 ボイラ

> 問36 補助ボイラに関する次の問いに答えよ。
> (1) ボイラ清浄剤を使用する場合の注意事項は、何か。
> 　　　　　　　　　　　　　　　（1602/1610/1802/1910/2110/2307）
> (2) 内部掃除のため全ボイラ水をブローした後、マンホールドアを開放する場合の注意事項は、何か。　（1410/1604/1610/1804/2004/2110/2404）

解答
(1) ＜使用前＞
- ボイラの型式、使用圧力、容量、給水の種類(注1)などによってボイラ清浄剤を選定する。この場合、メーカ(注2)の意見も参考にする。
- ボイラ水の分析を行い、清浄剤の投入量を決める。このとき、清浄剤は少量ずつ分けて投入する(注3)。分析結果および投入量を記録し、後日の参考にする。

＜使用後＞
- ボイラ水の分析を行い、清浄剤の効果を確認する。
- 清浄剤の使用によりボイラ水が濃縮するのを避けるため、適宜ボイラ水の吹出しを実施する。
- ボイラ開放時には内部の腐食やスケールの付着状況などを調査し、清浄剤の適否、投入量の適否、吹出し量および時期などを判断する。

(2) ① 空気抜き弁によりボイラ内圧力が完全になくなったことを確認する。
② 上下のマンホールドアの合いマークを確認する。
③ マンホールドアは、ドアの落下を防止するためナットを少しかけたままロープで縛っておく。
④ 上部のマンホールを先に開放する。
⑤ 下部マンホールを開くとき、熱湯の流出に十分注意する。
⑥ 水密を保持するガスケットの接触面は傷つけないよう取扱いに注意する。

解説
(注1) 蒸留水あるいは水道水
(注2) 清浄剤やボイラ製造メーカ
(注3) 一時に多量投入するとスケールも多量に脱落するので、開口部の詰まりや局部過熱を起こす。

問 37 補助ボイラのボイラ水の吹出しに関する次の問いに答えよ。(2304)
(1) 水面吹出し及び底部吹出しは，それぞれボイラがどのような状態の時期に行うとよいか。
(2) 水面吹出し弁及び底部吹出し弁の内管は，それぞれどのように取り付けられているか。(図を描いて説明せよ。)

解答
(1) ＜水面吹出し＞　ボイラ停止後約1時間程度経過し，ボイラ水中の油分，浮遊物などが水面上に浮かび，ボイラ水の動きが落ち着いた時期に行う。
　　＜底部吹出し＞　ボイラ停止後4～5時間程度経過し，ボイラ水中のスラッジがボイラ底部に沈殿した時期に行う。
(2) ＜水面吹出し弁の内管＞　内管の先端にスカムパンを，ボイラ水面中央(注1)の常用水面下10cm位の所に導く。
　　＜底部吹出し弁の内管＞　内管の先端を，ボイラ胴中央の最底部(注2)に導く。

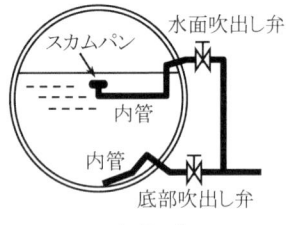

《解答図》

解説
(注1) ボイラの中央付近は，比較的ボイラ水が静止している。
(注2) 最底部にスラッジが集まる。
◆スカムパン：なべ状の鉄板に多数の小孔を開け，浮遊物を除去するもので，スカムは「浮遊物」，パンは「なべ」の意味
◆水面吹出し（サーフェスブロー）：水面付近の油分や浮遊物を排出する。
◆底部吹出し（缶底吹出し，ボトムブロー）：底部に溜まったスラッジを排出する。

問 38 舶用2胴D形水管主ボイラを開放復旧後，気醸し，通気する場合に関して，次の問いに答えよ。　(1604/1802/2010/2202/2404)
(1) 最初の点火から使用蒸気圧に達するまでの時間を十分にとるのは，なぜか。　(1707/1810/2402)
(2) 過熱器については，過熱防止のため，どのような注意が必要か。
(3) 蒸気圧が0.2～0.3MPaに達した場合，どのような作業を行うか。

(1707/1810/2402)
(4) 初めて蒸気止め弁を開く場合，どのような作業を行うか。

解答
(1) 冷態状態のボイラを急激に加熱・昇圧すると，ボイラ各部の熱膨張が不均一になり不当な熱応力からひずみを生じ，き裂の発生やボイラ水などの漏えいを起こす。
(2) <u>過熱器出口の始動用蒸気逃がし弁を開け，過熱器管内には常に蒸気が流れる状態とする</u>(注1)。
(3) ① 適時マンホールドアやハンドホールなどの増締めを行う。
　　② 各部からの漏れの有無を確かめる。
　　③ 蒸気止め弁を微開し，膨張により弁が固着するのを防ぐ。
(4) ① 蒸気止め弁および蒸気管系のドレン弁を開弁する。
　　② 蒸気止め弁を微開し，各ドレン弁からドレンが排除されることを確認する。
　　③ ドレンが完全に排除されたことを確認したらドレン弁を閉じ，蒸気止め弁を徐々に開弁する。

解説
(注1) 蒸気が滞留すると過熱器管が過熱するため蒸気を流動させる。
◆ウォータハンマ（水撃作用）：蒸気が冷やされて生じたドレン（水滴）が，蒸気に押されて曲管部などで激しく衝突し，異音や振動を生じる現象

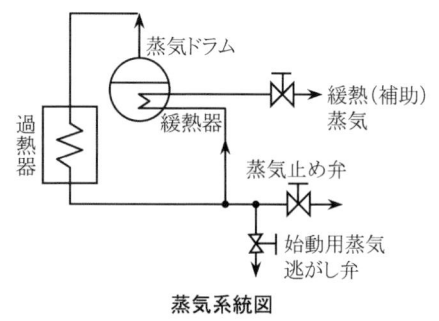

蒸気系統図

問39 補助ボイラに関する次の問いに答えよ。
(1) ボイラを復旧し点火準備の終了後，最初に点火する場合の注意事項は，何か。 (1707/1810/2402)
(2) 気醸中の注意事項をあげよ。 (1607/2102)

機関その一

解答
(1) ① 点火前には，送風機を始動して，燃焼室および煙道内のガスを十分換気する(注1)。
② A重油で点火し，バーナは気醸用のチップを使用する。
③ 点火に際しては，バックファイヤ（逆火）および火災の発生に注意し，万一逆火が起きても火傷しないよう，点火操作は危険のない位置，姿勢で行う。
④ バーナに確実に着火したことを確かめ，火炎が安定するまでは失火に注意する(注2)。
(2) ① 蒸気発生までは，不同膨張を避けるため，十分時間をかけて徐々に加熱する。
② 空気抜き弁から蒸気の排出が認められたら空気抜き弁を閉じる。
③ 昇圧を始めたら各部を点検し，漏れの有無を確認する。
④ 蒸気圧が $0.2〜0.3\,\text{MPa}$ に達したら，マンホールやハンドホールなどの増締めを行うとともに，弁の固着の防止と暖管のため蒸気止め弁を微開する。
⑤ 常に水面計に注意し，ボイラ水位が適正位置にあることを確認する(注3)。

解説
(注1) プレパージという。
(注2) 炉内が冷えているので，失火しやすい。
(注3) ボイラ水温度が上昇すると膨張により水位が高くなる。また，水面計の破損や漏水にも注意する。

問40 補助ボイラに関する次の問いに答えよ。　　（1504/1807/2002/2202/2310）
(1) 内部掃除の場合，スケールを取り除くには，どのような方法があるか。
　（2つあげ，それぞれ概要を記せ。）
(2) 内部掃除の終了後，マンホールドアを取り付ける前には，ボイラ内部についてどのような事項に注意しなければならないか。

解答
(1) ① 機械的方法：蒸発管などはチューブクリーナを使用し，その他につい

てはスクレーパやワイヤブラシによってスケールを取り除き，その後，水洗いする。
　② 化学的方法（酸洗い）(注1)：酸溶液によりスケールを溶解・除去する。酸洗い終了後は，アルカリ溶液で中和し，その後，水洗いする。
(2)　① 掃除未了の箇所がないか。
　　② 掃除要具や工具，ウエスなどの残留物がないか。
　　③ 水面計や弁などに通じる孔が詰まっていないか。
　　④ 内部付属品が正規に復旧され，また取付け不良はないか。

解説
(注1)　手の届かない場所のスケールも除去できる。
◆チューブクリーナ：先端にワイヤブラシを取り付けた掃除用工具

問41　補助ボイラにおいて，次の(1)～(3)は，ボイラにどのような害を及ぼすか。それぞれ記せ。　　　　　　　　　　(1704/1904/2007/2104)
(1) 内部伝熱面に付着したスケール
(2) ボイラ水中の浮遊物
(3) ボイラ水中のスラッジ

解答
(1)　① 伝熱面を過熱し，**膨出**や破裂の原因となる。
　　② 伝熱を阻害し，ボイラ効率が低下する(注1)。
　　③ ボイラ内部を腐食する。
(2)　① **キャリオーバ**の原因となる。
　　② 発生蒸気の純度を低下させる。
(3)　① 開口部を閉そくする。　　② ボイラ内部を腐食する。

解説
(注)　ボイラ水中の不純物（溶解固形分）は，水分の蒸発により濃縮し，析出して伝熱面に付着してスケール（湯あか）となり，付着しないで沈澱したものはスラッジとなる。また不溶解性の不純物は浮遊物となる。
(注1) 燃料消費量の増加を意味する。

> 問42 主ボイラに発生するキャリオーバに関して，次の問いに答えよ。
> (1) キャリオーバとは，どのような現象か。　　　　(1410/1902/2204)
> (2) キャリオーバが発生すると，どのような害があるか。4つあげよ。
> 　　　　　　　　　　　　　　　　　　　　　(1410/1607/1902/2204)
> (3) 丸ボイラに比べて，キャリオーバが起こりやすいのは，なぜか。

解答
(1) ボイラ水中に溶解している固形分や水分が蒸気とともにボイラ外に運び出される現象
(2) ① **過熱器管**にスケールが付着し，管の腐食や過熱・焼損の原因となる。
　　② 蒸気の**過熱度**が低下し，蒸気温度が低下する。
　　③ 蒸気タービン翼の侵食や腐食を起こす。
　　④ 水面計の水位を誤認する。
(3) ① ボイラ負荷が急変しやすい。
　　② 保有水量が少ないので，水位が過昇しやすい。
　　③ 蒸気とボイラ水の**密度**差が少なく，気水分離にしにくい。
　　④ 蒸気ドラムの蒸気部容積が小さい。
　　⑤ 蒸発量が大きいので，ボイラ水濃度が高くなりやすい。

解説
◆フォーミング：水面に発生した蒸気泡の表面張力が大きいため，破れず水面を覆った現象

フォーミング　　　　プライミング　　　　キャリオーバ
（あわけ立ち）　　　（水け立ち）　　　　（気水共発）

> 問43 補助ボイラのプライミングに関する次の問いに答えよ。
> 　　　　　　　　　　　　　　　　　　　　　　　(1507/2004/2210)

(1) プライミングとは，どのような現象か。
(2) プライミングが発生する原因は，何か。　　　　　　　　　（1604）

解答
(1) 水面に発生した蒸気泡が破裂し，そのときの微細な水滴が蒸気室中に飛散する現象
(2) ① ボイラ負荷の急変　　　　④ 油分や溶解固形分の過多
　　② ドラム水位の過昇　　　　⑤ ボイラ水濃度の高過ぎ (注1)
　　③ **フォーミング**の発生

解説
(注1) ボイラ水の蒸発により溶解固形分が濃縮され，ボイラ水の純度が低下すること。

問44 補助ボイラの振動燃焼（脈動燃焼）に関する次の問いに答えよ。
　　　　　　　　　　　　　　　　　　　（1502/1907/2010/2107/2204）
(1) 振動燃焼とは，どのような現象か。
(2) 振動燃焼が発生する原因は，何か。　　　　　　　　　（1604）

解答
(1) 燃焼量の変動による振動 (注1) に，燃焼室や煙道が共鳴してうなり（かま鳴り）を起こしながら燃える現象をいう。
(2) ① 燃料油圧の変動　　　　　　④ 燃料油温の高過ぎ
　　② 燃料油への空気や水分の混入　⑤ バーナの不良
　　③ 供給空気量の変動

解説
(注1) 良好な燃焼と燃焼不良が小刻みに繰り返されると体積変動を起こし振動を誘起する。

問45 舶用 2 胴 D 形水管主ボイラを運転中，次の(1)及び(2)の現象が発生する場合の原因を，それぞれあげよ。　　　（1507/1710/2004/2302）
(1) ボイラ水の異常減少

> (2) 燃焼中断（燃焼中，突然火が消える場合）

解答
(1) ① 過少な給水量
- 給水制御装置の作動不良
- 給水ポンプの作動不良

② ボイラ水の漏水
- 蒸発管や降水管，管寄せまたはドラムなどのき裂や破損
- 安全弁，吹出し弁，その他付属の弁からの漏れ

(2) (注1)

①	噴燃ポンプの不調	④	不適正な燃料油温度
②	燃料油こし器の閉塞	⑤	燃焼用空気量の不足
③	燃料油中の水分過多	⑥	バーナの不調

解説
(注1) 失火ともいう。
◆給水制御装置：ボイラ負荷に応じて給水を調節して，ボイラ水位を一定に保つ装置

> **問46** 主ボイラに発生するスートファイヤに関して，次の問いに答えよ。
> （1502/1702/1804/2002/2104/2310）
> (1) スートファイヤとは，どのような現象か。
> (2) スートファイヤが発生すると，どのような害があるか。

解答
(1) 煙道内に溜まった不完全燃焼により発生したすすや未燃ガスが突然燃えだす，煙道内の火災をいう。
(2) ① ボイラケーシングや煙道内の**エコノマイザ**，空気予熱器などを焼損する。
　　② ボイラ水の循環を乱す。

解説
◆スートファイヤ：スートは「すす」，ファイヤは「火災」の意味
◆空気予熱器：煙道ガスの排熱を利用して燃焼用空気を予熱する装置

> **問47** 主ボイラに発生する次の(1)～(3)の事項は，どのような現象か。それぞれ説明せよ。
> (1) 逆火（バックファイヤ）　　　　　　　　　　　　　(2110)
> (2) ブリスタ　　　　　　　　　　　　　　　　　　　　(2110)
> (3) 水管の膨出

解答
(1) ボイラの点火，または失火後の再点火の場合，燃焼室内に滞留した可燃ガスが一度に着火し，爆発的な燃焼を起こして，たき口やのぞき窓から火炎が炉外に吹き出す現象 (注1)
(2) ボイラ鋼板などが強く熱せられると，内部に空洞を含んだ部分が2枚に分離して膨らんだり，一部が切れる現象
(3) 伝熱面が腐食や過熱などによって強度が低下し，ボイラの内圧に耐えきれず外側に膨れる現象

解説
(注1) 逆火を防止するには，炉や煙道の換気（**プレパージ，ポストパージ**）を十分行う必要がある。
◆ ブリスタ：皮ぶくれ

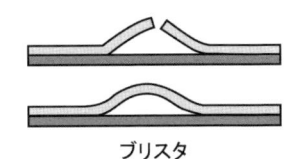

ブリスタ

5　プロペラ装置

> **問1** プロペラ軸系の軸心の検査を海上で（浮心によって）行う場合，どのような方法で行うか。　　　　　　(1804/1907/2110/2402)

解答
継手ボルトを取外し，プロペラ軸を基準とし，ダイヤルゲージやすきまゲージを用いて各軸カップリングの平行度と同心度を計測して検査する。

機関その一

|解説|
◆軸系の心出し：プロペラ軸系の各軸受を一直線上に据付けること。船の軸系の心出しには，船台上で機関を据え付ける前に行う陸心と，進水後に行う浮心とがある。船台上で心出しを行っても，進水して水に浮かべると，船体が変形して，プロペラ軸系の心は狂ってくるので，浮心によって修正することが必要となる。軸系の心出しは，プロペラ軸を基準として，中間軸受などの位置を調整して行う。軸心の修正は，中間軸受と軸受台，または機関台板と機関台の間にはさみ金を入れて行う。各種ポンプ問5の図参照

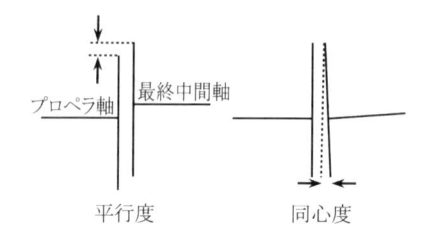

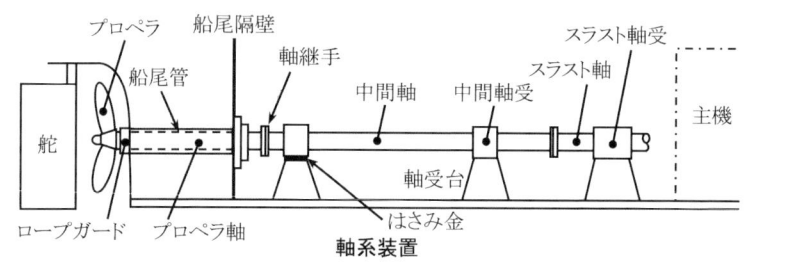

|問2| プロペラ軸系に関する次の問いに答えよ。　　（1407/1604/1902/2307）
(1) 中間軸の継手ボルトは，大形船の場合，どのような方法で取り付けられるか。
(2) 中間軸受の注油方式であるオイルリング式及びオイルカラー式は，それぞれどのようにして軸受を潤滑するか。
(類)　中間軸受の注油は，一般にどのようにして行われるか。（2202/2304）
(3) 中間軸受の軸受荷重が変わるのは，どのような場合か。　（1507/1802）
(4) 最後部軸受の据付けボルトをリーマ部のあるボルトとするのは，なぜか。

|解答|
(1) ① 油圧ジャッキにより圧入する。
　　② 冷やしばめによる

5　プロペラ装置

(2) (注1)
　＜オイルリング式＞　軸に軸径より大きなリングを掛け，リングの回転により，油だめの油をかき上げて給油する。
　＜オイルカラー式＞　軸に固定された2つ割りの円盤（カラー）の回転により，油だめの油をかき上げて給油する。
(3) ① 船の積荷状態が変化した場合
　② 海面の波浪などによって船体にたわみが発生した場合
　③ スラストやトルクなどの変動によって振動を生じた場合
　④ 船尾管軸受の摩耗により軸心が狂った場合
(4) プロペラ軸系の心出しは，最後部軸受を基準にするので，軸受を開放して復旧する際に位置がずれたり心が狂わないようにするためリーマ部のあるボルトを使用する。

解説
(注1) リングやカラーによって油がかき上げられる構造のため（油浴自己給油方式という。），始動時や低速運転時は注油量が少なく，油膜も形成しにくいので，十分な注意が必要となる。

◆冷やしばめ：ボルトを冷却して収縮させ，ボルト穴に挿入し，常温になるとボルトが膨張し穴を締め付けて密着させる結合法をいう。一方，本体を加熱して穴を膨張させて拡げ，ボルトを挿入して取り付ける方法は焼きばめという。

◆中間軸：スラスト軸とプロペラ軸を連結する軸

◆スラスト：推力

◆トルク：回転力

◆リーマ部：本体にズレが生じないよう，ボルトとボルト穴を精密に仕上げ加工した箇所

◆心出し：プロペラ軸系の各軸受を一直線上に据え付けること。

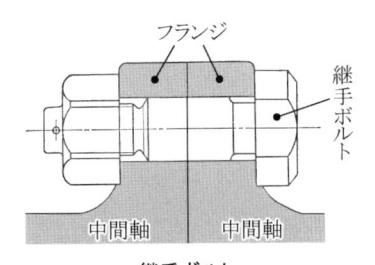

継手ボルト
〔池西憲治『概説　軸系とプロペラ』を基に作成〕

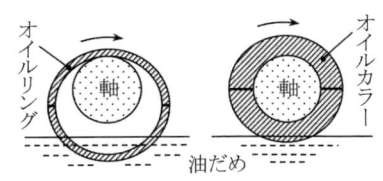

オイルリング式　**オイルカラー式**

問3　プロペラ軸系の中間軸受に関する次の問いに答えよ。
(1507/1802/2202/2304)
(1) 構造上，ディーゼル機関の主軸受と異なる点は，何か。
(2) 潤滑油が軸を伝わって漏れるのを防ぐには，どのような方法があるか。

解答
(1) ①　中間軸受は，軸の質量を支えるだけなので，一般に軸受の下半分のみホワイトメタルを装着し，上半分はちりよけ程度のふたとなっている。一方，主軸受は荷重を上下で受けるので，軸受の上半，下半とも，内面にホワイトメタルを鋳込んでいる。
②　大形の中間軸受の場合，下半軸受は冷却室を設け，海水で冷却する。
(2) 軸受端に油切りやフェルトなどを取り付ける。

解説
◆フェルト：織るのではなく圧縮して作った不織布で，柔軟で耐久性がありパッキンやシール材として使用される。

中間軸受
〔機関長コース1972年5月号の解答を基に作成〕

問4　図は，ミッチェルスラスト軸受を示す。図に関する次の問いに答えよ。
(1702/1904/2404)

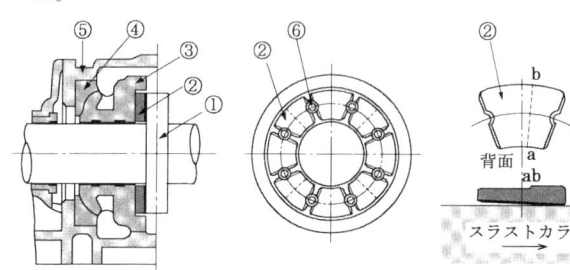

① スラストカラー
② 受金片
③ 球面リング
④ 球面受金
⑤ スラスト軸受箱
⑥ 受金止めビス

(1) 受金片②の背面に放射状の段abを設ける理由は，何か。

5 プロペラ装置

(2) 球面リング③の背面が球面になっているのは、なぜか。
(3) スラスト軸受を調整するとき、ディーゼル主機については、どのような準備作業を行うか。　　　　　　　　　　　　（1804/1907/2110/2402）

解答
(1) スラスト軸が回転したとき、受金片が ab を支点に傾斜し、スラストカラーとの間にくさび形のすきまを作るので、油の流入が良くなる。このため、強固な油膜(注1)が形成でき、小さな面積で大きなスラストを受けることができる。
(2) 各受金片とスラストカラーに不同の当たりがあるとき、球面リングが自由に動けるように背面が球面になっているので当たりを自動的に調節する。
(3) クランク軸を正しい位置において調整する。すなわち、クランクアームと主軸受との間隔を規定のすきまにして、主軸受とクランクアームとの間に木のくさびを打ち込み、クランク軸が移動しないように固定する。

解説
(注1) スラスト（推力）を受けたとき、平行油膜の場合は潤滑油が押し出されるので油膜を保持することが難しいが、ミッチェル式は、スラストの大小によって受金片の傾きが自動的に変化し、常に安定したくさび形の油膜を形成するので大きなスラストに耐えることができる。

◆スラスト軸受（推力軸受）：プロペラで発生する推力を船体に伝える軸受で、主機のクランク軸後部に装備している。

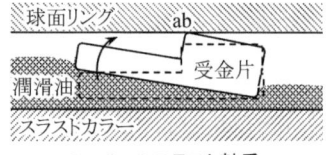

ミッチェルスラスト軸受

問5 プロペラ軸と船体の間を、ブラシや板ばねなどにより電気的に接続する場合の目的は、何か。　　　　　　　　　（1804/1907/2110/2402）

解答
プロペラが回転すると、プロペラ軸系と船体間の電位差(注1)によりプロペラ軸からスリーブを通して電流が流れ、スリーブが腐食される。このため軸ア

機関その一

ース装置を設けて軸系を船体とアースさせて電位差をなくし，スリーブの腐食を防止する。

[解説]
(注1) プロペラが回転中，プロペラ軸は中間軸受やクランク軸受の潤滑油によって浮いた状態，つまり油膜により絶縁状態になるので，船体とプロペラ軸の間に電位差が生じる（停止中は軸受メタルと接触しているので船体にアースされている）。電位差が高くなると電気抵抗の小さいパッキングランド部などから流電が起こりスリーブに電食が発生する。

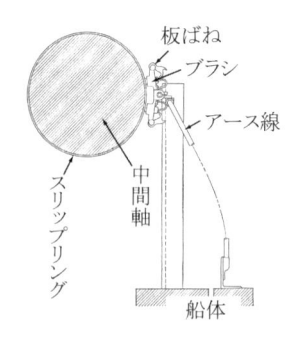

軸アース装置（軸系短絡装置）
〔池西憲治『概説 軸系とプロペラ』を基に作成〕

[問]6　プロペラの略図を描き，下記⑦〜㋕の部分を，それぞれ記せ。
(2110)
　⑦　ウォッシュバック　　④　スキューバック　　⑨　羽根前縁
　㋑　羽根レーキ　　　　　㋺　羽根幅　　　　　　㋕　羽根厚さ

[解答]
　図のとおり

[解説]
◆前縁：羽根が前進方向に回転する際に水をきる側の縁をいう。
◆羽根レーキ：羽根の傾斜をいい，レーキは「傾斜」の意味

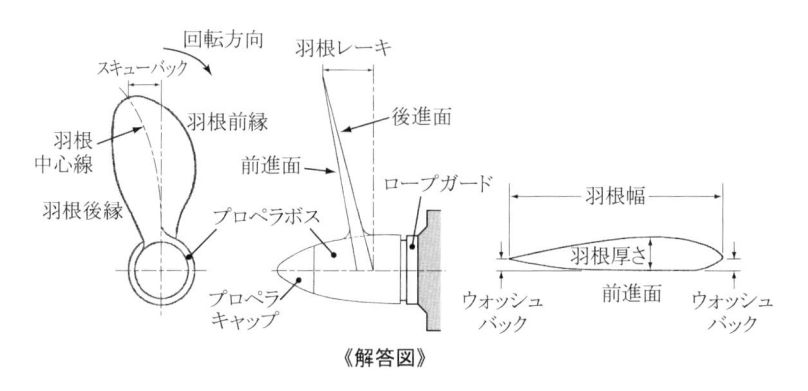

《解答図》

> [問]7　プロペラ及びプロペラ軸系に関する次の(1)～(3)の用語を，それぞれ説明せよ。　(1510)
> (1) ロープガード　　(2) ウォッシュバック　　(3) スキューバック

[解答]
(1) プロペラ軸がロープなどを巻き込むのを防ぐ目的で，プロペラと船尾材ボス部の間に設ける覆い
(2) 羽根断面において，プロペラ前進面の前縁または後縁につけられた"そり上がり"のこと。
(3) プロペラ羽根の中心線と羽根先端のずれの距離のこと。

[解説]
◆ウォッシュバック：羽根根元におけるウォッシュバックは羽根相互の干渉を小さくする。
◆スキューバック：スラスト（推力）の変動を少なくし，プロペラの振動を防止する。

> [問]8　図は，プロペラ羽根の断面の形を示す。図に関する次の問いに答えよ。
> 　　　　　　　　　　　　　　　　　　　　　　（1407/1802/2010/2304）
> (1) (A)及び(B)は，それぞれ何形の断面か。
> (2) (a)は，何というか。
> (3) 一枚の羽根において，(A)及び(B)の形を併用する場合，羽根先端付近には，どちらの形を用いるか。また，それはなぜか。

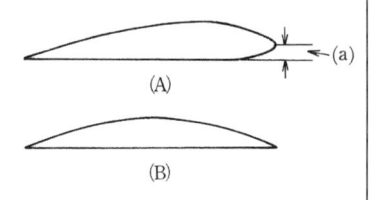

[解答]
(1) (A)：エーロフォイル形　(B)：オジバル形
(2) ウォッシュバック
(3) オジバル形
　　＜理由＞　空気の吸込みとキャビテーションを防止する。

解説

- ◆エーロフォイル形（飛行機翼形）：最大厚さが前縁から翼幅の約 1/3 付近にある。
- ◆オジバル形（円弧形，弓形）：最大厚さが翼幅の中央にある。
- ◆キャビテーション（空洞現象）：水の沸点は 100 ℃であるが，これは標準大気圧での話で，富士山山頂のような高い所では気圧が低く，約 87 ℃で沸騰を始める。そして，この沸点は，気圧が下がる程低下し，ある気圧まで低下すると，常温でも沸騰を始めるようになる。水の中の一部に常温でも沸騰を起こす程度に圧力の低い部分が発生すると，熱を加えなくても，その部分では水が蒸発を始め，水蒸気（気体）による空洞を形成する。このように水中に空洞を発生する現象をキャビテーションと呼んでいる。プロペラの作動中に起こる望ましくない現象の中でも，キャビテーションは最も有害で，一番起こりやすい現象である。この現象が著しくなるとプロペラの効率が落ち，船の速力が低下する。また，翼面にエロージョンという侵食が生じ，騒音や振動の原因となる。

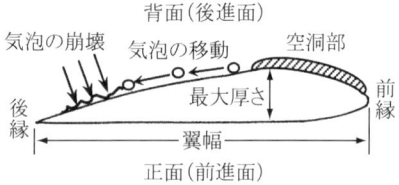

空洞現象による羽根の侵食

問 9 プロペラに関する次の問いに答えよ。　　　　（1910/2107/2404）

(1) キャビテーションによる害には，どのようなものがあるか。（2 つあげよ。）

(2) キャビテーションの防止対策について，取扱い上，留意すべき点は何か。

(3) キャビテーション防止に効果があるとされるプロペラの羽根断面形状は，どのようなものか。

解答

(1) (注1)

　① 騒音や振動を発生する。　　② 翼面を損傷（侵食）する。

(2) ・プロペラの深度を大きくする(注2)。

5 プロペラ装置

- 翼端の周速度が大きくならないよう,また直径の大きいプロペラは低回転で使用する(注3)。
(3) オジバル形

|解説|
(注1) その他,③プロペラ効率が悪化し船速が低下する。
(注2) 水深深く潜航する潜水艦のプロペラには水圧が高いのでキャビテーションは発生しない。
(注3) ベルヌーイの定理から,プロペラが高速で回転して海水の流速が上昇すると圧力が低下し,蒸発しやすくなりキャビテーションを起こしやすくなる。

|問| 10 プロペラに関する次の問いに答えよ。
(1) 羽根の断面形状には,どのような形状のものがあるか。(名称をあげよ。)
(1707/2004/2104/2210)
(2) プロペラの材料として必要な性質は,何か。(3つあげよ。)
(1610/1907/2302)
(3) プロペラピッチ比及びプロペラボス比は,それぞれどのようなことか。
(1510/1610/1907/2302)
(4) プロペラ効率を高めるには,一般に,プロペラの直径を大きくし,低速回転にしたほうがよいが,プロペラの直径を大きくする場合,どのような事項で制限を受けるか。 (1507/1707/2004/2104/2210)

|解答|
(1) ①エーロフォイル形　②オジバル形
(2) (注1)
　① 十分な機械的強度を有し,衝撃に対して強じんであること
　② 振動や繰返し応力に対し,疲労強度を有すること
　③ 耐食性や耐侵食性が大きいこと
(3) ＜ピッチ比＞　プロペラピッチ P とプロペラ直径 D の比（P/D）
　　＜ボス比＞　プロペラボスの直径 d とプロペラ直径 D の比（d/D）
(4) ① プロペラ製作における鋳造能力
　② プロペラの深度(注2)　　③ 船体とプロペラのすきま(注3)
　④ 船の喫水

機関その一

解説
(注1) その他には，④密度が小さいこと，⑤鋳造性がよいこと，⑥安価であることなどがある。
(注2) 深度が不十分だと性能が低下し，キャビテーションが発生する。
(注3) プロペラアパーチャという。すきまが狭過ぎると船体の振動が大きくなる。

◆プロペラピッチ：プロペラが 1 回転したとき羽根の任意の点が軸方向に移動する距離
◆プロペラボス：プロペラ軸がおさまるプロペラ中心部分
◆プロペラボスの直径：問 12 の図参照

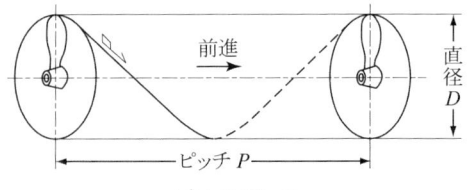

プロペラピッチ
〔機関長コース 1984 年 1 月号「受験講座・プロペラ装置」第 2 回（池西憲治）より〕

問 11 プロペラに関する次の問いに答えよ。　（1502/1702/1804/1910）
(1) ハイ・スキュープロペラの形状は，どのようになっているか。（略図を描いて示せ。）（2307）
(2) 2 軸船の場合，プロペラの回転方向は，どのようになっているか。

解答
(1) 図のとおり
(2) 外回り（右舷：右回り，左舷：左回り）(注1)

解説
(注1) 2 軸とも同じ方向に回転すると，船は大きく回頭するので，逆回転にすることにより回頭する力を相殺する。
◆ハイ・スキュープ

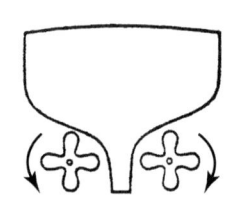

プロペラの回転方向とは，船尾から船首に向かって見た場合の回転方向をいう。
2 軸船の回転方向（外回り）

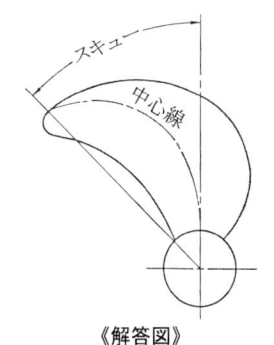

《解答図》
〔池西憲治『概説 軸系とプロペラ』より〕

》140《

ロペラ：スキュー（後退角）を大きくしたプロペラで，船体の振動や騒音が少なく，キャビテーションも発生しにくい利点がある。静粛性が求められる潜水艦にも採用されている。

問12 プロペラに関する次の文の中で，正しくないものを2つあげ，その理由を記せ。　　　　　　　　　　　　　　　　　　(1604/1807/2204)

㋐　ボス比は，1より大きい数値である。
㋑　黄銅合金製の羽根面に生じる脱亜鉛現象は，腐食の一種である。
㋒　羽根レーキとは，軸心に垂直な面に対する前進面の基線の傾きをいう。
㋓　プロペラアパーチャとは，プロペラを取り付ける部分の船体の空所をいう。
㋔　投影面積とは，プロペラが回転するときの羽根先端が描く円の面積をいう。

解答

㋐：ボス比 d_b は，$d_b = \dfrac{\text{ボスの直径}\ d}{\text{プロペラの直径}\ D}$ で表されるので1より小さい。

㋔：投影面積とは，羽根の前進面をプロペラ軸に直角な平面に投影したときの面積で，ボスの面積を除いたもの。

解説

(注)　㋔：プロペラが回転するときの羽根先端が描く円の面積は，展開面積という。

◆黄銅：銅と亜鉛の合金で，真ちゅうともいう。

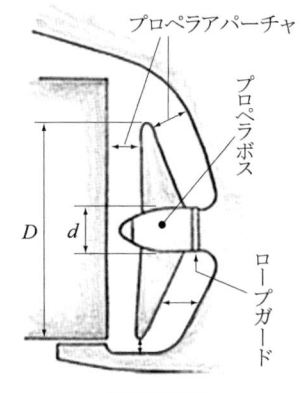

船尾の名称

問13 プロペラに関する次の文の（　）の中に適合する字句を記せ。
　　　　　　　　　　　　　　　　　　　　　　　　(1410/1902/2402)

(1) プロペラの質量や機関出力が大きく，そして1回転中のトルク変動も大きい船の場合，キー付きプロペラを装備すると，キーに非常に高い変動トルクによる（㋐）力が作用し，プロペラ軸のキー溝部にクラック

が発生する危険性がある。キーレスプロペラを装備すると，このキー溝部のクラックの発生のおそれはなくなり，また，プロペラ軸の（ 　イ 　）部の円周方向に発生するクラックも回避しやすくなる。

(2) プロペラとプロペラ付近の船体との隔たり，またはプロペラを取り付ける部分の船体の空所のことを，プロペラ（ 　ウ 　）という。プロペラと船尾材のすきまが狭過ぎると，キャビテーションや（ 　エ 　）の原因となる。

(2102)

(3) プロペラピッチ比とは，プロペラピッチと（ 　オ 　）の比をいう。プロペラピッチ比の値の（ 　カ 　）いものは，タグボートなどに，その値の（ 　キ 　）いものは，高速艇などに使用される。

(2102/2310)

解答
ア：せん断　　イ：テーパ大端　　ウ：アパーチャ　　エ：振動　　オ：プロペラ直径
カ：小さ　　キ：大き

解説
◆キー付きプロペラ：プロペラ軸とプロペラボスとの，はめあい部（接触部）にキーを用いて取り付ける。
◆キーレスプロペラ：キーを用いずプロペラを押し込み，コーンパートの摩擦力によって固定する。

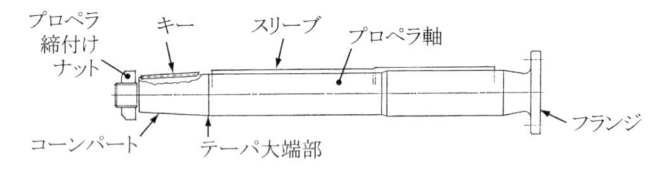

キー付きプロペラ軸

〔機関長コース1984年5月号「受験講座・プロペラ装置」第6回（池西憲治）を基に作成〕

問14 プロペラに関する次の文の（　　）の中に適合する字句または数字を記せ。

(1) プロペラ羽根設計中心線と羽根先端とのずれの距離を，（ 　ア 　）という。

(2102/2310)

(2) 逓減ピッチプロペラでは，中心から半径の（ 　イ 　）倍のところのピッ

5　プロペラ装置

　　チを一般に，平均ピッチという。
(3) プロペラを，軸（⑦）パートに圧入するときの軸方向の押込み量を，プロペラ押込み量という。
(4) （㊁）とは，プロペラ羽根の各断面で，前縁及び後縁が前進面基準線より反り上がった状態をいう。　　　　　　　　　　　　(2102/2310)

解答
⑦：スキューバック　　①：0.7
⑨：コーン　　㊁：ウォッシュバック

解説
◆逓減ピッチプロペラ：羽根の根元から先端に行くに従いピッチが減少するプロペラ。半径 R によってピッチが異なるため，羽根の性能を代表する $0.7R$ におけるピッチを平均ピッチとする。

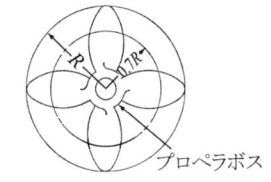

プロペラの寸法
〔池西憲治『概説 軸系とプロペラ』を基に作成〕

問15 プロペラ羽根の腐食及び侵食に関する次の問いに答えよ。
(1) プロペラ後進面が侵食される原因は，何か。　　　　(1704/2007)
(2) 脱亜鉛現象を生じることがあるのは，どのような材料を使用した場合か。
　　　　　　　　　　　　　　　　　　　　　(1502/1702/1804/1910)
(3) 羽根の腐食及び侵食は，それぞれどのようにして生じるか。　(1504)
(4) 羽根の腐食を防止するため，どのような方法がとられているか。
　　　　　　　　　　　　　　　　　　　　　　　　　　　　　(1504)
(5) 羽根面の腐食が軽度の場合は，どのような手入れを行うか。(1704/2007)
(6) 羽根などの割れを浸透探傷法で点検する場合，どのような要領で行うか。
　　　　　　　　　　　　　　　　　　(1502/1702/1704/1804/2007)

解答
(1) 前進回転のとき，羽根の後進面に発生した気泡が水流とともに後縁に流れ，そこで大きな水圧を受けてつぶされ羽根面が侵食されるキャビテーション現象に起因する。
(2) マンガン黄銅
(3) ①　腐食

- 化学的腐食：酸やアルカリの化学変化による腐食で，汚染された港湾や河川を航行する船で発生する。
- 電気化学的腐食：電解液である海水中で異種金属間に起こる電気作用による腐食で，プロペラの材料に高力黄銅を使用する場合，銅と亜鉛の間で脱亜鉛現象と呼ばれる腐食を発生する。
② 侵食：キャビテーション現象により発生した気泡が高圧の場所で崩壊するとき，その衝撃圧力により羽根表面に物理的侵食作用を発生する。

(4) ① プロペラ付近の船体に保護亜鉛を取り付ける。
② 電位差を低減する軸アース装置（軸系短絡装置）を設置する。
③ ステンレス鋼など腐食に強い材料を採用する。

(5) 削り過ぎによってプロペラ曲線が変わらない程度に，グラインダで表面を滑らかに仕上げて防食塗料を塗る。

(6) ① 前処理：洗浄液を用いて，羽根の表面に付着した油や汚れを除去する。
② 浸透処理：検査すべき箇所に浸透液（赤色）を塗布し，欠陥部に浸み込ませる。
③ 洗浄処理：表面の余分な浸透液を洗浄液によって除去する。
④ 現像処理：現像液（白色）を塗布すると欠陥部に浸み込んだ浸透液が毛管現象によって表面に吸い出される。
⑤ 観察：欠陥があれば，現像液の白地に浸透液の赤色が検出され判断できる。

解説

◆マンガン黄銅：黄銅にマンガンを加えた合金で，高力黄銅ともいう。
◆脱亜鉛現象：マンガン黄銅をプロペラ材として使用する場合，亜鉛が電気作用で海水に溶けて銅だけが残る現象
◆保護亜鉛（防食亜鉛）：鉄の腐食を鉄よりもイオン化傾向の大きい亜鉛の腐食に置きかえて鉄の腐食を防止する。
◆浸透探傷法：表面の割れやき裂などの欠陥を浸透

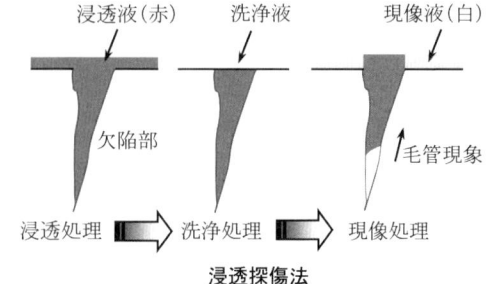

浸透探傷法
（目視では確認できない微細な欠陥を対象とする探傷法）

5 プロペラ装置

液と現像液を用いて検出する非破壊検査法。この検査では，表面の欠陥には適用できるが，内部欠陥の探傷はできない。

問16 プロペラに関する次の問いに答えよ。　　（1607/1710/1904/2207）
キーレスプロペラの利点は，何か。

解答
① プロペラ軸の損傷を防止できる。
- キー溝に起因する損傷を回避できる(注1)。
- 押込み量が大きいので，フレッティングコロージョンを防止できる。
- 押込みによりボスに生じる引張応力が全周にわたって均一化し，強度や信頼性が向上する。

② キーおよびキー溝の加工が不要となる。
③ プロペラとプロペラ軸のすり合わせが簡略化できる(注2)。
④ 油圧装置を使用することにより，プロペラの脱着作業が容易になる。

解説
(注1) キー溝すみの切欠き部はトルク変動による応力が集中し，き裂が発生しやすい。
(注2) すり合わせ作業が困難な大型船で有利になる。

◆切欠き部：すみ部のように断面の形状が急激に変化する箇所で，応力が集中するので，き裂の起点となる。

◆フレッティングコロージョン：プロペラボスとプロペラ軸の接触が不良のとき，こすれ合うことにより生じる摩耗現象

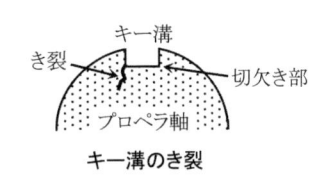

キー溝のき裂

問17 図は，可変ピッチプロペラの油圧式ピッチ調節機構を示す。図によって，操縦スタンドの操縦レバーをある翼角にとった場合の作動を説明せよ。
　　　　　　　　　　　　　　　　　　　　　（1504/1610/2007）

》145《

機関その一

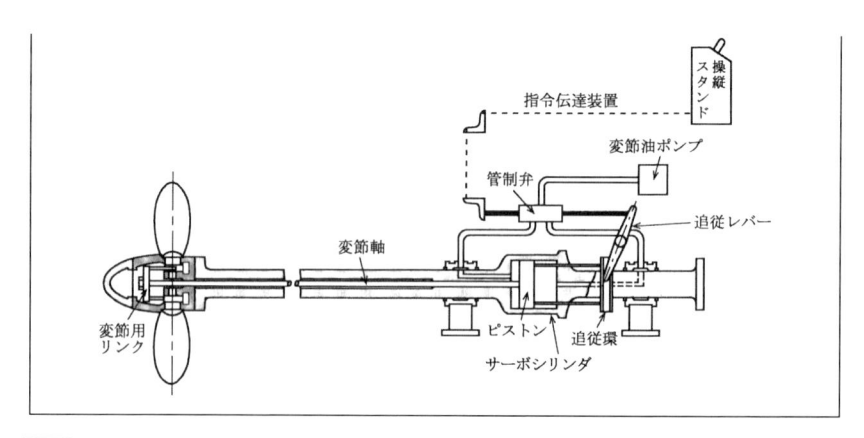

解答
① 操縦スタンドの操縦レバーを操作すると，その信号により管制弁が開く。
② 管制弁の開度によって変節油ポンプから送られた圧力油がサーボシリンダ内のピストンを動かす。
③ ピストンの移動に伴ってピストンに接続されている変節軸が動かされ，プロペラボス内の変節用リンクを介してプロペラピッチを変化させる。
④ 追従レバーはピストンの動きに伴い追従環を介して移動し，操縦レバーによって開かれた管制弁を閉じ，シリンダ内の圧力油は供給を遮断され，プロペラピッチは固定される。

解説

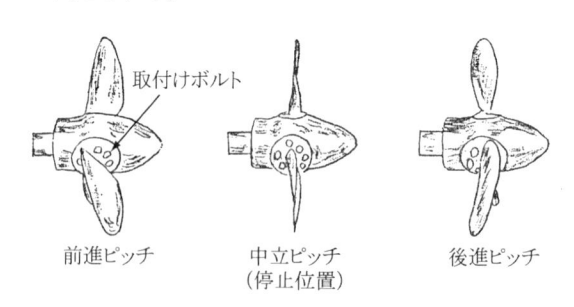

可変ピッチプロペラの翼の角度
〔機関長コース1983年12月号「受験講座・プロペラ装置」第1回（池西憲治）を基に作成〕

◆可変ピッチプロペラ：スクリュー（ねじ）プロペラは羽根が固定されているので，プロペラが1回転して進む距離であるピッチは常に一定で，固定ピッ

5 プロペラ装置

チプロペラと呼ばれる。可変ピッチプロペラはピッチを変えることができるので,回転方向・回転速度を一定のままで速力を変化させることはもちろん,ピッチをマイナスにして後進も可能となる。

◆変節：翼の角度,すなわちピッチを変えること。

問18 可変ピッチプロペラを採用すると,固定ピッチプロペラに比較して,どのような利点があるか。また,欠点は,何か。それぞれについて記せ。
(1607/1710/1904/2002/2207)

解答

<利点>
① 操縦性能に優れる。
- 前後進の切り替えが早く,大きな後進出力 (注1) が得られる。
- 全速から船体停止までの所要時間が短い。
- 微速運転が可能である。
② 主機を一定の回転方向および回転速度で運転する。
- 主機を効率のよい回転速度で運転できる。
- 逆転装置が不要である。
- 発電機を併用できる。

<欠点> プロペラ変速装置が必要
- 構造が複雑で製作費が高価になる。
- プロペラボスが大きくなり,プロペラ効率が低下する。
- 維持管理のための作業が増える。

解説

(注1) 固定ピッチプロペラでは,後進はディーゼル機関の逆転や後進タービンによるため,後進出力は小さい。

問19 入渠時,プロペラを取り付けたままの状態において,プロペラを検査する場合の検査事項をあげよ。 (2307)

機関その一

|解答|
① 羽根の曲がりや，欠損の有無
② 羽根のき裂の有無
③ 羽根の腐食や侵食の有無
④ プロペラ締付けナットの緩みの有無
⑤ 組立式プロペラにおいては，取付けボルト周辺の異常の有無

問20　入渠してプロペラを取り外す場合の要領を記せ。　（1602/1810）

|解答|
① プロペラを取り外す場合は復旧を考えて事前に<u>必要な箇所の距離</u>(注1)を測定し記録する。
② プロペラキャップおよびロープガードを取り外す。
③ プロペラ軸に押込みマーク，プロペラ締付けナットと軸後端に合いマークをつける。
④ プロペラ軸を固定する。
⑤ プロペラ締付けナットを少し緩めて，プロペラボスと船尾管の間にくさびを打ち込んで軸から離脱させるか，油圧ジャッキをかけて押し出す。あるいはプロペラボス内面に油溝を設けてあるものは，この油溝に油圧をかけてプロペラボスを軸から浮かせて抜き出す。
⑥ 容易に抜けないときは，押出し荷重をかけたまま，熱湯や蒸気などをボス全体にかけて温める。
⑦ プロペラをチェーンブロックで吊ってから，ナットを取り外してプロペラを抜き出す。

|解説|
(注1)　⑦プロペラ軸継手と船尾隔壁との距離，④船尾管後端とプロペラボス前面との距離および⑦プロペラキャップと舵前面との距離

◆押込みマーク：プロペラの押込

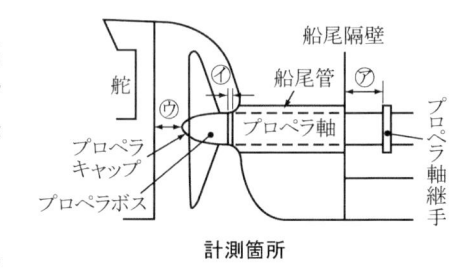

計測箇所

》148《

5　プロペラ装置

み位置の目安とするため，プロペラを外す前にプロペラ軸に付けた目印
◆合いマーク：ナットの締付け力の目安とするため，ナットを緩める前に軸とナットに付けた目印

問21 プロペラ軸に発生するクロスマークに関して，次の問いに答えよ。
(1) クロスマークは，どのような模様を呈するか。　　　　　　　　(2010)
(2) クロスマークが発生する原因は，何か。
(3) クロスマークの発生を防止するため，どのような事項に注意しなければならないか。　　　　　　　　　　　　　　　　　　　　　　　(2010)

解答
(1) 軸心と約45°の角度をなすX形の細い割れ
(2) 軸系に繰り返しねじり応力が作用し，これに海水腐食が加わると，軸の疲労強度が著しく低下して，き裂が生じる。
(3) ① 疲労強度の高い材料を使用する。
　　② スリーブの緩みやパッキンの検査を十分に行い，<u>プロペラ軸と海水の接触を防止する</u>(注1)。
　　③ 危険回転速度で運転しない。
　　④ 軸のきずや割れの有無を調べ，発見したときは適正に処置する。

解説
(注1) プロペラ軸はスリーブに覆われ，パッキンで海水がスリーブ内部に漏入しないようにシールされている。

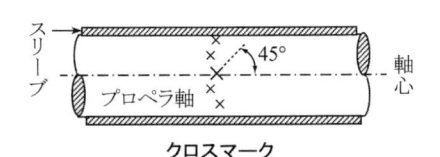

クロスマーク
〔運航技術研究会編『新機関科実務』を基に作成〕

◆疲労：材料が繰り返し荷重を受けると強度が低下する現象で，針金も繰り返し折り曲げると簡単に切断する。

問22 海水潤滑式船尾管の支面材に関する次の文の（　）の中に適合する字句を記せ。　　　　　　　　　　　　　　　　　　　　　(2107/2302)
(1) 支面材の材料として，リグナムバイタのほか（㋐）や合成樹脂が使

》149《

用される。
(2) 支面材としての㋐は，（ ㋑ ）が小さいので動力損失が少ない。また，耐摩耗性及び耐食性が大きく，異物を（ ㋒ ）込む性質がある。さらに，その弾性を利用して軸（ ㋓ ）を吸収し，外力によって容易に変形するので，荷重を平均化し，船尾管軸受の（ ㋔ ）部への集中荷重を減少させて異常摩耗をなくす利点がある。ただし，㋐は，熱伝導率が（ ㋕ ）く，リグナムバイタのように自己（ ㋖ ）性を持たないので，海水の供給については特に注意しなければならない。

解答

㋐：ゴム　㋑：摩擦係数　㋒：埋め　㋓：振動
㋔：後端　㋕：小さ　㋖：潤滑

問23 海水潤滑式船尾管の支面材に用いられるゴム軸受に関して，次の問いに答えよ。　　　　　　　　　　　　　（1502/1607/1810/2102/2204）
(1) 支面材としての利点は，何か。（4つあげよ。）
(2) 軸受部に多量の水を供給する必要があるのは，なぜか。
(3) プロペラ軸を船尾管に挿入する場合，軸受面にグリースを塗るか，それとも塗らないか。また，それはなぜか。

解答
(1) ① 水の中では摩擦係数が小さく動力損失が少ない。
　　② 耐摩耗性に優れる(注1)。
　　③ 異物に対する埋没性があるのでプロペラ軸またはスリーブを傷つけない。
　　④ 防音および防振に優れる。
(2) ゴム軸受は，冷却水量が不足すると摩擦係数が大きくなり，乾燥すると焼付きを起こす。
(3) 塗らない
　＜理由＞
　● 油分によりゴムが膨潤し変形する。
　● 油分によりゴムの劣化を生じ，寿命を短くする。

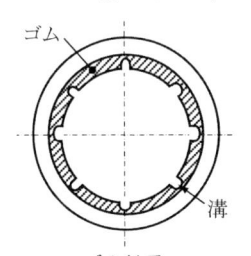

ゴム軸受

5 プロペラ装置

- グリースが溝を塞ぐと，潤滑および冷却剤として必要不可欠な海水の供給が減少する。

解説
(注1) ゴムは外力によって変形するので，局部的な片当たりがなく集中荷重を減少させるので異常摩耗が少ない。

◆船尾管：船尾管は船体における唯一の開口部で，プロペラとプロペラ軸を支持する。プロペラ軸の軸径が小さい小形船では，プロペラ軸を支える支面材として「リグナムバイタ」とよばれる木材や「ゴム」を使用する海水潤滑式船尾管が用いられるが，大形船になるとプロペラおよびプロペラ軸が巨大化し，軸受が受ける支持荷重も大きくなるので，木材やゴムなどの支面材では支えきれず，金属（ホワイトメタル）で支持する。この場合，船尾管軸受は金属と金属の摩擦になるので油潤滑式が用いられ，船首側，船尾側には油の流出を防ぐ軸封装置が必要になる。

◆スリーブ：軸の摩耗や腐食を防ぐため軸を覆う筒状の交換可能な部品で，スリーブは「(刀などの) さや」の意味

◆グリース：半固体状の潤滑剤

問24 図は，海水潤滑式船尾管シール装置として用いられる端面シールを示す。図の㋐はインフレイタブルシール，㋑は予備シールリング，㋒はガータスプリング，㋓は作動シールリング，㋔はメイティングリングである。図に関する次の問いに答えよ。　　　　(1710/1910/2207)

(1) しゅう動しながら密封作用を行う面は，どこか。
(2) インフレイタブルシールの役目は，何か。
(3) A 及び B の管内の海水の役目は，それぞれ何か。

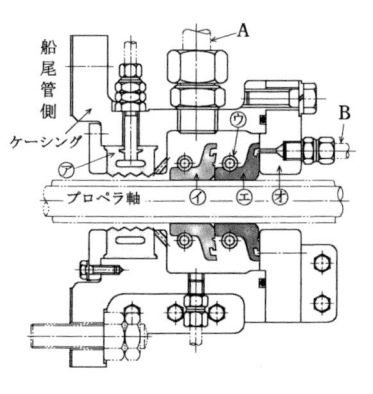

》151《

機関その一

解答
(1) ㊁作動シールリング⁽注1⁾と㋐メイティングリング⁽注2⁾が接触する面
(2) 航海中，シールリングを点検する場合，軸を停止した後，空気で加圧して膨張させ軸を締め付けて海水をシールする。
(3) ＜A管＞
- 海水圧があたかもばねのような働きで，㊁作動シールリングを㋐メイティングリングに押し付け，密封を確実にする。
- 船尾管軸受部の冷却を行う。

＜B管＞
- ㊁作動シールリングの密着（接触）圧を調整する。
- 作動シールリングしゅう動部の冷却を行う。

解説
(注1) 回転（しゅう動）環ともいう。
(注2) 固定（しゅう動）環ともいう。
◆しゅう動：接触する2金属が互いに滑りながら動くこと。
◆インフレイタブルシール（非常用シール）：洋上での点検や予備シールとの交換を可能にする。インフレイタブルは「膨らますことができる」の意味
◆端面シール（メカニカルシール）：回転しゅう動リングを固定しゅう動リングに押し付けて軸方向の端面でシールする。グランドパッキン方式では軸スリーブが異常摩耗するので，これを改善するシール装置として開発された。
◆シールリング：密封環

問25 油潤滑式船尾管シール装置及びプロペラ軸に関する次の問いに答えよ。
(1510/1704/2004/2310)
(1) 海水潤滑式に比べて，軸受の長さを短くできるのは，なぜか。
(2) 軸受用潤滑油重力タンクの位置は，何を基準にして決められるか。
(3) 潤滑油は，軸受に供給されるほか，どこに供給されるか。
(4) 油潤滑式の場合，プロペラ軸にスリーブを施さないのは，なぜか。

解答
(1) 軸受材として，金属（ホワイトメタル）を使用するので，軸受の許容面圧

5 プロペラ装置

が大きくとれる[注1]。
(2) 海水圧力（喫水）[注2]
(3) 前部シールおよび後部シール
(4) プロペラ軸が海水に接しないので腐食の恐れがない。

解説
(注1) 海水潤滑式の軸受材は，許容面圧の小さい木材やゴムを使用するので，軸受の長さは長くなる。
(注2) 船尾管シール装置が損傷しても海水が船尾管内に流入しないように潤滑油の圧力を高くする。満載時と空船時で喫水が大きく異なる船においては重力タンクを高位と低位の2つを設け，コックで切り替えて使用する。

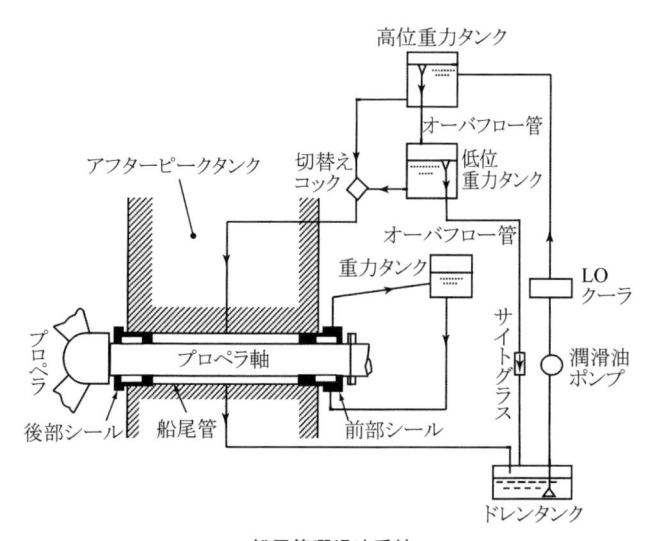

船尾管潤滑油系統

問26 図は，上架中における油潤滑式船尾管の後部シール装置を示す。図に関する次の問いに答えよ。　　　　　　　　　　　（1602/1807/2104）

(1) Ⓐ～Ⓔの名称は，それぞれ何か。下記の①～⑬の語群の中から選べ。
　語群：①シールリング　②Ｏリング　③ケーシング　④後部カバ
　　　　⑤ガイドリング　⑥プロペラ　⑦シールカバ　⑧シールライナ

機関その一

⑨海水圧センサ
⑩ガイドバー
⑪船尾管
⑫潤滑油安全弁
⑬摩耗測定ゲージ

(2) D_1 及び D_2 の役目は，それぞれ何か。

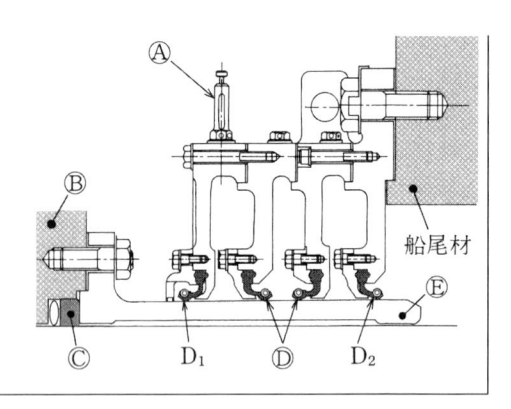

解答
(1) Ⓐ：⑬摩耗測定ゲージ　Ⓑ：⑥プロペラ　Ⓒ：②Oリング（注1）
　　Ⓓ：①シールリング　Ⓔ：⑧シールライナ
(2) D_1：海水が船尾管内に漏入するのを防止する。
　　D_2：船尾管内の潤滑油が漏出するのを防止する。

解説
(注1) プロペラボス前端部からコーンパート部に海水が漏入しないようにするためのシール用パッキン
◆コーンパート部：プロペラとプロペラ軸の当たり面。問13の図参照

問27　航行中における油潤滑式船尾管軸受の軸受用潤滑油タンク（ドレンタンク）に関して，次の問いに答えよ。　　　　　　(1410/1707/2002/2210)
(1) タンク内の油面が増加する場合の原因は，何か。（2つあげよ。）
(2) タンク内の油面がはなはだしく低下する場合，どのような応急処置をとるか。
(3) タンク内の油温が上昇する場合の原因は，何か。（2つあげよ。）

解答
(1) ①　後部シールの損傷による海水の漏入
　　②　アフターピークタンクのき裂による清水の漏入
(2) （注1）

5　プロペラ装置

  ① 潤滑油を補給する。
  ② 潤滑油の圧力が高いと漏れも増加するため，圧力を下げる。
  ③ LO クーラ，給油管系からの漏えいの有無を調べ，漏えい箇所を修理する。
(3) ① シールリングの接触圧過大による発熱
  ② LO クーラの作動不良

解説

(注1) 油面低下の原因としては，船外への漏れが考えられる。

◆潤滑油タンク（ドレンタンク）：問 25 の図参照

◆アフターピークタンク（船尾水槽）：船尾隔壁より船尾に設けた，バラストまたは清水タンク。問 25 の図参照

◆ LO（Lubricating Oil）：潤滑油

機関その二

1 各種ポンプ

> 問1 うず巻ポンプに関する次の問いに答えよ。
> (1) 二重底の清水タンクから上甲板の清水タンクに送水する場合，実揚程はどこからどこまでか。（図で示せ。） (1510/1902/2007/2210)
> (2) 実際のポンプ装置の吸込み高さは，吸込み側の理論揚程より少なくなるのは，なぜか。 (2207)

解答
(1) 二重底清水タンクの吸込み水面から上甲板清水タンクの吐出し水面までの垂直高さ
(2) ① 管や弁を流れるときに生じる損失水頭
② 水温による飽和蒸気圧の変化による**キャビテーション**の発生
③ 空気の分離および漏入

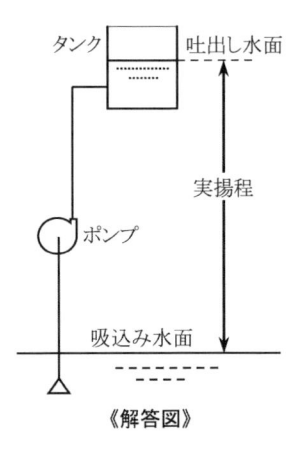

解説
◆実揚程：実際に揚水する高さ
◆吸込み高さ：理論的には大気圧に相当する 10.33 m が最大となるが，実際は，抵抗などにより 6〜7 m 前後である。
◆揚水量：送出し量，吐出し量，吐出量とも呼ばれる。

《解答図》

機関その二

> **問2** 片吸込みうず巻ポンプの軸に平行な断面の略図を描いて，次の(1)～(5)の部分をそれぞれ示せ。　　　　　　　　　　(1607/2102/2404)
> (1) 吸込み口　　(2) 羽根車　　(3) ランタンリング（封水リング）
> (4) ライナリング（マウスリング）　　(5) 水切りつば（デフレクタ）

解答

《解答図》

解説

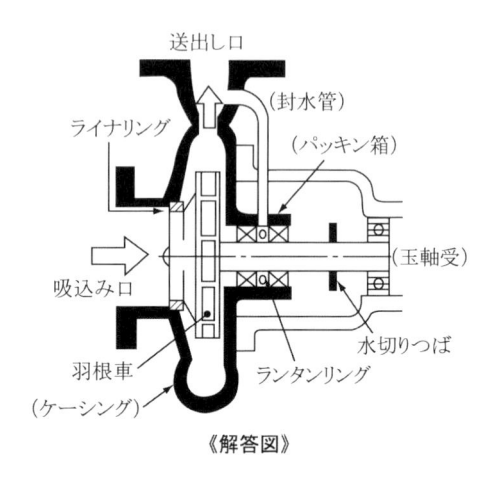

◆ ポンプの原理：ポンプ内に真空を作れば，水は大気圧によって押上げられポンプ内に流入する。我々もコップのジュースをストローで飲む場合，口の中の空気を肺に吸い込んで真空にすることで大気圧がジュースを押上げ飲むことができる。この吸い込んだ液体に圧力エネルギを与えて高所または離れたタンクなどに移送するのがポンプである。ポンプは，真空の作り方によって遠心式，往復式，回転式及びジェット式の4つに分類される。

◆ うず巻ポンプ：水を満たして密封したドラム缶を高速で回転させると遠心力により水面は放物線を描き真空が発生する。ドラム缶を横にして吸込み管を設けると大気圧が水を真空が作られたドラム缶まで押し上げる。うず巻ポンプはこの原理を応用して，ドラムを回転させる代わりに羽根車を高速で回転させて真空を作り，押し上げられた水に運動エネルギを与え排出する。低圧で大流量の用途に適し，冷却水ポンプなどに用いる。

1　各種ポンプ

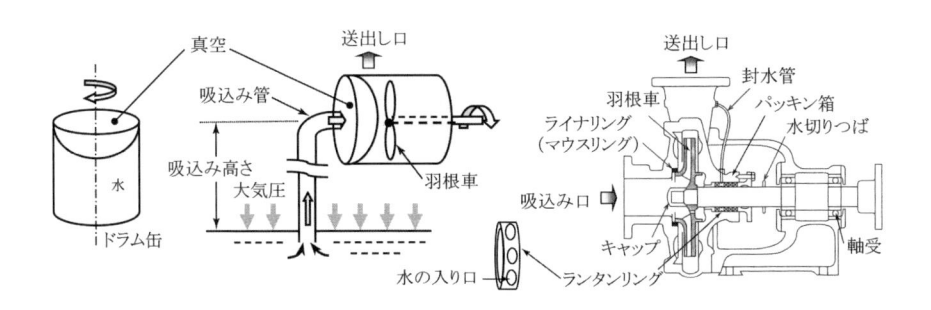

問3　図は，うず巻ポンプの略図である。図に関する次の問いに答えよ。　(1702/2402)

(1) ライナリング（マウスリング）は，①〜③のうちどれか。また，どのような役目をするか。

(2) ④は，何か。また，どのような役目をするか。

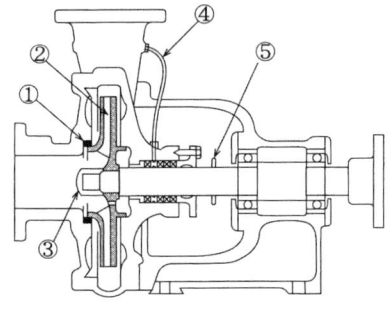

(3) ⑤は，何か。また，どのような役目をするか。

解答

(1) ①

　＜役目＞　羽根車により高圧となった流体が吸込み口側に逆流するのを防止する。

(2) 封水管（シーリングパイプ）

　＜役目＞　ランタンリングにポンプを出た圧力水を注入して
- 空気の侵入を防止する。
- パッキンの潤滑と冷却を行う。

(3) 水切りつば（デフレクタ）[注1]

　＜役目＞　パッキン箱からの漏水が軸を伝わって軸受箱に流入するのを防ぐ。

解説

(注1) 軸を伝わってきた漏水は，つばのところで遠心力により直角方向にはね飛ばされ，軸受箱の油を保護する。

> **問4** うず巻ポンプに関する次の問いに答えよ。
> (1) ポンプ内の高圧側から低圧側への逆流に対しては、どのような防止方法がとられているか。　　　　　　　　　　　　　(1510/1902/2007/2210)
> (2) 軸方向スラストとは、どのようなことか。　(1602/1807/2207)
> (3) 比速度とは、どのようなことか。　　　　　　　　(2207)

解答
(1) 吸込み口のケーシング側にライナリングを装着し、羽根車とのすきまを小さくして高圧側から吸込み口側への逆流を防止する。
(2) うず巻ポンプに片吸込み羽根車を用いる場合、羽根車の吸込み口の圧力が低いため、下線_圧力差_(注1)によって吸込み口側に向かって軸方向のスラストが発生する。
(3) 幾何学的に相似な羽根車を使って、毎分 1m³ の液体を全揚程 1m 揚液するために必要なポンプの回転速度

解説
(注1) 羽根車を出た圧力液の一部は羽根車とケーシング間のすきまに充満するが、主板側と側板側で圧力分布に差が生じる。

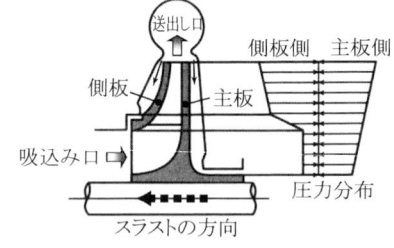

軸方向のスラスト
〔『海技士2E 徹底攻略問題集』を基に作成〕

◆比速度：ポンプを設計する場合、ポンプの回転速度、吐出し量、全揚程の 3 要素がわかれば、比速度が決まり、羽根車の形状が決定されるので、ポンプの種類を選定することができる。比速度が小さいと、揚程（圧力）が高く吐出し量が少ないタービンポンプとなり、大きいと、揚程が低く吐出し量が多い軸流ポンプとなる。比速度は次式で表される。

$$n_s = n \times \frac{Q^{1/2}}{H^{3/4}}$$

ここで、n_s：比速度[min⁻¹]
n：回転速度[min⁻¹]
Q：吐出し量[m³/min]
H：全揚程[m]

1 各種ポンプ

> **問5** うず巻ポンプに関する次の問いに答えよ。
> (1) 軸封装置のパッキン押えボルトのナットを締め付ける場合，どのような注意が必要か。　　　　　　　　　　　　　　　　　　　　(1602/1807)
> (2) パッキン箱の中に装備されるランタンリング（封水リング）の役目は，何か。　　　　　　　　　　　　　　　　　　　　　　　　(1602/1807)
> (3) 電動機直結のうず巻ポンプの軸心の調整を行う場合，ふつう，電動機とポンプのどちらを移動して行うか。また，その理由は，何か。(1502)
> (4) 上記(3)の軸心を調整する場合，軸継手の外周の振れ（偏心度）及び軸継手面の平行度は，それぞれどのようにして計測するか。　　(1502)

解答
(1) ① <u>ナットの締め付けは，軸封部の温度上昇に注意しながら，数回に分けて徐々に行い，締め過ぎに注意する</u>(注1)。
　　② 片締めにならないよう均等に締め付ける。
(2) パッキン箱の中央付近に装備され，そこに圧力水を注入することによって，空気の侵入を防止するとともにパッキンの潤滑と冷却を行う。
(3) 電動機
　　＜理由＞ ポンプ側は，配管により固定されているので移動が難しい。
(4) 軸継手のボルトを外し，軸継手をフリーの状態にする。
　　＜偏心度＞ モータ側の軸継手外周にダイヤルゲージを固定し，ポンプ側の軸継手外周に計測部を当て，モータ側の軸継手を手で1回転させて振れを計測する。
　　＜平行度＞ すきまゲージを用いて，1/4周（90度）間隔ですきまを計測する。

解説
(注1) 締め過ぎると揚液の漏れを防止できるが，摩擦により動力損失が増大するとともに，軸受部の発熱によるパッキンの劣化を早める。（問2の図中A部のナット）
◆パッキン箱（スタフィングボックス）：スタフィングは「詰め物」の意味
◆グランドパッキン：糸に潤滑剤などを浸み込ませてひも状に編み込んだもの。

機関その二

軸心の調整　　　　　　　　　　すきまゲージ

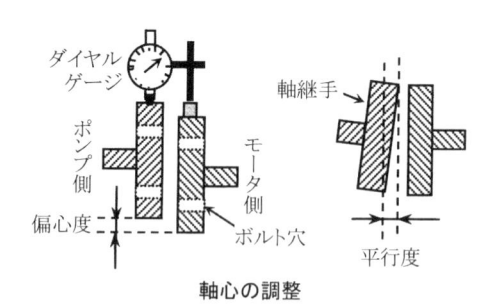

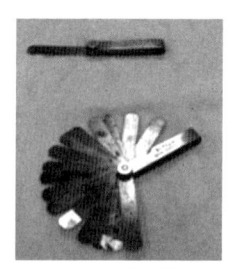

問6 清・海水用たて形うず巻ポンプに関する次の問いに答えよ。

(1) 横形うず巻ポンプに比べてどのような不具合を生じやすいか。（理由も記せ。）
(2) 運転中、軸方向に加わる力として、どのようなものがあるか。(1704)
(3) 下部水中軸受の潤滑は、どのようにして行うか。(1704/2204)
(4) 上記(3)の軸受内面に数条の溝が設けられているのは、何のためか。(1704/2204)
(5) 真空ポンプが付いている場合、上記(3)の軸受の潤滑に特に注意が必要とされるのは、なぜか。(2204)

解答
(1) ① 回転体の質量による下向きの力を受けてベアリングメタルが過熱しやすい。
　　② 始動時、水中軸受が乾燥運転となり焼付きを起こしやすい。
　　③ 縦長により振動を発生しやすい。
(2) ① 羽根車および軸の質量による下向きの力
　　② 羽根車前後の圧力差による軸方向スラスト
　　③ 軸底部水中軸受の注水圧による押上げ力
(3) ① <u>ポンプ送出し側の圧力水を強制注水する</u>(注1)。
　　② 潤滑剤としてグリースを注入する。
(4) 注水あるいはグリースの流れをよくするための通路とする。
(5) <u>始動時、十分な注水が得られない場合、軸受が過熱するおそれがある</u>(注2)。

1 各種ポンプ

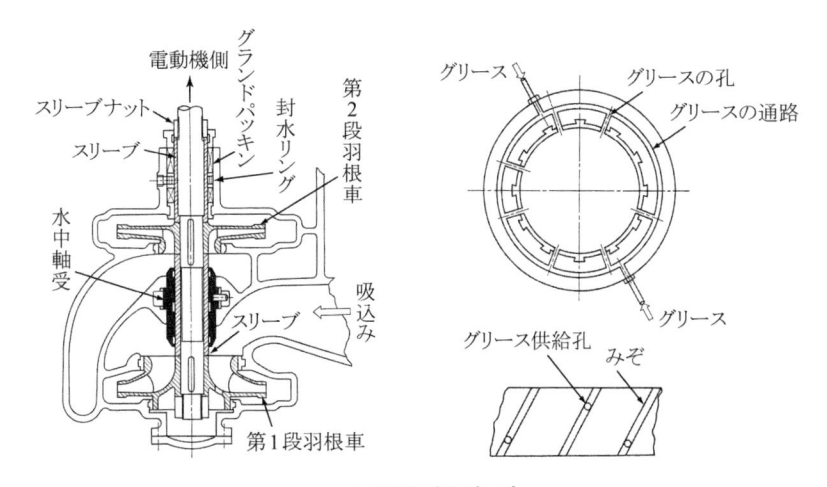

たて形うず巻ポンプ
〔機関長コース1986年4月号「受験講座・補機」最終回(松本健)を基に作成〕

解説

(注1) 潤滑とともに冷却効果も得られる。

(注2) うず巻ポンプは，始動の際，ポンプ内が満水であれば容易に真空が得られ揚水することができるが，内部に空気が存在すると真空ポンプにより真空をつくり揚水する必要がある。

◆スラスト：推す力
◆水中軸受：たて形ポンプの液体部に設ける振動防止用の軸受で，材質はゴムなどを用いる。

問7 うず巻ポンプに使用されている玉軸受に関する次の文の中で，<u>正しくないもの</u>を2つあげ，その理由を記せ。　　　　　　(2004/2110)

㋐　玉軸受は，一般に高速回転に適する。
㋑　外輪を平均にたたき込んで軸に取り付ける。
㋒　呼び番号の刻印から，取り付ける軸の外径を知ることができる。
㋓　軸受箱内には，空間がないようにグリースを充満させる。
㋔　油浴式潤滑法における油面は，最下部の球の中心くらいにする。

機関その二

解答
㋑：外輪をたたくと，不安定なため変形し，玉の動きが悪くなる(注1)。
㋣：グリースを充満させると撹拌により発熱し，溶けて軸受箱外へ漏れ出る(注2)。

解説
（注1）玉軸受の軸への取付けは，内輪を叩いて圧入するか，焼きばめ（加熱した油の中に玉軸受を浸して熱膨張させ軸に取り付ける。）による。
（注2）1/2 〜 1/3 の空隙をもつ。
◆グリース：鉱油に石けん類を混ぜた半固体状の潤滑剤で，油の供給が不便な箇所に使用される。
◆油浴式潤滑法：軸受を油に浸して給油する方式

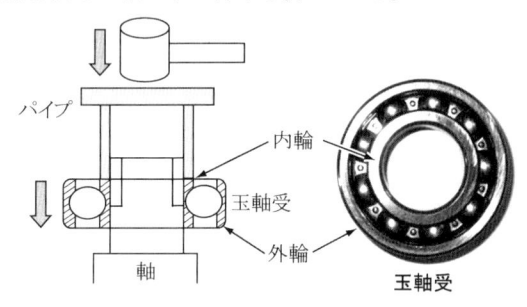

玉軸受の挿入法

玉軸受

問8 タービンポンプの軸に直角な断面の略図を描いて，次の(1)〜(4)の部分をそれぞれ示せ。　　　　　　　　　　　　　　　　　　　（1410/1707/2202）
(1) 吸込み口　　(2) 羽根車　　(3) うず形室　　(4) 案内羽根

解答

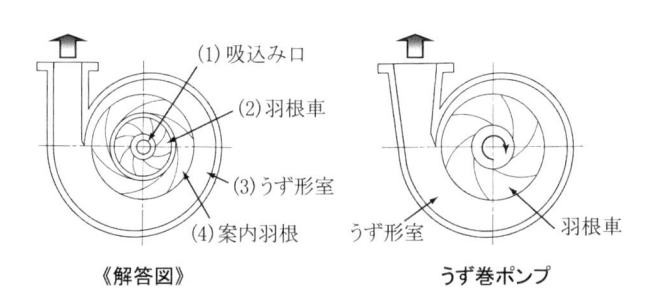

《解答図》　　　　　　　うず巻ポンプ

〔機関長コース1984年9月号「受験講座・補機」第29回（松本健）を基に作成〕

解説
◆案内羽根（ディフューザ）：羽根車の外周にうず形室のあるポンプをうず巻ポンプ，羽根車の外周に案内羽根があってうず形室のあるポンプをタービン

ポンプという。案内羽根を設けることによって，ベルヌーイの定理より流体の圧力を高めることができるので，タービンポンプは給水ポンプなど高圧用として用いられる。

◆ベルヌーイの定理：「流体の持つ速度のエネルギ，圧力のエネルギ及び位置のエネルギの総和は常に一定である」という法則。うず形室や案内羽根の流路断面積は出口に向かって拡大している。したがって，出口の流速は小さくなり，速度エネルギが減少する。しかし，エネルギの総和は一定なので，流速が減少すると圧力は上昇する。

◆連続の法則：「流量 ＝ 断面積 × 流速」の関係から，流量が一定の場合，流路断面積が大きくなれば流速は小さくなる。

問9　軸流ポンプに関する次の問いに答えよ。　　（1504/1710/2010/2307）
(1) ポンプの水流の方向は，ポンプの回転軸に対して直角か，それとも平行に近いか。
(2) 高揚程の送水に適しているか，それとも低揚程の送水に適しているか。
(3) 始動時には，吸込み側及び送出し側の止め弁は，それぞれどのような状態にしておくか。また，それはなぜか。

解答
(1) 平行
(2) 低揚程 (注1)
(3) 吸込み側および送出し側の止め弁を全開状態
　＜理由＞　全開の時，電動機の所要動力が最も小さい (注2)。

解説
(注1) 低揚程は「低圧」，高揚程は「高圧」を意味する。
(注2) 所要動力は全閉時に最大

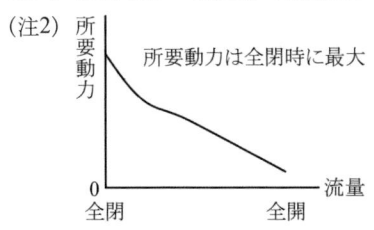

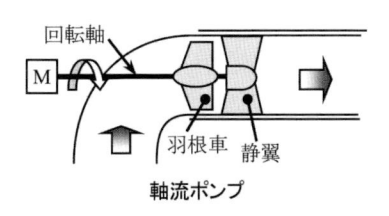

軸流ポンプ

機関その二

◆軸流ポンプ：軸方向から羽根車に入った流体が，そのまま軸方向に流れるポンプで，高圧は得られないが大容量の送水に適している。
◆うず巻ポンプ：軸方向から羽根車に入った流体が，軸に直角な半径方向に流出するポンプで，遠心力によって高圧を得ることができる。

問10 図は，ベーンポンプの略図を示す。図に関する次の文の（　）の中に適合する字句を記せ。　（1407/1802/2304）

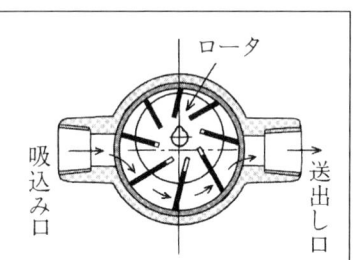

(1) ロータには，半径方向に放射状に切り込んだ溝があり，その中で（ ⑦ ）が自由に滑るようになっている。ロータの回転による（ ⑦ ）力によって，各⑦は（ ⑦ ）内面に押し付けられながら回転し，また，ロータの駆動軸は⑦の中心と偏心しているため，⑦と⑦の間の容積は，吸込み口側でしだいに（ ⑦ ）して吸込み作用が行われ，送出し側では容積が（ ⑦ ）して圧力を上げ送出し作用が行われる。

(2) ベーンポンプは送出し圧に（ ⑦ ）動が少なく，構造上⑦の摩耗による圧力低下が起こりにくいので（ ⑦ ）装置に使用される。

解答
⑦：ベーン　⑦：遠心　⑦：ケーシング　⑦：増加　⑦：減少　⑦：脈　⑦：油圧

解説 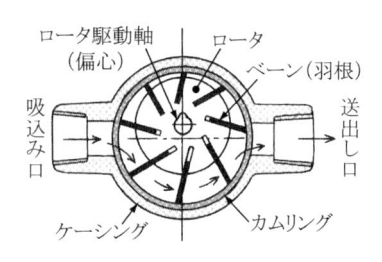
◆ベーンポンプ：ケーシングとロータの軸心が偏心して配置されているため，羽根（ベーン）とロータ，ケーシング（カムリング）で囲まれた空間は膨張と圧縮を連続して繰り返す。膨張時に吸引し，圧縮時に吐き出す。

問11 図は，内接歯車ポンプの略図を示す。図に関する次の問いに答えよ。
（1604/1810/2104/2302）

1　各種ポンプ

(1) 駆動小歯車が矢印の方向に回転する場合，ポンプの送出し口は，①または②のどちらか。
(2) 図の③の三日月形の部分の名称は，何か。
(3) 内接歯車ポンプは，外接歯車ポンプに比べてどのような長所があるか。（2つあげよ。）

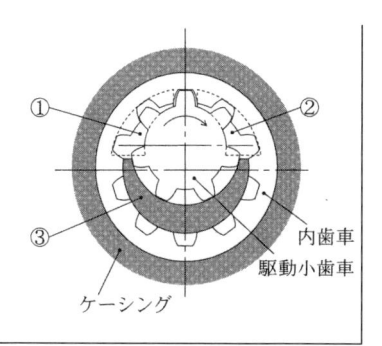

解答

(1) ①（注1）
(2) 仕切板（シールピース）
(3) ① 歯車のスペースが小さく小形にできる。
　　② 脈動が小さく騒音が少ない。

解説

(注1) 回転につれて空間が小さくなり送り出される。

◆歯車ポンプ：歯車ポンプには外歯歯車を2個使用する外接歯車ポンプと，外歯歯車と内歯歯車を使用する内接歯車ポンプの2種類がある。

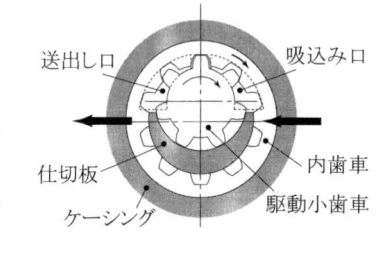

◆内接歯車ポンプ：駆動小歯車が回転すると，内歯車も同一方向に若干の遅れをもって駆動する。

問12 外接歯車ポンプに発生する半径方向スラストに関して，次の問いに答えよ。　　　　　　　　　　（1507/1610/1804/1910）

(1) スラストが発生する原因は，何か。
(2) スラストが発生すると，ポンプにどのような不具合が生じるか。
(3) スラストを防止する方法には，どのようなものがあるか。

解答

(1) ① 送出し側と吸込み側に生じる圧力差

機関その二

② 歯車と歯車がかみ合う歯車間の閉液により発生する力
(2) ① 軸動力の増加
② 軸受の摩耗
③ 振動や騒音の発生
(3) (注1)
① 歯のかみ合い部に面したカバー裏面に逃げ溝をつける。
② 固定軸に溝を切り，従動歯車に孔をあける。
③ はすば歯車ややまば歯車を採用する。
④ バックラッシを大きくとる。
⑤ 正弦曲線歯形を採用する。

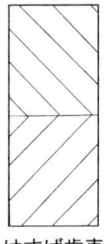

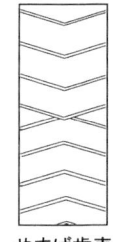

はすば歯車　　やまば歯車

解説
(注1) スラスト（推力）を防止するには液の閉じ込み現象を回避する。

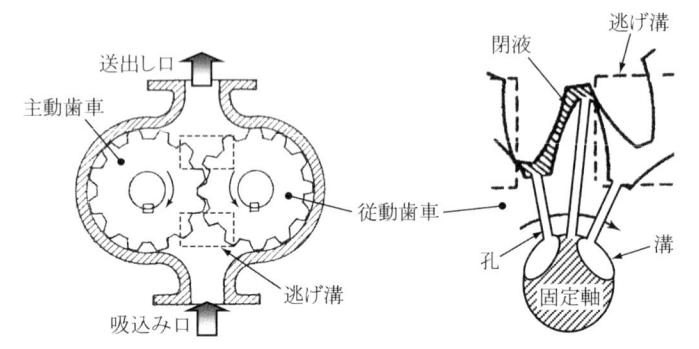

外接歯車ポンプ　　　　　閉液防止策
〔機関長コース1976年6月号の解答を基に作成〕〔富岡節・中村峻『要説 船用補機』を基に作成〕

◆半径方向：軸に直角方向
◆従動歯車：モータで駆動される歯車を主動歯車，これにかみ合って回る歯車を従動歯車という。
◆正弦曲線歯形：かみ合う歯車の接触線が S 字線となり曲線を描くので，直線接触で発生する閉液を防止する。

問13 往復ポンプに関する次の問いに答えよ。　　(1907/2107/2310)

1　各種ポンプ

(1) 実際の送出し量が理論上の送出し量より少なくなるのは，なぜか。
(2) ポンプの弁において，円板弁及び円すい弁は，それぞれどのような特徴があるか。

解答
(1) ① 軸封装置からの漏れ
　　② プランジャとシリンダのすきまからの漏れ
　　③ 送出し弁や吸込み弁における逆流
(2) ① 円板弁：弁を硬質にしてばねを用いれば，弁を薄く軽くでき，開閉も迅速かつ確実にできる。
　　② 円すい弁：弁は重くなるが，流れに対する抵抗が少ない。また，気密がよいので高圧ポンプに適する。

解説
◆往復ポンプ：プランジャやピストンの往復運動により真空を作って吸込み，送り出すポンプ
◆プランジャ（棒ピストン）：ピストンと同じ作用をするが，ピストンに比べ高圧の流体に用いられるので，強度をもたせるため，直径に対し長さが大きい棒状の形状をしたピストン
◆軸封装置：軸がケーシングを貫通する部分に設ける気密装置
◆円板弁：弁本体が円板状で，平面で弁座と接する構造の弁
◆円すい弁：約 45°の傾斜をもった円すい部で弁座と接する構造の弁

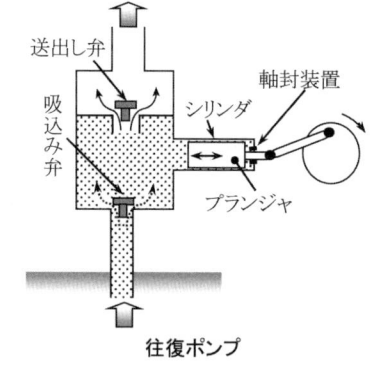

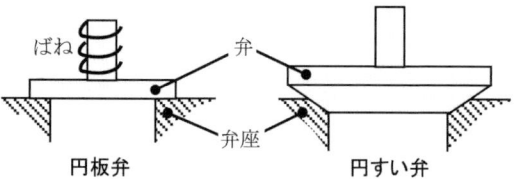

機関その二

2 冷凍装置および圧縮空気装置

問1 図は，冷凍サイクルに用いる圧力-比エンタルピ（p-h）線図である。図中の㋐〜㋓に示す線に適合する字句を，下記①〜⑥の語群の中から選べ。
(1504/1802/2110/2402)

語群：①等比エンタルピ線
②等比エントロピ線
③等温線 ④等比体積線
⑤飽和液線 ⑥等乾き度線

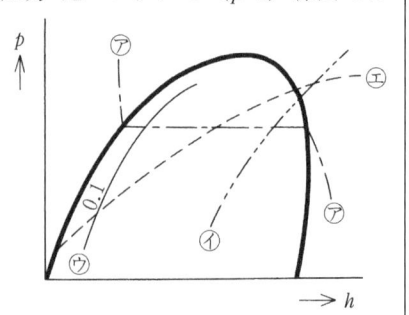

解答
㋐：③等温線
㋑：②等比エントロピ線
㋒：⑥等乾き度線
㋓：④等比体積線

解説
◆比エンタルピ[kJ/kg]：冷媒 1kg が保有する熱量
◆比エントロピ[kJ/kg·K]：圧縮機で冷媒蒸気が断熱圧縮（外部との熱の出入りがない状態での圧縮）されると等比エントロピ線にそって状態変化する。
◆比体積[m³/kg]：冷媒 1kg の体積を表し，比体積が大きくなるとガスは薄くなる。
◆飽和液：沸点に達したときの液冷媒
◆乾き度：湿り（飽和）蒸気中に含まれる乾き飽和蒸気の割合

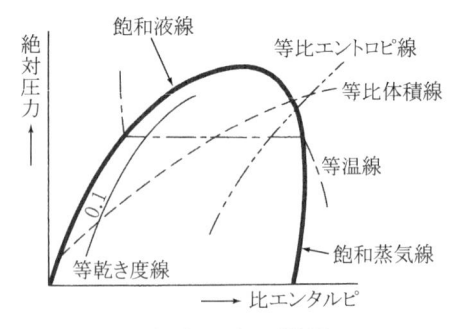

圧力-比エンタルピ線図

2　冷凍装置および圧縮空気装置

問2 図は，ガス圧縮式冷凍装置における理論冷凍サイクルを示した圧力-比エンタルピ（p-h）線図である。図に関する次の問いに答えよ。　　　（1410/1607/2002/2307）
(1) ㋐～㋓の作用を主に行わせるための機器は，それぞれ何か。（機器名を記せ。）
(2) A～D 各点における冷媒の状態は，それぞれ下記①～④の中のどれか。
　　①湿り蒸気　②飽和液　③乾き飽和蒸気　④過熱蒸気
(3) A～D 各点で同一温度となる 2 点を示せ。
(4) 圧縮機の吸入圧が低過ぎる場合の原因は，何か。　　　　　　　　　　　　　（2204）

解答
(1) ㋐：凝縮器　㋑：膨張弁　㋒：蒸発器　㋓：圧縮機
(2) A：③乾き飽和蒸気　B：④過熱蒸気　C：②飽和液　D：①湿り蒸気
(3) D 点と A 点
(4) ①膨張弁の作動不良　②冷媒（循環）量の不足　③系統内での氷結や閉塞

解説
◆冷凍サイクル：夏の日差しで熱くなったアスファルトに打ち水をすると，アスファルトの温度は低下し涼しさを感じる。これは水（液体）が水蒸気（気体）に変化するときアスファルトから蒸発熱を奪うことによる。つまり，液体で熱を奪うより液体が気体になるときの蒸発で奪う熱が大きいからである。これと同じ原理で，冷媒の蒸発作用を機械的に行うのが冷凍装置である。冷媒は，圧縮機→凝縮器→（受液器）→膨張弁→蒸発器→圧縮機の流れの中で，液体と気体の状態を繰り返す。冷媒は蒸発器で周囲から熱を吸収して気体になると冷えなくなる。連続して冷却作用を行うには冷媒を，元の液体に戻す必要があり圧縮機と凝縮器において液化される。膨張弁は減圧して冷媒を蒸発しやすくするとともに冷媒循環量を調節する。
◆冷媒（冷やす媒体）：蒸発熱を吸収して冷却作用を行わせる物質で，蒸発潜熱の大きいことが望まれる。
◆凝縮器（気体を液化する装置）：蒸気タービンの場合は復水器という。

◆蒸発器（液体を気化する装置）：冷凍機の場合は液冷媒が庫内の熱を吸収して気体になる。

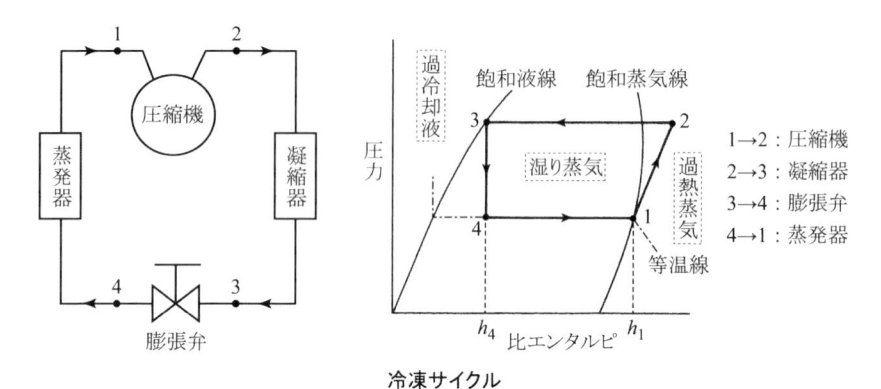

冷凍サイクル

1→2：圧縮機
2→3：凝縮器
3→4：膨張弁
4→1：蒸発器

> **問3** ガス圧縮式冷凍装置における冷媒の状態変化に関して，次の(1)～(4)の機器における説明として適当なものを，下記㋐～㋔の中から選べ。
> (1602/1910)
> (1) 圧縮機　　(2) 凝縮器　　(3) 膨張弁　　(4) 蒸発器
> ㋐ エンタルピが一定で，圧力が降下する機器
> ㋑ エンタルピが増加し，圧力と温度が上昇する機器
> ㋒ エンタルピが増加し，圧力が上昇しない機器
> ㋓ エンタルピが減少し，圧力が降下する機器
> ㋔ エンタルピが減少し，圧力が降下しない機器

解答
(1) 圧縮機：㋑　　(2) 凝縮器：㋔
(3) 膨張弁：㋐　　(4) 蒸発器：㋒

解説
① 圧縮機（1→2）：エンタルピは h_1 から h_2 に増加し，温度は t_1 から t_2 に，圧力は p_1 から p_2 に上昇する。
② 凝縮器（2→3）：エンタルピは h_2

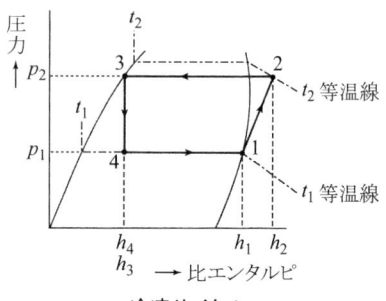

冷凍サイクル

2 冷凍装置および圧縮空気装置

から h_3 に減少するが，圧力は p_2 で変わらない。
③ 膨張弁（3→4）：エンタルピは $h_3 = h_4$ で変わらないが，圧力は p_2 から p_1 に降下する。
④ 蒸発器（4→1）：エンタルピが h_4 から h_1 に増加するが，圧力は p_1 で変わらない。

問4 ガス圧縮式冷凍装置に関する次の問いに答えよ。
(1) 冷媒を過冷却するには，どのような機器で行うか。　　　　　　　(2204)
(2) 温度自動膨張弁の開度は，どのようにして自動的に調整されるか。
　　　　　　　　　　　　　　　　　　　　　　　　　　　(1704/2104)
(3) 温度自動膨張弁には内部均圧型と外部均圧型があるが，接続されている均圧管は，それぞれどこの圧力が，膨張弁のどの部分に作用させているか。　　　　　　　　　　　　　　　　　　　　　　　　　　(2207)
(4) 液管中のフラッシュガスとは，どのようなものか。　　　　　　(2204)

解答
(1) <u>過冷却器</u>(注1) または <u>凝縮器</u>(注2)
(2) 蒸発器出口の温度を感温筒で検知し，圧縮機入口の過熱度が一定になるように膨張弁開度を変化させ冷媒量を調整する。
(3) ① 接続箇所
　　　● 内部均圧型：膨張弁出口
　　　● 外部均圧型：蒸発器出口
　　② 作用：ダイヤフラムの下部
(4) 凝縮器を出た液冷媒が膨張弁手前で，<u>弁や管路などの抵抗による圧力降下や周囲の高温にさらされて，液冷媒の一部が蒸発して発生するガス</u>(注3)

解説
(注1) 凝縮器と膨張弁の間に液冷媒冷却用の熱交換器を設ける。
(注2) 凝縮器の冷却水量を増加するか，伝熱面積を増大させて，凝縮器の冷却能力を高める。
(注3) 液体は，減圧または加熱すると気体になる。

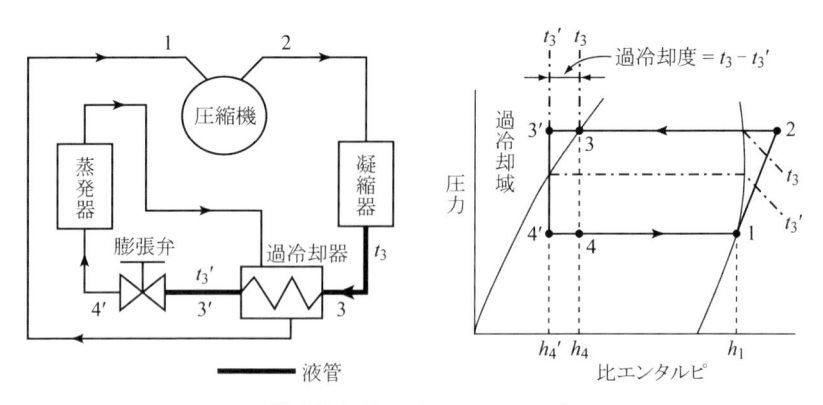

機関その二

過冷却サイクル (1→2→3'→4'→1)

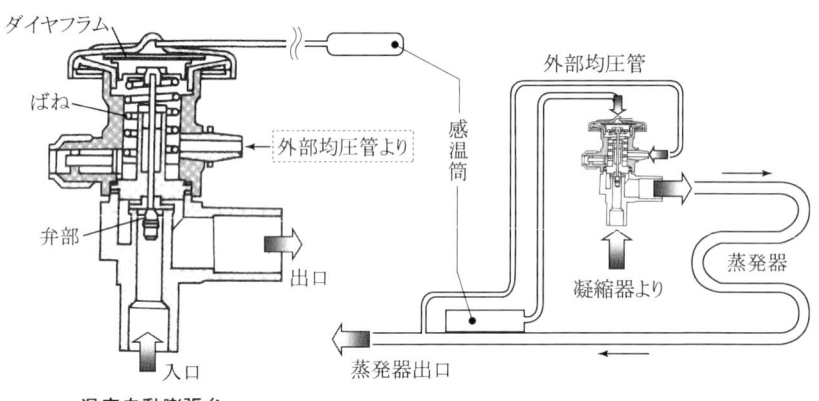

温度自動膨張弁
(外部均圧型)

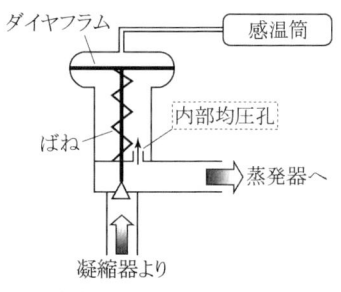

温度自動膨張弁
(内部均圧型)

- ◆過冷却：過冷却は冷凍効果を増加させるために，凝縮器で凝縮された液冷媒を飽和温度以下に冷却すること。過冷却により，冷凍効果 q は，$h_1 - h_4 < h_1 - h_4'$ となり増加する。過冷却や過熱とは，飽和温度に対して用いる温度表現をいう。
- ◆冷凍効果 q [kJ/kg]：1kg の冷媒が蒸発器内で奪う熱量 [kJ] で，$q = h_1 - h_4$ （または $h_1 - h_4'$）で表される。

2　冷凍装置および圧縮空気装置

◆液管：凝縮器から膨張弁までの管内の冷媒は液体なので，この区間の配管を液管という。
◆外部均圧管：膨張弁出口から蒸発器出口までが長い場合，圧力損失が大きくなり，内部均圧型では過熱度が増大する。外部均圧型により蒸発器出口冷媒の過熱度を一定に保つ。

問5　ガス圧縮式冷凍装置に関する次の問いに答えよ。
(1) 冷媒中に空気が混入した場合，どのようにして空気を排除するか。
　　　　　　　　　　　　　　　　　　　　　　　　　　　　　(1507/1902)
(2) リキッドバックとは，どのような現象か。また，リキッドバックのまま運転すると，どのような不具合を生じるか。　　　(1902/2310)
(3) 上記(2)の不具合対策のため，どのようなものを設けるか。　(2310)
(4) リキッドフィルタは，冷凍装置の配管のどこにあるか。また，その目的は，何か。　　　　　　　　　　　　　　　　　　　(2207)
(5) 湿り圧縮は，圧縮機へ戻る冷媒が多過ぎ，また，少な過ぎのいずれの場合に生じやすいか。　　　　　　　　　　　　　　(1610)

解答
(1) ①　冷媒を凝縮器に集めて圧縮機を停止し，<u>凝縮器を十分冷却してから</u>(注1)，凝縮器上部の空気抜き弁を微開して<u>空気を放出する</u>(注2)。
　　②　<u>自動ガスパージャ</u>(注3)を用いて排除する。
(2) 蒸発器出口の冷媒が，ガス冷媒ではなく液冷媒の状態で圧縮機に戻ること。
　　＜不具合＞　<u>弁やピストンが損傷する</u>(注4)。
(3) シリンダ上部に安全頭を設ける。
(4) ①　場所：膨張弁手前の液配管に取り付ける。
　　②　目的：ごみや金属粉などの異物を除去して膨張弁が詰まるのを防ぐ。
(5) 多過ぎる場合

解説
(注1) 冷却水出入口の温度差がなくなるまで静置すると，空気は分離して凝縮器上部に溜まる。
(注2) 高圧圧力計の示度が冷却水の温度に相当する飽和圧力になるまで排除する。

機関その二

(注3) 冷媒を，冷却したパージャドラムに入れて分離し，上部に溜まった空気を排除する。
(注4) 液体は非圧縮性のため気体のように圧縮できないので高圧を発生する。いわゆるリキッドハンマを起こす。

◆ガスパージャ（空気排除装置）：パージは「排除する，追い出す」の意味
◆安全頭：ばねによってシリンダに圧着されているので，液圧縮で異常高圧になるとばね力に打ち勝って安全頭を押上げて圧力を逃がす。弁組立品

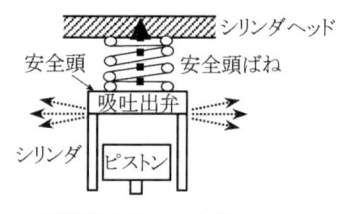

圧縮機のピストン上部

問6　ガス圧縮式冷凍装置に関する次の問いに答えよ。　(2202)
(1) 受液器に接続されている均圧管は，どの機器とつながっているか。また，その機器のどの部分に取り付けられているか。
(2) 上記(1)の均圧管の役目は，何か。また，均圧管がない場合，どのような不具合が発生するか。（理由も記せ。）
(3) 油分離器は，冷凍装置の配管のどこにあるか。また，油分離器がない場合，どのような不具合が発生するか。

解答
(1) ① 接続機器：凝縮器　　② 接続箇所：凝縮器上部
(2) ① 役目：凝縮器と受液器の圧力を等しくする。
　　② 不具合：凝縮器で冷媒ガスが液化するとき，気体から液体への変化で体積の減少（凝縮）が生じるので，凝縮器内の圧力は受液器内の圧力より低下し，液化冷媒の受液器への落下を妨げる。
(3) ① 設置箇所：圧縮機と凝縮器の間
　　② 不具合：潤滑油が凝縮器や蒸発器の内面に付着し，伝熱効果を低下させる。また，圧縮機の潤滑油量も減少する。

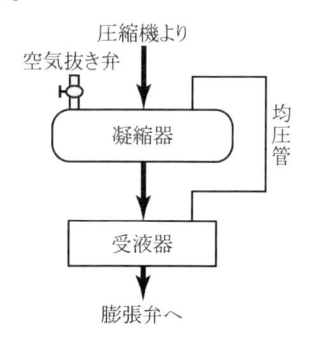

|解説|
◆受液器：凝縮器で液化した冷媒量が多くなると，冷却面積が減少して液化しにくくなる（冷却能力が低下する）ので，受液器を設けて液冷媒を溜めるとともに，負荷の変動による冷媒量の変化を調節する。

|問7| フロンガス圧縮式冷凍装置に関する次の文の（　）の中に適合する字句を記せ。　　　　　　　　　　　　　　　　　　　（1510/1904）

(1) 水冷凝縮器において，冷媒中に多量の不凝縮ガスが入っているときは，圧縮機の運転を止め，しばらく冷却水を通した後，（ ⑦ ）圧力計の読みと，（ ⑦ ）の温度に相当する冷媒の（ ⑦ ）から凝縮器内の不凝縮ガスの分圧をおおよそ知ることができる。

(2) 圧縮機の吸込弁が破損すると，正常運転時より吸込み圧力が（ ㊁ ）する。

(3) 冷媒充てん量が少な過ぎると，正常運転時より吸込み圧力が（ ㊄ ）する。

|解答|
⑦：高圧　⑦：冷却水　⑦：飽和圧力　㊁：上昇 (注1)　㊄：低下

|解説|
(注1) 圧縮された冷媒の一部が吸込み側に逆流するため
◆不凝縮ガス：主として外部から侵入した空気
◆空気の混入：空気が混入すると凝縮器圧力は上昇し，圧縮機の所要動力の損失を招き，冷凍機の能力は低下する。また空気は水分を含むので膨張弁での氷結（閉塞）の原因となる。

|問8| ガス圧縮式冷凍装置において，冷媒量が不足した場合の現象に関する次の文の中から正しいものを2つあげ，その理由を記せ。　（1407/2010）

⑦ 圧縮機の低圧側の圧力が高くなる。
⑦ 圧縮機の送出し圧が高くなる。
⑦ 庫内を所要温度に保つのに長時間運転となる。

㊁　凝縮温度が高くなる。
㊊　圧縮機のシリンダの温度が高くなる。

|解答|
㋒：冷媒量の不足により冷凍能力が低下するため。
㊊：圧縮機入口における冷媒の過熱度が大きくなるため。

|解説|
◆冷凍能力 Q [kJ/h]：1時間当たりに周囲から奪う熱量で冷凍機の能力を表す。Q = 冷媒（循環）量 [kg/h] × 冷凍効果 [kJ/kg]

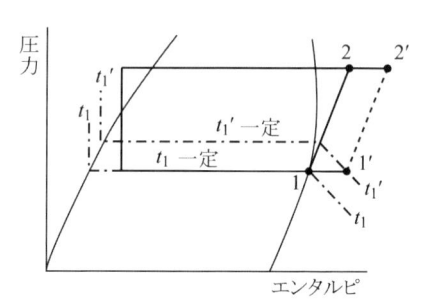

1→2：乾き圧縮サイクル
1'→2'：過熱圧縮サイクル

◆過熱度（$t_1' - t_1$）：ある圧力のもとでの過熱蒸気温度と飽和蒸気温度との温度差。圧縮機の吸込み蒸気の過熱度が大きくなると，圧縮機の送出しガスの温度が高くなり，潤滑油が劣化して圧縮機の寿命が短くなる。

|問9|　ガス圧縮式冷凍装置に関する次の問いに答えよ。
(1) 装置内の冷媒量の不足は，どのような現象によって知ることができるか。
(2) 凝縮器の冷却管の冷却水側が汚れると，高圧側のガス圧は，どのように変わるか。　　　　　　　　　　　　　　　　　　　　(1704/2104)
(3) 凝縮器の冷却管の冷却水側が汚れた場合，冷凍能力はどのようになるか。
(4) クランクケースの油面が泡立ちを起こす原因は，何か。
　　　　　　　　　　　　　　　　　　　　　　　　　　　　(1704/1902/2104)

|解答|
(1) ① 圧縮機の低圧側の圧力が低下する。
　　② 圧縮機の送出し圧が低下する。
　　③ 庫内を所要温度に保つのに長時間運転となる。
　　④ 凝縮温度が低下する。
　　⑤ 圧縮機のシリンダの温度が高くなる。
(2) 凝縮器の冷却能力が低下するので，凝縮圧力は上昇する(注1)。

2 冷凍装置および圧縮空気装置

(3) 下線する (注2)。
(4) ① 油中への水や不純物の混入
    ② 油中への冷媒の溶込み

解説
(注1) 圧力が設定値を超えると高圧スイッチが作動して圧縮機は停止する。
(注2) 凝縮器の冷却管の冷却水側が汚れた場合，冷凍サイクルは $1 \to 2' \to 3' \to 4' \to 1$ となり，冷媒循環量を G とおくと冷凍能力は $G \times (h_1 - h_4) > G \times (h_1' - h_4')$ より，小さくなる。

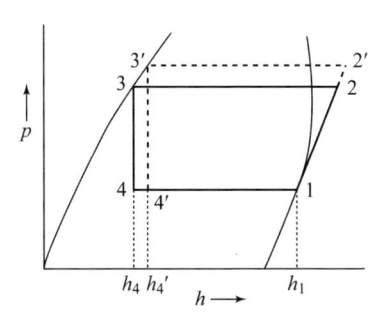

凝縮器の冷却管の冷却水側が汚れた場合の冷凍サイクル（破線）

◆泡立ち（オイルフォーミング）：冷凍機が停止し冷凍機油の温度が低下すると，冷媒が溶け込みやすくなる。この状態で圧縮機を始動すると圧力が急に下がり，油の中の冷媒が気化して沸騰を起こし泡立ちが発生する。泡立ちを起こすと給油圧力が低下し，潤滑不良の原因になる。泡立ちの防止には，停止中クランクケースヒータを用いて油温を高める。

問10 ガス圧縮式冷凍装置に関する次の問いに答えよ。
(1) 高圧スイッチ（高圧圧力開閉器）は，何のために設けられるか。
(2) 自動運転中，庫内温度調節スイッチ（サーモスタット）の開閉により動作する制御機器は，何か。また，このスイッチの検出部に使用される温度センサには，どのような種類があるか。（1つあげよ。） (1610)
(3) 自動運転中，圧縮機の始動及び停止は，それぞれどのようにして行われるのか。（次の①～④の機器名を用いて説明せよ。） (1507)
  ①圧縮機 ②庫内温度調節スイッチ（サーモスタット） ③電磁弁
  ④低圧スイッチ（低圧圧力開閉器）

解答
(1) 圧縮機の送出し圧力が異常に高くなると，機器の破損や電動機の焼損を招

くので，安全のため高圧側に圧力スイッチを設けて，規定値以上になると圧縮機を停止する。
(2) 膨張弁手前の電磁弁 (注1)
   ＜温度センサ＞　バイメタル式
(3) ＜始動＞　庫内温度が上昇し，②庫内温度調節スイッチが作動すると，③電磁弁が開弁し冷媒が流れ，④低圧スイッチの規定値に達すると①圧縮機は自動始動する。
   ＜停止＞　庫内温度が低下し，②庫内温度調節スイッチが作動すると，③電磁弁が閉弁し冷媒循環量が減少するので，④低圧スイッチの規定値以下になると①圧縮機は自動停止する。

|解説|
(注1) 庫内温度調節スイッチは，庫内の温度変化に応じて電磁弁を開閉し，庫内の温度を調整する。
◆バイメタル：熱膨張係数の異なる2種の金属をはりあわせ，温度変化により湾曲することにより接点を開閉する。バイは「2つ」，メタルは「金属」の意味

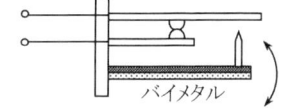

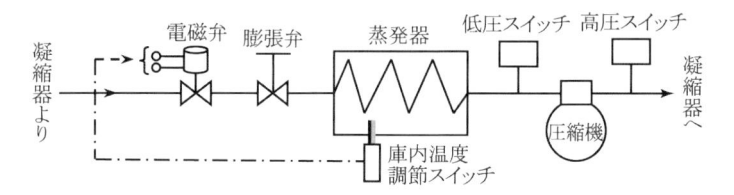

|問11| フロンガス圧縮式冷凍装置に関する次の問いに答えよ。
(1) 冷媒は，蒸発圧に相当する比容積が大きいほうがよいか，それとも，小さいほうがよいか。また，それはなぜか。　　　　　　　　　(1610)
(2) 真空試験はどのような目的で行われるか。

|解答|
(1) 小さい方がよい。
   ＜理由＞　冷凍能力は冷媒の循環量 [kg/h] に関係する。圧縮機の送出し

2 冷凍装置および圧縮空気装置

量 [m³/h] が同じ場合，比容積 [m³/kg] が小さい冷媒は大きい冷媒より循環量が多くなる(注1)。
(2) ① 系統内の空気，水分および油分の除去
② 漏洩検査：系統内の気密の点検

解説
(注1) 圧縮機の送出し量＝冷媒の循環量×比容積の関係から，同じ冷凍能力を発揮するのに圧縮機を小型にできる。

問12 図は，ガス圧縮式冷凍装置の圧縮機におけるすべり環式軸封装置の略図を示す。図に関する次の問いに答えよ。
(1) すべり環は，①～④のどれか。
(2) ばね⑤の目的は，何か。
(3) ⑥の部分には，何が入っているか。
(4) クランク室は，Ⓐのほうか，それともⒷのほうか。

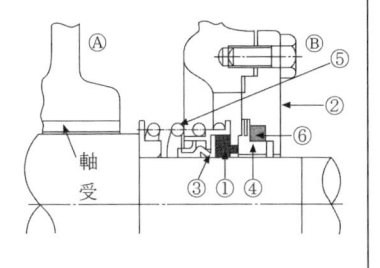

解答
(1) ①
(2) すべり環①を固定環④に圧着する。
(3) ゴムパッキン
(4) Ⓐ

解説
◆軸封装置：圧縮機駆動軸のケーシング貫通部の気密装置

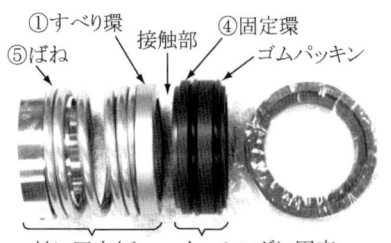

すべり環式軸封装置

問13 たて形2段空気圧縮機に関する次の問いに答えよ。
(1) 2段圧縮にする理由は，何か。　　　　　　　　　　　　　　　　　(1810)
(2) 低圧シリンダと高圧シリンダの中間に設けられる中間冷却器と，高圧シリンダの送出し側に設けられる後部冷却器のそれぞれの目的は，何か。
　　　　　　　　　　　　　　　　　　　　　　　　　　(1702/2002/2210)

(3) アンローダとは，何か。

解答
(1) ① 圧縮後の空気温度が低下するので潤滑油の劣化が少なく，弁類の寿命も長くなる(注1)。
② 所要動力が減少する。
③ 容積効率が向上する。
(2) ① 中間冷却器
  ・空気温度が低下し容積効率が向上する。
  ・所要動力が減少する。
  ・ピストンやシリンダの過熱を防ぐ。
  ・潤滑油の劣化を防止する。
② 後部冷却器
  ・空気温度を低下させその密度を高める。
  ・水分（ドレン）を分離する。
(3) 電動機の過負荷を防止するため圧縮機を無負荷で起動する装置

解説
(注1) 単段の場合は，大気圧から一気に最終圧まで圧縮されるので，高温の圧縮熱でシリンダ内の潤滑油が炭化や変質し，ピストンやシリンダの焼付きを起こす。
◆焼付き：摩擦により摩擦面の温度が上昇し，摩擦面の一部が溶着する現象
◆アンローダ（無負荷起動装置）：アンは「反対や否定」を，ロードは「負荷」の意味

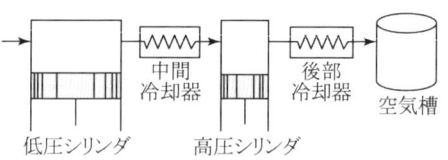

2段圧縮機の配列

空気圧縮機

問 14 たて形 2 段空気圧縮機に関する次の問いに答えよ。(1702/2002/2210)

2 冷凍装置および圧縮空気装置

> シリンダ及び軸受の潤滑には，それぞれどのような方法があるか。

解答
＜シリンダ＞
- 注油器で強制給油を行う方法
- 吸込み管に取り付けた滴下式注油器により吸気とともに潤滑油を吸い込ませる方法

＜軸受＞
- クランク駆動の歯車ポンプで強制給油を行う方法
- クランクケース内の油をかき上げる飛まつ給油による方法

解説
◆滴下式注油器：油容器に貯められた潤滑油を重力によって滴下する方式の注油器

滴下式注油器

> **問15** たて形2段空気圧縮機の運転中，次の(1)〜(3)の現象が生じる場合の原因をそれぞれあげよ。　　　　　　　　　　(1502/1807)
> (1) 低圧圧力計の示度が規定値より高過ぎる。　　　(1702/2002)
> (2) 圧縮機の送出し圧が上がらない。
> (3) 圧縮機に異音が発生する。

解答
(1) ① 低圧圧力計の作動不良
　　② 高圧段の吸込み弁や送出し弁の作動不良
　　③ 中間冷却器の汚れや詰まり
(2) ① 圧縮機入口側の原因：吸込み側ストレーナの目詰まり
　　② 圧縮機の原因
　　　・シリンダやピストンリングの異常摩耗
　　　・吸込み弁や送出し弁の作動不良
　　③ 圧縮機出口側の原因：出口配管や継手部分からの漏れ
(3) ① 異物の混入
　　② 各部ボルトの緩み

③　ピストンピン軸受やクランクピン軸受のメタル摩耗によるすきまの増大
④　ピストンリングや弁などの損傷
⑤　駆動ベルトの緩み
⑥　運動部分の異常接触

問 16　たて形 2 段空気圧縮機に関する次の問いに答えよ。　　　　(1810)
(1)　高圧段の吸込み弁が漏れている場合，低圧段の吸込み圧及び送出し圧の示度は，それぞれどのようになるか。　　　　(2210)
(2)　潤滑油が劣化する原因は，何か。

解答
(1)　吸込み圧は変わらないが，送出し圧は高くなる。
(2)　①　潤滑油温度の上昇による変質
　　　　・油冷却器の冷却不良　　・シリンダジャケットの冷却不良
　　　　・潤滑油量の不足　　　　・油管の高温部近くの配管
　　②　異物の混入による劣化
　　　　・ドレンの混入
　　　　・ごみや金属粉などの混入

問 17　制御用圧縮空気装置に関する次の問いに答えよ。
　　　　　　　　　　　　　　　　　　　(1604/1804/2004/2107/2302)
(1)　電動機駆動の空気圧縮機は，何を検出して自動発停するか。
(2)　アンローダは，圧縮機をどのようにして無負荷で始動させるか。
(3)　圧縮空気中の水分を除去するには，どのような方式の機器があるか。
　　　(3 つあげよ。)

解答
(1)　空気タンクの圧力
(2)　①　吸込み管を閉じる。
　　②　圧縮機の吸込み弁を開放する(注1)。

③　送出し管の途中で開放する。
(3)　①　冷却方式：空気冷却器により除湿する。
　　　②　吸着方式：水分を吸着する物質（シリカゲルなどの乾燥剤）を使用する。
　　　③　透過膜方式：水分を透過膜で分離する。

解説
(注1) 吸込み弁を開放して吸入した空気を圧縮することなく吸込み側に逆流させる。
◆制御用（圧縮）空気：精密な空気制御機器に使用するため，制御器に不具合が起きないよう，ごみ，油，水分（錆や凍結の原因になる）を除去した清浄な空気
◆雑用（圧縮）空気：主に掃除用として使用するので，制御用のような特別な配慮を必要としない空気

3　油清浄装置および造水装置

> **問1**　遠心油清浄機に関する次の問いに答えよ。
> (1) 遠心油清浄機による油の清浄が，沈でん分離による方法より優れているのは，なぜか。　　　　　　　　　　　　　（1707/1904/2007/2304）
> (2) 清浄（ピュリファイヤ）運転における3層分離及び清澄（クラリファイヤ）運転における2層分離とは，それぞれ，どのようなことか。
> 　　　　　　　　　　　　　　　　　　　　　　　　　　　　　　　（2404）
> (3) 封水を必要とするのは，上記(2)のいずれの運転方法か。また，それは，なぜか。　　　　　　　　　　　　　　　　　　　　　　（2404）
> (4) 清澄機（クラリファイヤ）と清浄機（ピュリファイヤ）を直列に使用する場合，最初に通油するのは，どちらか。また，それはなぜか。

解答
(1) 重力とは比較にならないほど大きな遠心力を利用して短時間で不純物を分離できるため，大量処理に適する。

機関その二

(2) ① 清浄運転では，密度差により油，水，スラッジの3層に分離され，それぞれ排出される。
② 清澄運転では，密度差により油，スラッジの2層に分離され，それぞれ排出される。
(3) 清浄運転
＜理由＞ 回転体内部に封水のない空(から)の状態で処理油を供給すると，油が重液側から流出する。
(4) 清浄機
＜理由＞ 不純物の分離能力を大きくするには，先に清浄機で水分とスラッジの大部分を除去し，次に微細粒子も除去できる清澄機に通油する。

解説
◆清浄機：処理油は，回転筒内で油と水およびスラッジに分離され，水分除去を目的とするので封水を必要とする。
◆清澄機：処理油は，回転筒内で油とスラッジに分離され，固形分除去を目的とするので封水をしない。
◆重液：水は油より重いという意味で重液といい，油は軽液という。
◆封水：通油前に回転体に供給する水

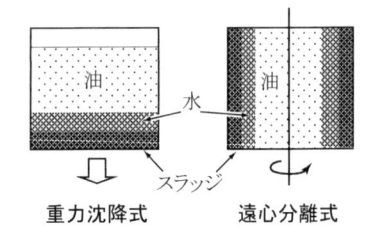

重力沈降式　　遠心分離式

問2 遠心油清浄機（分離板形）の運転に関して，次の文の（　）の中に適合する字句を記せ。　　　　　　　　　　　　　　　　(2102)
(1) 清浄機（ピュリファイヤ）運転とは，油と水及び（ ⑦ ）の3層分離運転のことである。正常な運転を行うため，（ ⑦ ）面をある一定の範囲内で設定する必要があるが，これは（ ⑦ ）の内径を変えることで行う。
(2) 一般に，処理可能な油の密度は実用的には 991 kg/m³（15 ℃）が上限とされ，これを超えると，水との密度差が小さくなり，多少の外乱により大きく①面の位置が変動し，分離不良や（ ㊀ ）の原因となる。
(3) また，密度が 991 kg/m³（15 ℃）から 1010 kg/m³（15 ℃）の油に対しては，（ ㊄ ）運転が推奨される。㊄運転とは，2層分離運転で，（ ㊅ ）を連続して機外に排出することができる。

3　油清浄装置および造水装置

|解答|
⑦：スラッジ　④：分離　⑦：調整板　㊀：異常流出 (注1)　㋺：清澄機
㊞：清澄油

|解説|
（注1）本来は分離された水が排出される重液出口に油（軽液）が流出すること。

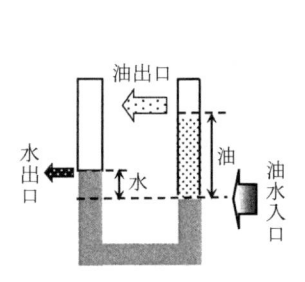

U字管内では，油と水は密度差に応じて液面の高さが異なる。この状態で，油水の入口を境界面に設けると図のように油と水が分離排出できる。

重力の場合

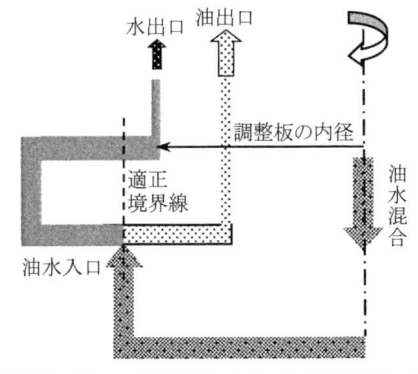

清浄機では，U字管を横に寝かせた状態となり，重力の代わりに遠心力を使い，短時間で油水を分離排出する。また，密度差により調整板を変更する。

遠心力の場合

問3　図は，弁排出形遠心油清浄機（分離板形）の上部構造の略図である。図に関する次の問いに答えよ。
(1) ⑤は，何か。また，その役目は何か。
(2) ⑪は何か。
(3) パイロットバルブアッセンブリに組み込まれたパイロット弁の役目は，何か。

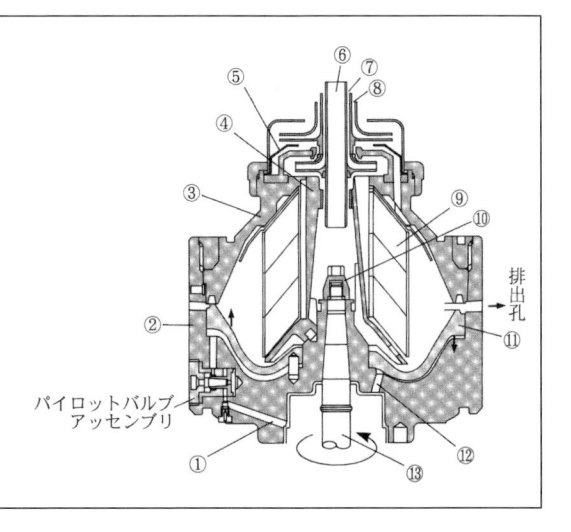

》187《

機関その二

|解答|
(1) 調整板
　＜役目＞　清浄機は，処理油の密度が変わっても，構造上軽液と重液の境界位置を変更できないので，調整板によって適正境界位置を保持する。
(2) 弁シリンダ
(3) 弁シリンダを開閉する(注1)。

|解説|
(注1) パイロットバルブが左右に移動し，弁シリンダ下部水室の作動水を出し入れして弁シリンダを開閉，スラッジを排出する。

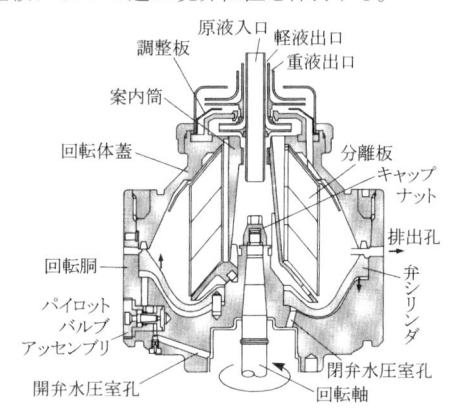

（図：原液入口，調整板，軽液出口，重液出口，案内筒，回転体蓋，分離板，キャップナット，排出孔，弁シリンダ，回転胴，パイロットバルブアッセンブリ，開弁水圧室孔，閉弁水圧室孔，回転軸）

問4　遠心油清浄機（分離板形）に関する次の問いに答えよ。
(1) 運転中，清浄された油は，回転体内の外側に集まるか，それとも内側に集まるか。また，それは，なぜか。　　　　（1707/1904/2007/2304）
(2) 傾斜した分離板を多数重ねて使用するのは，なぜか。
　　　　　　　　　　　　　　　　　　　　（1707/1904/2007/2304/2404）
(3) 潤滑油を清浄する場合，加熱温度を適当にする必要があるのは，なぜか。
　（類）加熱温度を高くする方がよいのは，なぜか。　（1707/1904/2007/2304）
　（類）油を加熱して温度を上げると，清浄効果が上がるのは，なぜか。
　　　　　　　　　　　　　　　　　　　　　　　　　　　　　（1407/2404）
(4) 燃料油を清浄する場合，加熱温度の上限は，何によって決められるか。
　　　　　　　　　　　　　　　　　　　　　　　　　　　　　（1407）

|解答|
(1) 内側
　＜理由＞　処理油は，高速回転により遠心力を受け，密度差によって内側から清浄油，水，スラッジの層に分離される。
(2) 分離板の間隔が狭いと，油は粘性により分離板とともに回転するので遠心

3　油清浄装置および造水装置

力の低下が小さい(注1)。また不純物粒子は，沈澱距離が短いので短時間で分離板下面に到達し分離効果を高める。

(3)（類）油の粘度が低下し，また油と不純物との密度差が増加するので分離されやすくなり清浄効果が上がる。

(4) ＜処理油＞　密度や粘度，引火点および加熱による劣化など

　　＜清浄機＞　パッキン類などの劣化や封水の蒸発など

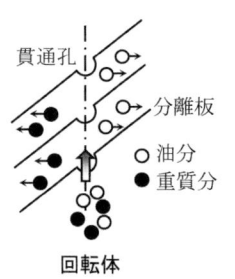

|解説|
(注1) 分離板がないと，回転体のみが回転し，油に遠心力を与えることができない。

|問5|　低圧造水装置に関する次の文の（　）の中に適合する字句を記せ。
(1) 低圧（真空）式による海水の蒸留法には，（ ㋐ ）式及び（ ㋑ ）式があり，ディーゼル船では，ふつう㋐式が採用される。
(2) ㋐式は，蒸発器内に（ ㋒ ）を設けて，海水を低圧下で蒸発させるが，ディーゼル船では熱源として，主機を出た（ ㋓ ）の一部が使用される。
(3) ㋑式は，蒸発器内の圧力に相当する（ ㋔ ）温度以上になった海水を蒸発器内に（ ㋕ ）して，海水を急激に膨張させる。

|解答|
㋐：浸管
㋑：フラッシュ
㋒：加熱管
㋓：冷却清水
㋔：飽和
㋕：噴射

|解説|
◆造水装置：タービンの抽気やディーゼル機関の冷却水を熱源として海水を真空のもとで加熱し，発生した蒸気を冷却して蒸留水をつくる装置で，蒸留水

はボイラ水や主機・補機の冷却水，バス・トイレなどの生活用水として使用する。
◆蒸留：液体を沸点まで加熱し，出てきた蒸気を冷却，液化する操作

問6 低圧造水装置に関する次の問いに答えよ。　　　　（1710/1907）
(1) 低圧（真空）にする理由は，何か。また，低圧にするために，どのような装置を用いているか。
(2) フラッシュ式と浸管式では，作動においてどのような相違があるか。

解答
(1) ＜理由＞
- 低圧にすると海水の沸点が低下するので，熱源としてタービン抽気やディーゼル主機の冷却清水などが利用できる。
- スケールの生成が大幅に減少する(注1)。
- 低圧なので材料を軽量化できる(注2)。

＜装置＞　蒸気または海水駆動の抽気エゼクタ

(2) ＜フラッシュ式＞　給水加熱器などで加熱した海水を高真空に保った蒸発器内に噴出して自己蒸発させる。
＜浸管式＞　海水を高真空に保った蒸発器内へ導き，水面下に設けた加熱管で加熱して沸騰蒸発させる。

解説
(注1) スケール生成は海水温度が高いほど著しくなる。スケールが伝熱面に付着すると伝熱効果が低下する。
(注2) 高圧の場合，容器を肉厚にする必要がある。
◆自己蒸発（フラッシュ蒸発）：高温の液体を急激に圧力降下させて瞬時に蒸発させること

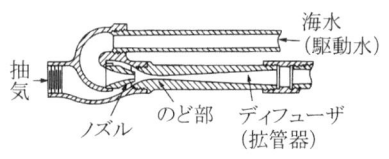

抽気エゼクタ

3 油清浄装置および造水装置

> **問7** 逆浸透膜式造水装置に関する次の問いに答えよ。　　　　　(2110)
> (1) 浸透（半透）膜のどのような性質を利用しているか。
> (2) 高圧ポンプで圧力を加えるのは，海水側か純水（清水）側か。
> (3) この装置では，逆浸透膜及び高圧ポンプ以外にどのような構成機器を有するか。（2つあげよ。）

解答
(1) 真水と食塩水の2種類の水溶液が半透膜で接するとき，水は通すが塩分は通しにくい性質を利用する。
(2) 海水側
(3) 海水供給ポンプ，フィルタ

解説
◆逆浸透膜式：海水側に浸透圧以上の圧力を加えて浸透現象（水は半透膜を通過して食塩水を薄め，同じ濃度の液になる均一化現象）と逆に海水中の真水が半透膜を通過することにより，真水を造水する。
◆フィルタ：ごみなどの不純物を除去し浸透膜の目詰まりを防止する。
◆浸透圧：水分の浸入により海水側の圧力が上昇し，浸透圧に達すると水分の移動が止まる。人間も塩分を取り過ぎると，浸透現象により血圧が上昇する。

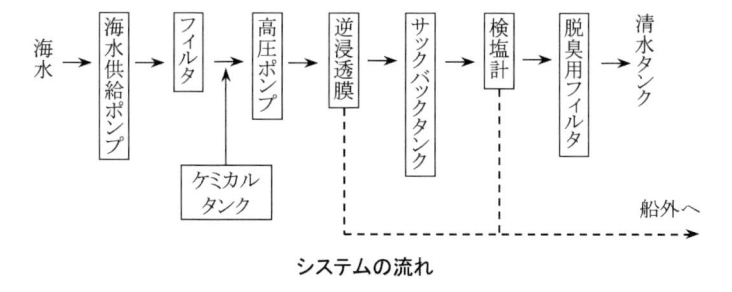

海水 → 海水供給ポンプ → フィルタ → 高圧ポンプ → 逆浸透膜 → サックバックタンク → 検塩計 → 脱臭用フィルタ → 清水タンク

ケミカルタンク

船外へ

システムの流れ

機関その二

4 電気

> 問1　半導体に関する次の問いに答えよ。　　　(1407/1802/2104/2402)
> (1) 真性半導体とは，自由電子と正孔の数がどのような場合をいうか。
> (2) ダイオードの逆方向電圧とは，何か。
> (3) P形半導体における正孔とは，どのようなものか。
> (4) 正孔をつくるために加えられるものの名称は，下記㋐～㋓の中のどれか。（1つあげよ。）
> 　㋐アクセプタ　　㋑アノード　　㋒カソード　　㋓ドナー

解答
(1) 等しい場合
(2) カソードからアノードの方向にかかる電圧で，絶縁層ができたのと同じ状態となり，電流はほとんど流れない。
(3) 半導体の結晶格子上の電子が抜けてできた空孔。負の電荷をもっていた電子が抜けたため，正の電荷をもつ粒子のように振る舞い，電気伝導の担い手となる。
(4) ㋐アクセプタ

解説
◆半導体（セミコンダクタ）：電気をよく通す導体や電気を通さない絶縁体に対して，それらの中間的な性質を示す物質をいう。セミは「半分」，コンダクタは「導体」の意味
◆真性半導体：不純物を含まない純粋な半導体
◆自由電子：拘束を受けていない結晶内を自由に動き回れる電子で，金属内部では電気伝導や熱伝導を担う。
◆アクセプタ：P形半導体を作る際，真性半導体に正孔を増加する目的で加える不純物。アクセプトは（電子を）「受け入れる」の意味

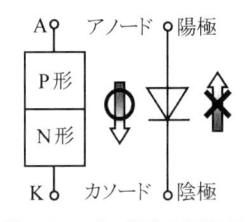

ダイオードの構造と図記号

4　電気

◆ダイオード：交流から直流に変換する整流作用（アノードからカソードの一方向にのみ電流を通す作用）をもつ半導体素子で，ダイオードは「2つの電極」の意味
◆アノード（陽極）：外部回路から電流が流れ込む電極
◆カソード（陰極）：外部回路へ電流が流れ出す電極

> **問2**　半導体に関する次の問いに答えよ。　　　　　　（1502/1804/2110）
> (1) 真性半導体は，温度が高くなると，抵抗値はどのように変わるか。
> (2) P形半導体及びN形半導体の多数キャリアは，それぞれ何か。
> (3) 不純物半導体は，添加される不純物が多くなると，抵抗値はどのように変わるか。

|解答|
(1) 下がる。　　(2) P形：正孔，N形：自由電子　　(3) 下がる。

|解説|
◆キャリア：半導体中における電荷の移動の担い手のことで，自由電子と正孔（ホール）をいう。
◆N形半導体：キャリアとして自由電子が使われる半導体。電子は負（Negative）の電荷をもっているので，プラスの電極の方向に移動する。
◆P形半導体：キャリアとして正孔が使われる半導体。正孔は電子が存在しない空席であるが，あたかも正（Positive）の電荷をもった電子のようにふるまう。正孔はマイナスの電極の方向に移動する。

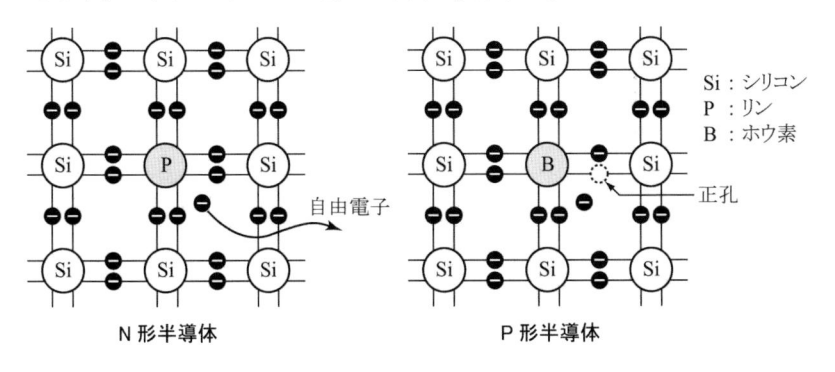

Si：シリコン
P：リン
B：ホウ素

N形半導体　　　　P形半導体

問3 発光ダイオード（LED）に関する次の文の（　）の中に適合する字句を記せ。　　　　　　　　　　　　　　　　　　（1807/2010/2302）

(1) 発光ダイオードは，半導体材料としてヒ化ガリウム（ガリウムヒ素）やリン化ガリウム（ガリウムリン）などの化合物半導体を用いた（ ア ）接合ダイオードであり，順方向（ イ ）を加えると，接合面付近で自由電子と（ ウ ）が再結合し，その際の（ エ ）が光となって放出される。

(2) 発光色は，半導体の種類と酸化亜鉛や窒素などの（ オ ）によって決まり，波長の長い順に赤，だいだい，黄，緑及び（ カ ）色があり，光の強さは，バイアス（ キ ）に比例する。

解答
ア：PN　イ：バイアス　ウ：正孔　エ：エネルギ　オ：発光波長
カ：青　キ：電流

解説
◆ LED（Light Emitting Diode）:「光を放つダイオード」の意味
◆バイアス：動作に必要な最低限の電圧等の印加をバイアスをかけるという。

問4 トランジスタに関する次の文の中で，正しくないものを2つあげ，下線の部分を訂正して正しい文になおせ。　　　　　　　　　（2002/2404）
ア　トランジスタは，シリコンなどの真性半導体で構成される。
イ　トランジスタには，スイッチング作用がある。
ウ　トランジスタ増幅回路における接地方式のうち，エミッタ接地方式が最も電流増幅作用が大きい。
エ　エミッタ接地方式におけるNPN形トランジスタのベースは，エミッタより低電位として用いる。
オ　2つのP（またはN）ではさまれるベースの幅は，十分薄くする。

解答
ア：不純物半導体　エ：高電位として用いる
解説
◆不純物半導体：不純物を含まない真性半導体にリン（P）やホウ素（B）な

どの不純物を加えた N 形半導体や P 形半導体をいう。
◆トランジスタ：P 形半導体または N 形半導体をサンドイッチのように挟みこんだ構造で，P 形半導体を 2 つの N 形半導体で挟みこんだものを NPN 形トランジスタ，N 形半導体を 2 つの P 形半導体で挟みこんだものを PNP 形トランジスタという。挟みこまれた半導体をベース（B）と呼び，他の 2 つはコレクタ（C），エミッタ（E）という。トランジスタはこのベースに流れる電流をコントロールすることでコレクタ，エミッタ間に流れる電流をコントロールする素子で，大きく「スイッチング作用」と「増幅作用」がある。

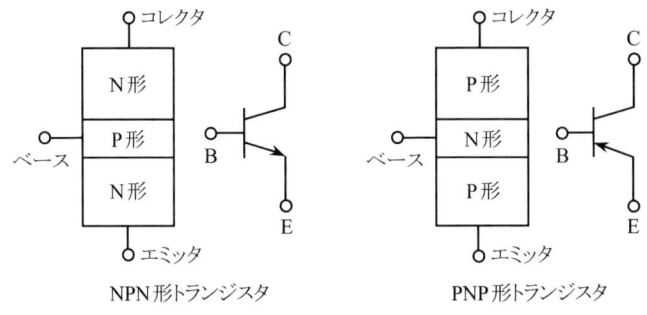

トランジスタの種類（JIS 新記号）

問5　増幅及びトランジスタ増幅の基本回路に関する次の問いに答えよ。
(2204)
(1) 増幅とは，どのようなことか。
(2) 図に示す㋐〜㋒のトランジスタ回路のうち，エミッタ接地回路は，どれか。

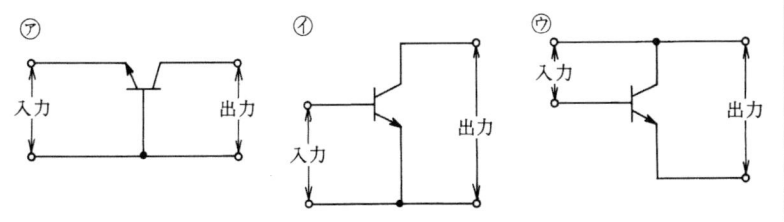

(3) エミッタ接地回路では，増幅しようとする信号電圧は，どことどこの間にかけられるか。

解答
(1) 小さな入力信号の変化によって，大きな出力信号の変化を得る動作 (注1)
(2) ⑦
(3) エミッタとベース間 (注2)

解説
(注1) トランジスタの増幅作用とは，ベース電流自体が増幅されるのではなく，水道を例にすると，蛇口の開度（ベース電流）で本管の流量（コレクタ電流）を調節する形で増幅される。つまり，コレクタ電流をベース電流で制御する。蛇口の開度を全開，全閉にすればスイッチング作用となる。
(注2) エミッタ接地回路では，エミッタとベース間の電流を入力信号とし，エミッタとコレクタ間の電流を出力信号として増幅作用が得られる。エミットは「放出する」，コレクトは「受け取る」の意味
◆トランジスタの基本回路：入出力を共通に使う端子によって，ベース接地回路，エミッタ接地回路およびコレクタ接地回路の3種類の接地方式がある。

問6　下記①～④の電気図記号に関して，次の問いに答えよ。　(1604/2007)
(1) ①図は，何を示すか。
(2) ②図のトランジスタは，NPN形か，それともPNP形か。
(3) ③図の⑦，⑦及び⑨の端子は，それぞれ何という名称か。
(4) ④図は，何を示すか。

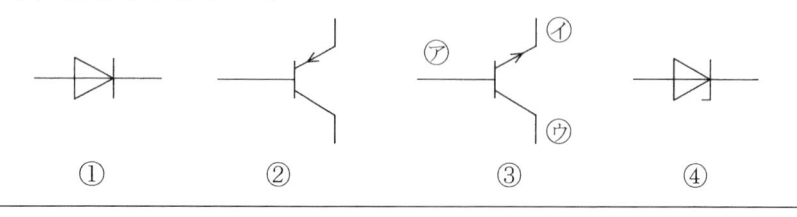

解答
(1) ダイオード　(2) PNP形
(3) ⑦：ベース　⑦：エミッタ　⑨：コレクタ
(4) ツェナーダイオード

4 電気

解説
◆ツェナーダイオード：定電圧ダイオードともいい，一定電圧を得る目的で使用される素子

問7 図は，トランジスタの増幅回路の略図である。図に関する次の問いに答えよ。
(1) このトランジスタは，PNP 形か，それともNPN 形か。
(2) B, C 及び E の端子の名称は，それぞれ何か。
(3) 図中の電流の記号を用いて電流増幅率を示すと，どのようになるか。
(4) 出力電流の記号と名称は，それぞれ何か。

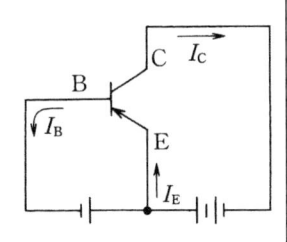

解答
(1) PNP 形
(2) B：ベース　C：コレクタ　E：エミッタ
(3) 電流増幅率 = I_C / I_B
(4) 記号：I_C　名称：コレクタ電流

解説
◆NPN 形トランジスタ：PNP 形とは B-E 間の矢印が異なる。

問8 電気に関する法則を述べた次の文の（　）の中に適合する字句を記せ。　　　　　　　　　　　　　　　　　(1610/1804/2207)
(1) 2 つの帯電体間に働く力は，両電荷を結ぶ直線上の方向で，それぞれの電荷の量（電気量の大きさ）の（㋐）に比例し，電荷間の距離の（㋑）に反比例する。（クーロンの法則）
(2) 電流によって抵抗導体内で消費される電気エネルギは（㋒）に変化し，その㋒の量は導体の抵抗，電流の（㋓），電流の流れていた（㋔）の相乗積に比例する。（ジュールの法則）

解答
(1) ㋐：積　㋑：2乗 [注1]
(2) ㋒：熱　㋓：2乗　㋔：時間 [注2]

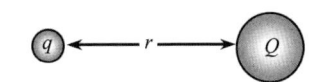

解説

（注1）クーロン力 F は $F = k\dfrac{q \times Q}{r^2}$ で表される。ただし，k：比例定数
q，Q の電荷が同符号であれば斥力，異符号であれば引力となる。

（注2）ジュール熱 Q は $Q = R \times I^2 \times t$ で表される。ただし，R は抵抗，I は電流，t は時間

◆電荷：帯電（電気を帯びること）した物質が持つ電気量

問9 電力変換装置に関する次の文の（　　）の中に適合する字句を記せ。
(1607/1810/2004/2402)

(1) 電力変換とは，電力の電気的特性を変えることをいい，入出力とも（ ㋐ ）エネルギのままである。

(2) 直流電力の電気的特性は，電圧及び電流をいい，交流電力では電圧及び電流に加え相数，（ ㋑ ）及び周波数が加わる。また，パルス電力の電気的特性は，（ ㋒ ），（ ㋓ ）及び繰り返し周波数である。

(3) 交流電力から直流電力への変換装置は，一般に（ ㋔ ）（順変換装置）といい，直流電力から直流電力への変換装置は（ ㋕ ），直流電力から交流電力への変換装置は（ ㋖ ）（逆変換装置）という。

解答

㋐：電気　㋑：位相　㋒：パルス幅　㋓：振幅　㋔：コンバータ
㋕：チョッパ　㋖：インバータ

解説

◆電力変換：入力電力を必要とされる出力電力に変換すること。ACアダプタは交流電源を直流電源に変換する順変換装置である。

◆相数：単相，三相

◆チョッパ：交流は変圧器により電圧を容易に変えることができるが，直流では変圧器が使えないので，直流の電圧を変えるにはチョッパ回路が必要となる。

4　電気

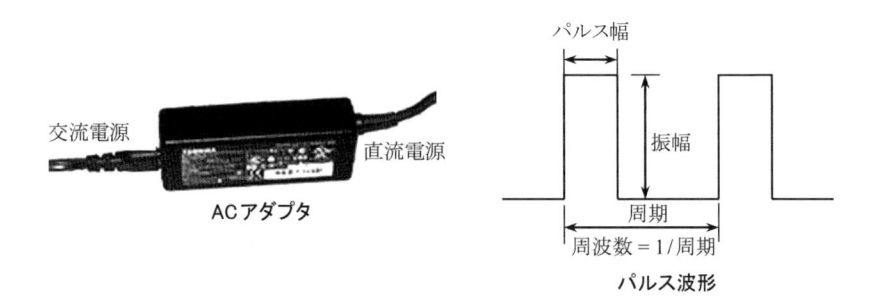

交流電源　　　　　　　直流電源
ACアダプタ

パルス幅
振幅
周期
周波数＝1/周期
パルス波形

問10 図は，交流電源から直流定電圧を得るための回路を示す。図に関する次の問いに答えよ。　　　　　　　　　　　　　　　　(1504/1910)

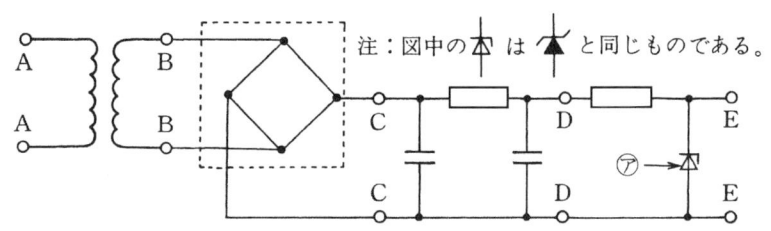

注：図中の ⟁ は ⟁ と同じものである。

(1) 直流負荷側は，AまたはEのどちらか。
(2) 点線で囲んだ部分は整流器である。ダイオード4個を用いて整流器を図で示すと，どのようになるか。
(3) CD間の回路の名称は，下記①～③の中のどれか。
　　①保護回路　②バイアス回路　③平滑回路
(4) ㋐は，何を表す図記号か。（名称を記せ。）
(5) ㋐に流れる電流の方向は，図の上から下の方向か，それとも下から上の方向か。

解答
(1) E　　　(2) 図のとおり（□内）　　(3) ③平滑回路
(4) ツェナーダイオード　　　　　　(5) 上から下

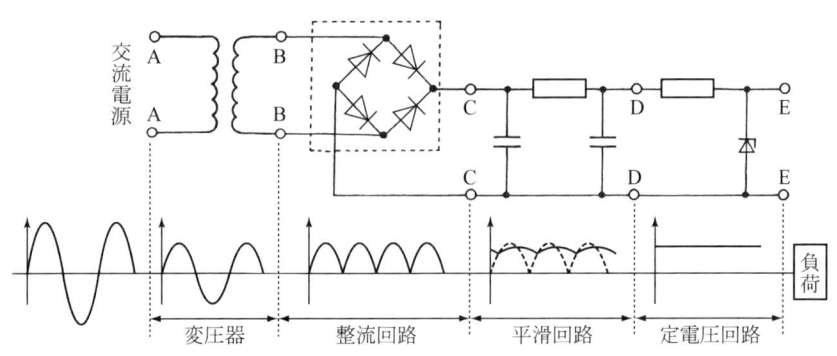

交流電源 A B — 変圧器 — 整流回路 — 平滑回路 — 定電圧回路 — 負荷

|解説|
（注）　図は交流電源を直流電源に変換するのでコンバータと呼ばれる。
◆平滑回路：波形を平坦な直流にする回路

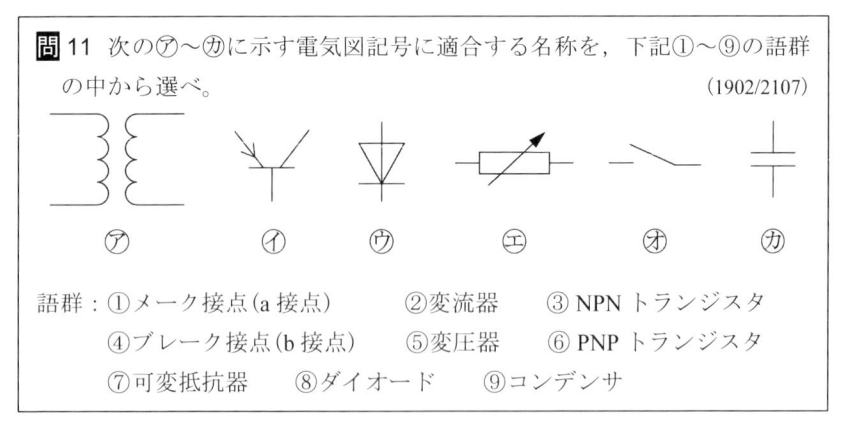

|問 11| 次の㋐〜㋕に示す電気図記号に適合する名称を，下記①〜⑨の語群の中から選べ。
（1902/2107）

㋐　㋑　㋒　㋓　㋔　㋕

語群：①メーク接点（a 接点）　②変流器　③ NPN トランジスタ
　　　④ブレーク接点（b 接点）　⑤変圧器　⑥ PNP トランジスタ
　　　⑦可変抵抗器　⑧ダイオード　⑨コンデンサ

|解答|
㋐：⑤変圧器　　　㋑：⑥ PNP トランジスタ　　㋒：⑧ダイオード
㋓：⑦可変抵抗器　㋔：①メーク接点（a 接点）　㋕：⑨コンデンサ

|解説|
◆メーク接点（a 接点）：問 43 参照
◆変圧器：電圧の大きさを変換する装置
◆変流器：電流の大きさを変換する装置

4 電気

> **問12** 電気及び電気設備に関する次の問いに答えよ。
> (1) 正弦波交流において，電流の半周期における瞬時値を平均した値及び瞬時値の2乗の平均の平方根の値を，それぞれ何というか。(1604/2110)
> (2) 電流計が示す値は，上記(1)のどちらか。(1604/2110)
> (3) 電気回路における自己誘導作用とは，どのようなことか。(1707/1810/2010)

解答

(1) 瞬時値を平均した値：平均値
　　瞬時値の2乗の平均の平方根の値：実効値
(2) 実効値
(3) <u>電気回路に電流が流れると磁場が発生するが，電流が変化すると磁場の強さも変化するので電磁誘導作用によって起電力が発生する現象</u>(注1)

解説

(注1) 電流の変化を妨げる方向に起電力は発生する。

◆電磁誘導作用：磁場の変化によって回路に起電力（誘導起電力）を生じる現象

◆瞬時値 i：交流の大きさは直流と異なり刻々変化する。その瞬間の電流値をいう。

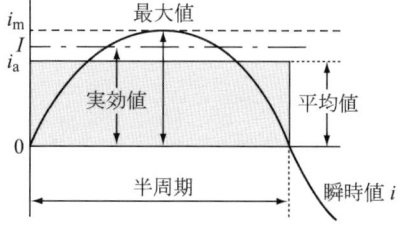

◆平均値 i_a：交流の「正」と「負」の平均をとると「0」になるので，半周期（半サイクル）を平均化して平均値とする。図の半周期の面積と等しい長方形を時間で割った i_a が平均値となる。$i_a ≒ 0.637\, i_m$（i_m：最大値）

◆実効値 I：交流の電圧や電流は，時々刻々そのきさや方向が変わるので実効値で表す。実効値とは，交流の大きさをそれと等しい仕事をする直流の大きさにおき換えて表した値で，$I = \dfrac{i_m}{\sqrt{2}} ≒ 0.707\, i_m$ として表される。家庭用電源電圧の100Vとは実効値であり，最大値は約141Vになる。

機関その二

問13 図のように、インダクタンス L が正弦波交流電源に接続された場合について、次の問いに答えよ。　　　　　(1904/2107)
(1) 電圧の瞬時値 e 及び電流の瞬時値 i の大きさの変化は、それぞれどのようになるか。(横軸に時間をとった図で示せ。)
(2) 電圧の実効値 E と電流の実効値 I の関係を表すベクトル図は、どのようになるか。(図で示せ。)

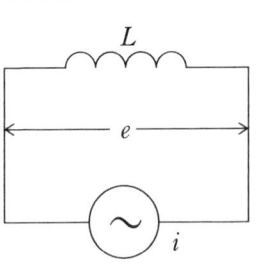

解答
(1) 図のとおり (注1)
(2) 図のとおり

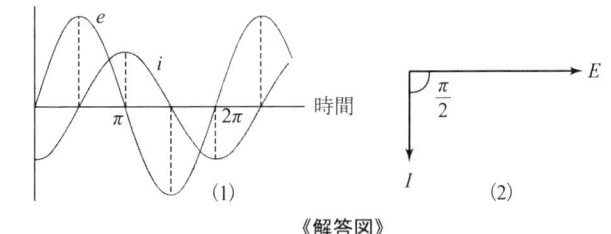

《解答図》
〔機関長コース1976年5月号の解答を基に作成〕

解説
(注1) インダクタンス L に流れる電流は電圧より $\frac{\pi}{2}$ (90°) 位相が遅れる。

◆インダクタンス：コイルに電流を流すと電圧が誘導される（誘導起電力という）。この誘導率をインダクタンスといい、単位はヘンリー[H]を用いる。インデュースは「誘導する」の意味、インダクションモータは「誘導電動機」

問14 電気機器に用いられる抵抗、コイル及びコンデンサのうちから、次の㋐〜㋓に適合するものを選び、それぞれ記せ。　　　　　(2007/2310)
㋐　交流回路において、周波数が増加すると誘導リアクタンスが大きくなるもの
㋑　交流回路において、周波数が増加すると容量リアクタンスが小さくなるもの
㋒　直流は通さないが、交流は通すもの
㋓　交流回路においても、直流回路と同様に、オームの法則がそのまま適

用できるもの
　㋺　抵抗と直列回路をつくった場合，電流の位相が供給電圧より遅れるもの

解答
㋐：コイル　㋑：コンデンサ　㋒：コンデンサ　㋓：抵抗　㋔：コイル

解説
◆リアクタンス：交流回路でコイルやコンデンサを使用すると抵抗としての性質をもつ。この抵抗としての性質をリアクタンスといい，単位はオーム[Ω]を用いる。リアクトは「反抗する」の意味
◆コイル（巻線）：導線が巻いてあればコイルという。コイルは導線を巻いてあるだけなので，直流を流す場合はただの抵抗として扱うが，交流の場合は直流回路の抵抗と区別してリアクタンスという。
◆誘導リアクタンス（X_L）：コイルにおけるリアクタンスで，$X_L = 2\pi fL$（f：周波数，L：自己誘導係数）で表される。
◆容量リアクタンス（X_C）：コンデンサにおけるリアクタンスで，$X_C = \dfrac{1}{2\pi fC}$（C：静電容量）で表される。

問15 交流電気に関する次の文の中で，正しくないものを2つあげ，下線の部分を訂正して正しい文になおせ。　　　　　　　　　　　　　　　　(1910)
㋐　正弦波形の交流電圧の平均値とは，1サイクルの瞬時値の平均をいう。
㋑　正弦波形の交流電圧の実効値は，最大値を$\sqrt{2}$で除したものである。
㋒　電圧をV，電流をI，電圧と電流の位相差をθとすると，このときの無効電力は，$VI\sin\theta$で表される。
㋓　抵抗と誘導リアクタンスを直列に接続した回路に交流を流すと，電流の位相は電圧の位相よりも遅れる。
㋔　三相交流におけるY結線では，線電流の大きさは相電流の$\sqrt{3}$倍である。

解答
㋐：1/2サイクルの瞬時値　　㋔：等倍

解説

Y結線においては，2つの線の間に2個の電源が入っており，線間電圧の方が相電圧よりも大きくなるが，電源の位相が $\frac{2}{3}\pi$ ずれているため，2倍にはならず $\sqrt{3}$ 倍になる。相電流と線電流は等しい。

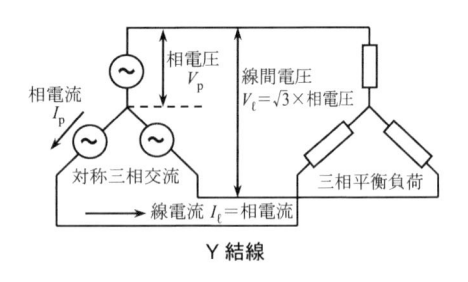

問16 単相交流回路の電力に関する次の問いに答えよ。　（1504/2004/2307）
(1) 皮相電力及び有効電力は，それぞれどのように表されるか。
(2) 皮相電力及び有効電力は，それぞれどのような単位で表されるか。
(3) 有効電力，無効電力及び皮相電力の間には，どのような関係が成り立つか。（式で示せ。）

解答

(1) ①皮相電力：VI 　②有効電力：$VI\cos\theta$
　　ただし，V：電圧の実効値 (注1)，I：電流の実効値 (注2)，θ：位相差
(2) ①皮相電力：VA 　②有効電力：W
(3) (有効電力)² + (無効電力)² = (皮相電力)²

解説

(注) 直流回路では，無駄になる電力がないので全て有効な電力であるが，交流の場合は，コイルやコンデンサで電流と電圧の位相がずれるため，実際には消費されることのない無効な電力が発生する。このため，交流回路では，電力を有効電力，無効電力，皮相電力の3つで表す。 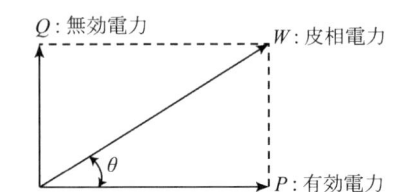
(注1) 電圧計の示す値
(注2) 電流計の示す値
◆皮相：本質ではなく「うわべ」なこと
◆皮相電力：電圧の実効値と電流の実効値との積で表す見掛け上の電力

4　電気

◆有効電力：実際に電気機器で消費される電力（電気料金の対象となる電力）のことで，皮相電力に力率を掛けたもの
◆無効電力：負荷と電源を往復するだけでエネルギとして消費されない電力をいい，単位は［Var］を用いる。
◆力率（$\cos\theta$）：有効電力の皮相電力に対する比率
◆位相差（θ）：電圧と電流の波のずれ

問17　図は，交流電圧 E，交流電流 I 及びそれぞれの位相差 φ を表すベクトル線図である。図に関する次の問いに答えよ。　（1510/1704/1807/2404）
(1) 電流 I の有効分及び無効分は，どのようになるか。（式及び図を描いて示せ。）
(2) 有効電力は，どのような式で表されるか。

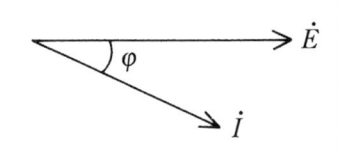

解答
(1) 図のとおり
　　有効分 $= I\cos\varphi$
　　無効分 $= I\sin\varphi$
(2) $P = E \times I \times \cos\varphi$

《解答図》

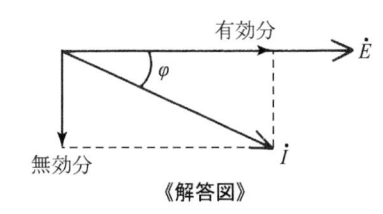

解説
◆有効分，無効分：窓を開ける場合に例えると，E の方向に引っ張ると全ての力が有効分となるが，I の方向に引っ張ると無効分 $I\cos\varphi$ が発生し，有効分は $I\sin\varphi$ と小さくなる。

問18　図は，抵抗 R とリアクタンス X を並列に接続した交流回路を示す。図において，配電盤の電流計，電圧計及び電力計の指示がそれぞれ 8A，440V 及び 2288W である場合，次の(1)～

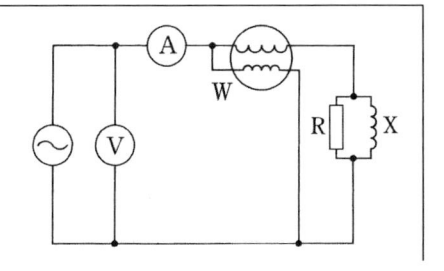

機関その二

> (4)をそれぞれ求めよ。　　　　　　　　　　　　　　　　(1410/1710)
> (1) 力率　(2) 有効電流　(3) 無効電流　(4) リアクタンス

解答

(1) 力率 $= \dfrac{\text{有効電力}}{\text{皮相電力}}$

$ = \dfrac{2288}{8 \times 440} = 0.65$

(2) 有効電流 = 電流計の値 × 力率
　　　　　　 = 8 × 0.65 = 5.2 [A]

(3) 無効電流 $= \sqrt{\text{電流計の値}^2 - \text{有効電流}^2} = \sqrt{8^2 - 5.2^2} = 6.1$ [A]

(4) リアクタンス $= \dfrac{\text{電圧}}{\text{無効電流}} = \dfrac{440}{6.1} = 72.1$ [Ω]

解説

◆皮相電力：皮相電力 = 電圧計の値 V × 電流計の値 A [VA]
◆有効電力：電力計の指示値で消費電力ともいう。
　有効電力 = 電圧計の値 V × 電流計の値 A × 力率 $\cos\theta$ [W]
◆無効電流：リアクタンス X に流れる電流

> **問 19** 端子電圧が 450 V で負荷電流が 15 A のとき，消費電力が 5.4 kW の単相交流負荷がある。この負荷のインピーダンス，抵抗，リアクタンス及び力率を，それぞれ求めよ。　　(1507/1602/1802/2304)

解答

① インピーダンス $= \dfrac{\text{端子電圧}}{\text{負荷電流}} = \dfrac{450}{15} = 30$ [Ω]

② 有効電力 = 抵抗 × 負荷電流^2 より　抵抗 $= \dfrac{5400}{15^2} = 24$ [Ω]

③ リアクタンス^2 = インピーダンス^2 − 抵抗^2 より
　リアクタンス $= \sqrt{30^2 - 24^2} = 18$ [Ω]

④ 力率 $= \dfrac{\text{有効電力}}{\text{皮相電力}} = \dfrac{5400}{450 \times 15} = 0.8$

4　電気

解説

◆インピーダンス[Ω]：交流回路において電流の流れを妨げるのは周波数の影響を受けない抵抗と周波数の影響を受けるリアクタンスで，両者を合わせたものをインピーダンスという。

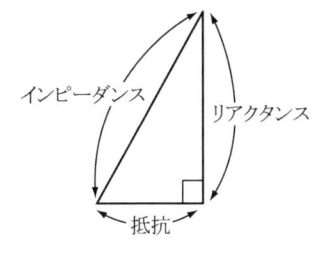

問20 同期発電機に関する次の問いに答えよ。
(1) 起電力の周波数は，どのような式で表されるか。
(2) 定格出力を表すのに，kWではなくkVAを用いるのは，なぜか。
(1610/1902/2304)
(3) 負荷投入時の瞬時電圧降下が小さいと，どのような利点があるか。
(1510/1610/1902/2210/2304)

解答

(1) 周波数 = $\dfrac{\text{同期速度} \times \text{極数}}{120}$

(2) kVAは定格電圧と定格電流を掛けた皮相電力を表す。一方，kWで表される有効電力は負荷の力率によって変化するので，定格出力は皮相電力で表す(注1)。

(3) ① 発電機の容量に余裕ができる。
　② 電気機器への電圧降下の影響を軽減できる。

解説

(注1) 定格電圧をV，定格電流をI，力率を$\cos\varphi$とおくと，皮相電力 = $V \times I$，有効電力 = $VI \times \cos\varphi$で表される。

◆起電力：電圧のことであるが，発電機は連続して電気を作る機械なので，発電機で発生した電圧を起電力という。または電流を連続して流し続ける力とも言える。

◆定格出力：発電機端子における最大連

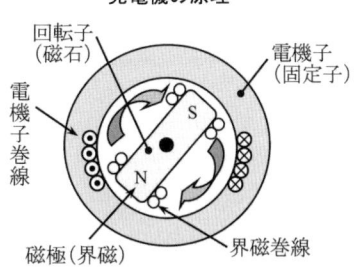

続可能出力をいう。
◆発電機の原理：コイルを磁場の中で動かすか，コイルに向かって磁石を動かすと，コイルの巻線に電流を流そうとする起電力が発生する。この現象を「電磁誘導」といい，起電力を誘導起電力という。船舶用の同期発電機は，固定子側を電機子巻線，回転子側を界磁巻線とした回転界磁形が多く用いられている。回転子（磁石）が回転すると固定子に巻かれた電機子巻線に起電力が発生する。

問21 図はブラシレス同期発電機の基本回路図を示す。図に関する次の問いに答えよ。　　　　　　　　　　　　　　　　　　　　（1507/1802/2404）
(1) ①～③の名称は，それぞれ何か。
(2) 原動機により駆動されるのは，どれか。（番号を列挙せよ。）
(3) 運転中，負荷が変動した場合，端子電圧はどのようにして一定に保たれるか。（①～⑥を使用して説明せよ。）

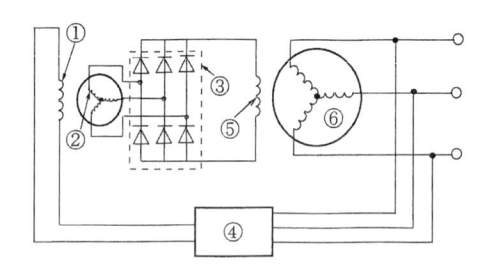

解答
(1) ①励磁機用界磁
　　②交流励磁機
　　③回転整流器
(2) ②，③，⑤
(3) 負荷が増加した場合は端子電圧が低下するため，AVR ④で界磁①の電流を増加させて端子電圧の低下を防ぎ，反対に負荷が減少した場合は，AVR ④で励磁電流を減少させて端子電圧の増大を防ぐ。

4 電気

解説
(注) 交流発電機の電圧は励磁（界磁）電流の調整により行われる。
◆励磁電流：磁化するために流れる電流。電流の大きさによって電磁石の強さが変わり、電機子巻線に生じる起電力の大きさも変わる。

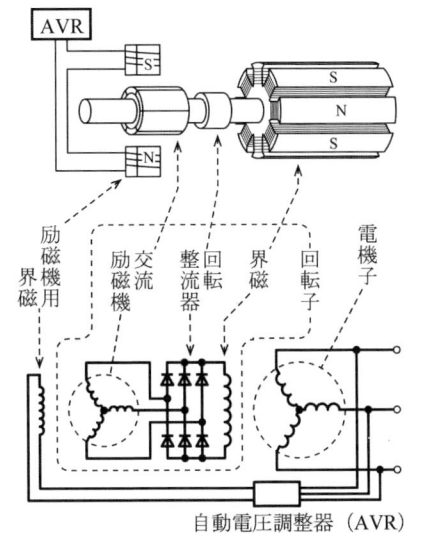

〔商船高専キャリア教育研究会編『船の電機システム』より〕

問22 同期発電機に関する次の問いに答えよ。
(1) 電圧変動率とは、どのようなことか。 (1510/2110)
(2) 負荷をかけて運転中、電圧が安定しない（変動する）場合の原因は、何か。 (1502/1604/1710)
(3) 負荷の変動に対する電圧の回復は、自励式と他励式では、どちらがはやいか。また、それは、なぜか。 (2110)

解答
(1) 定格出力^(注1)から無負荷にしたときの電圧変動の割合をいい、パーセントで表す。

$$電圧変動率 = \frac{無負荷電圧 - 定格電圧}{定格電圧} \times 100 \, [\%]$$

(2) ① ガバナの不良
　② 励磁装置の不良
　③ 自動電圧調整器（AVR）の不良
　④ 負荷電流の大きさや負荷の種類の変動^(注2)

機関その二

(3) 自励式：負荷変動に対して，負荷電流の増加分を検出して，励磁電流を自動的に調整し，端子電圧を一定に保つので，即応できる。

|解説|
(注1) 定格電圧で，定格力率，定格電流を流した状態の出力
(注2) 交流発電機の電圧は，負荷電流の大きさと力率（負荷の種類）により大きく変化する。

◆定格：銘板に記載されて機器の使用限度を表した数字で，「定格電圧」「定格電流」「定格出力」などがある。これらはまた，標準的な使われ方をしているときの値でもあり，この値を超えなければ機器の安全性は保障される。

◆ガバナ（調速機）：回転速度を一定に保持する機器

|問|23 同期発電機に関する次の問いに答えよ。
(1) 三相電力 P は，端子電圧（線間電圧）を V，負荷電流（線電流）を I，力率を λ とする場合，どのように表されるか。　　(1502/1604/17102210)
(2) 運転中に電圧が低下する場合の原因は，何か。
(3) 並行運転中の同期発電機の負荷配分は，どのようにして調整するか。また，この調整操作中，注意することは何か。　　(2210)

|解答|
(1) $P = \sqrt{3} \times V \times I \times \lambda$
(2) ① 励磁装置の不良
　② 自動電圧調整器（AVR）の不良
　③ 界磁巻線または電機子巻線の不良
　④ 負荷の増大
(3) 電力計を見ながらガバナスイッチを，負荷を減らそうとする方は「減速」，負荷を増やそうとする方は「増速」に同時に操作し，両機の電力計が等しくなるように負荷配分を調整する。
　＜注意点＞　周波数変動に注意し，周波数を定格に保つ。

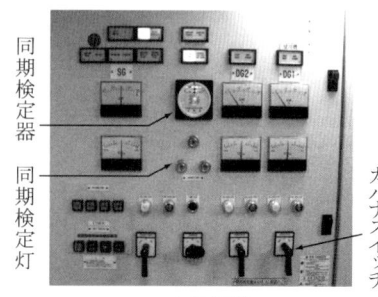

4　電気

解説
◆自動電圧調整器：電圧を一定にするために，励磁電流を制御する。

問24 運転中の同期発電機（1号機）に，停止中の同期発電機（2号機）を並行運転させる場合，手動操作による同期投入及び負荷分担の手順を述べよ。　　　　　　　　　　　　　　　（1407/1602/1804/2007/2402）

解答
① 2号機原動機を始動し，規定回転速度とする。
② 1号機と2号機の周波数を規定値に調整する。
③ 1号機と2号機の電圧を界磁抵抗器を用いて定格電圧に調整する。
④ 同期検定器を作動し，同期を確認し，ACBを投入する。
⑤ ガバナを用いて1号機と2号機の負荷を均等に分配する。
⑥ 両機の界磁抵抗器（電圧調整器）を調整して，両機の力率を等しくする。

解説
◆並行運転：負荷に応じて複数台の同期発電機を一つの母線に並列接続して運転すること。複数台の運転により
　① 船は，航海中と停泊中で電力負荷が大きく異なるが，負荷変動に応じて効率のよい発電機の運転が可能となる。
　② 出入港や狭水道などにおいて，1台の発電機が故障しても，運航に必要な最低限の電源確保が可能となる。
　③ 保守や整備が可能となる。
◆並行運転の条件と不一致の不具合
　① 起電力の大きさ：電圧計で確認し，電圧調整器により調整する。無効横流が流れる。
　② 起電力の位相：同期検定器で確認し，ガバナコントロールSWにより調整する。同期化電流が流れる。
　③ 起電力の周波数：周波数計で確認し，ガバナコントロールSWにより調整する。乱調の原因になる。
◆同期検定器：並行運転する際に，位相が一致していることを確かめる計器
◆ACB（Air Circuit Breaker，気中遮断器）：発電機と母線（主電路）を接続す

る遮断器で，発電機に過負荷や逆電流が流れると自動的に回路が開く。

> 問25 同期発電機に関する次の問いに答えよ。
> (1) 並行運転中に力率がふぞろいの場合，どのようにして調整するか。
> (1610/1902)
> (2) 2台の発電機を並行運転中，手動で電圧を上昇させる場合，どのような操作をするか。
> (1704/1810)

解答
(1) 界磁抵抗器によって励磁電流を加減し電圧を調整する(注1)。
(2) 両発電機の界磁抵抗器を同時に操作して両発電機の励磁電流を増す。

解説
(注1) 力率が不ぞろいの場合，無効電力の分担が不均等なので励磁電流を増減し，両機ともに定格電圧で，同じ力率になるよう調整する。また，有効（負荷）電力を揃えるか移行させるには，原動機の速度を調整して行なう。

> 問26 同期発電機に関する次の問いに答えよ。 (2110)
> (1) 並行運転に入る前，同期検定器の指針がSLOWの方向（反時計回り）に回るのは，どのような場合か。
> (1502/1604/1710/2304)
> (2) 並行運転において，乱調とは，どのようなことか。また，どのような場合に乱調を生じやすいか。
> (1510/1704/1810)

解答
(1) 並行運転に入る発電機の周波数が母線の周波数より低い場合
(2) 発電機原動機の回転速度が増速・減速を周期的に繰り返す現象で，著しくなると同期外れを生じて，並行運転できなくなる。
　　＜原因＞ ● 原動機のガバナ感度が鋭敏すぎる場合(注1)
　　　　　　● 原動機の速度変動率が小さすぎる場合(注2)

解説
(注1) ガバナ感度が鋭敏すぎる場合，原動機のわずかな速度変化に直ちに反応するため，乱調を生じやすい。

4　電気

(注2) 速度変動率が小さすぎる場合，発電機の負荷分担の変動が大きく，安定で円滑な並行運転が難しくなる。
◆原動機：発電機を回転させるためのディーゼル機関やタービン機関をいう。

問27 同期発電機の配電盤に設けられているアースランプ（接地灯）に関して，次の問いに答えよ。　　　　　　　　　　(1702/1807/2210/2310)
(1) 三相3灯式アースランプの接続図を描くと，どのようになるか。
(2) アース（接地）が発生すると，アースランプの明るさが変化するのは，なぜか。（上記(1)で描いた図を用いて説明せよ。）

解答
(1) 図のとおり

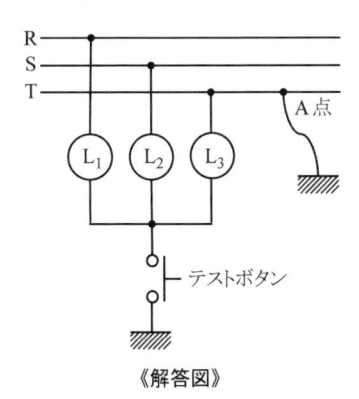

《解答図》 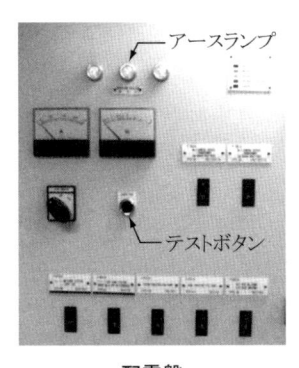　　　　配電盤

(2) A点でアースすると L_3 は，アース線による短絡並列回路が形成されるので電流は抵抗の小さいアース線を流れ，L_3 に流れる電流が減少し明るさを減じる。

解説
◆アースランプ（接地灯）：電路が絶縁不良で漏電しているかどうかを点検するランプ

機関その二

問28 電気に関する次の文の〔　〕の中から，適合するものを1つだけ選べ。
(2202)

(1) 変圧器の一次電圧が 100 V，巻線の巻数比が 2 の場合，二次側に発生する電圧は，おおよそ〔㋐ 25 V　㋑ 50 V　㋒ 200 V　㋓ 400 V〕である。

(2) 〔㋐空気　㋑炭素　㋒雲母　㋓鉱物油〕は導体である。

(3) 〔㋐ダイオード　㋑トランジスタ　㋒サイリスタ　㋓サーミスタ〕は P 形と N 形の半導体を PNPN の順に接合したものである。

(4) 三相同期発電機の各相に発生する起電力の位相差は，〔㋐ 60°　㋑ 90°　㋒ 120°　㋓ 180°〕である。

(5) 同期発電機において，60 Hz，10 極の場合，毎分回転速度は，〔㋐ 360　㋑ 600　㋒ 720　㋓ 900〕である。

(6) 〔㋐バイメタル　㋑ヒューズ　㋒フレームアイ〕は，温度（熱）感知形ではない。

(7) 電気回路用文字記号で THR は，〔㋐限時継電器　㋑過負荷継電器　㋒熱動過電流継電器　㋓不足電圧継電器〕である。

解答
(1) ㋑ <u>50 V</u> (注1)　(2) ㋑ <u>炭素</u>　(3) ㋒ <u>サイリスタ</u> (注2)
(4) ㋒ 120°　(5) ㋒ 720　(6) ㋒ フレームアイ
(7) ㋒ 熱動過電流継電器

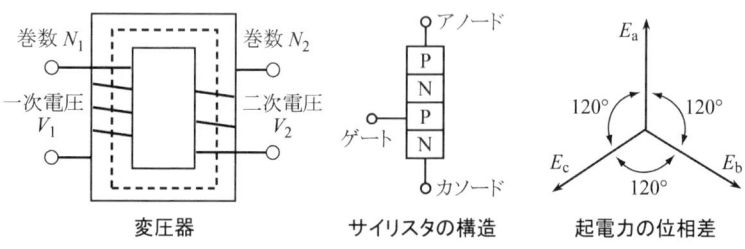

解説

　　　　変圧器　　　　　　サイリスタの構造　　　起電力の位相差

(注1) 変圧比と巻数比の関係　$\dfrac{V_1}{V_2} = \dfrac{N_1}{N_2}$

(注2) 大電流，大電圧のスイッチング素子で，PNPN の 4 層構造のデバイス

◆ 同期発電機の毎分回転速度（同期速度）＝ $\dfrac{120 \times 周波数}{極数}$

4 電気

◆フレームアイ（火炎検出器）：点火や失火などを監視する。

問29 非常配電盤（直流 24V 電源）から給電される装置には，どのようなものがあるか。5つあげよ。　(2402)

解答
① 非常照明装置　② 機関監視装置　③ 船内通信装置
④ 船灯　　　　　⑤ 火災警報装置

問30 誘導電動機に関する次の問いに答えよ。　(1607)
(1) 回転磁界を発生させるため，一般に，何相の交流を供給しているか。　(1907)
(2) 同期速度は，どのような式で表されるか。
(3) 回転子が回転磁界と同じ速度で回転すれば，そのトルクはどのようになるか。　(1907/2202)

解答
(1) 三相の交流
(2) $N = \dfrac{120f}{P}$

　　ただし，N：同期速度 [min^{-1}]，f：周波数，P：極数
(3) トルクは 0

解説
◆誘導電動機の原理：銅の円板を永久磁石ではさみ，永久磁石を円板の周囲に沿って動かすと，円板は磁石の動きにつれて同方向に回る。誘導電動機はこの原理を応用して回転する。誘導電動機では，永久磁石を動かす代わりに固定子巻線に交流を流して固定子に回転磁界を発生させる。回転磁界が回転子巻線を切ると，そこに起電力が生じ，その二次電流と回転磁界の間にトルク（回転力）が発生する。誘導電動機は回転子の構造によって，かご形と巻線形に分かれる。

機関その二

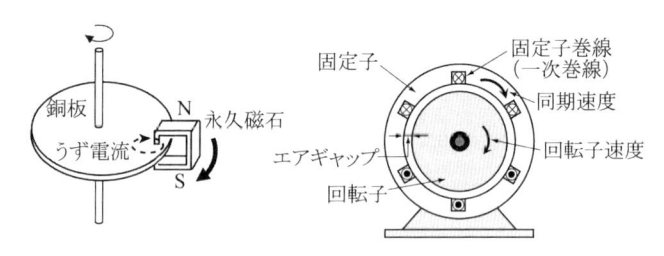

誘導電動機の原理

◆回転磁界：固定子巻線に三相交流を流すことによって生じるあたかも永久磁石が回転しているような磁界
◆回転子速度：回転子の回転速度で，電動機速度ともいう。
◆同期速度：固定子巻線のつくる回転磁界の速度
◆固定子巻線：一次巻線ともいう。
◆回転子巻線：二次巻線ともいう。

問31　三相誘導電動機のすべり（スリップ）に関する次の問いに答えよ。
　　　　　　　　　　　　　　　　　　　　　　　　　　（1504/1810/2302）
(1) すべりとは，何か。（すべりを表す計算式も示せ。）
(2) 運転中，どのような場合にすべりが増大するか。　　（1602/2004）

解答
(1) 三相誘導電動機の回転子は，同期速度よりも若干遅れて回転している(注1)。この同期速度より遅くなる割合をすべりといい，次式で求めることができる。

$$すべり = \frac{同期速度 - 回転子速度}{同期速度}$$

(2) ①過負荷　②電圧の低下　③二次回路の抵抗の増大　④始動装置の不良

解説
(注1) 磁界が回転すると，回転子も回転するが，トルクを発生するためには回転子巻線に二次起電力を発生させて電流（二次電流）を流す必要がある。二次起電力を誘導するには導体が固定子電流によって生じる磁束を切らなくてはならないので，回転子は回転磁界（同期速度）より遅れて回転する。

4 電気

問32 6極の三相誘導電動機が，周波数60Hzで，毎分1140回転する場合について，次の問いに答えよ。
(1) 同期速度は，毎分何回転か。
(2) 回転磁界が回転子導体を切る速さは，毎分何回転か。
(3) すべり（スリップ）は何パーセントか。（計算式を示して答えよ。）
(1602/2004)

解答
(1) 同期速度 $= \dfrac{120 \times 周波数}{極数} = \dfrac{120 \times 60}{6} = 1200 \,[\text{min}^{-1}]$

(2) 回転磁界が回転子導体を切る速さ = 回転磁界の速度（同期速度）− 回転子速度
$= 1200 - 1140 = 60 \,[\text{min}^{-1}]$

(3) すべり $= \dfrac{同期速度 - 回転子速度}{同期速度} \times 100 = \dfrac{1200 - 1140}{1200} \times 100 = 5 \,[\%]$

解説
◆同期速度：三相誘導電動機の固定子巻線（一次側）に交流電流を流すと回転する磁界が発生する。これを回転磁界といい，この回転磁界が回転する速度を同期速度という。同期速度は，周波数に比例し，極数に反比例する。
◆すべり：電動機がトルクを発生するには二次起電力が必要なので，回転子の速度は同期速度より必ず遅れる。この速度差に対する百分率をすべりという。すべりが増大するとは回転子速度が低下することを，すべりが減少するとは回転子速度が増加することを意味する。すべり1は停止状態，すべり0は同期速度となる（すべりを百分率で表す場合が多いが，計算ではそのまま用いる。）。

問33 運転中の誘導電動機において，電源の周波数が低下した場合，電圧の変化がないものとすれば，次の(1)～(4)の事項は，どのように変化するか。それぞれ記せ。
(1410/1704/2107)
(1) 力率　　(2) 温度　　(3) 回転速度　　(4) 鉄損

機関その二

解答
(1) 低下する。　(2) 上昇する。　(3) 低下する。　(4) 増加する。

解説
◆力率：電動機が無負荷時，一次巻線に流れる一次電流を無負荷電流または励磁電流という。負荷が加わると，この励磁電流に出力に比例した一次負荷電流が追加され一次電流となる。力率は一次電流のうちの一次負荷電流の割合，言い換えれば電力の有効利用の割合をいう。
◆一次電流：固定子巻線（一次巻線）に流れる電流

一次電流 { 無負荷時：無負荷電流（励磁電流ともいう。）
負荷時：励磁電流＋一次負荷電流（出力に比例して流れる電流）

◆鉄損：交流でコイルを磁化したときに失われる電気エネルギをいい，コイルの導線の抵抗によって失われる電気エネルギは銅損という。

問34 三相誘導電動機に関する次の問いに答えよ。
(1) 負荷が少なくなると，力率が低下する理由は，何か。（1507/1707/2104）
(2) 二重かご形誘導電動機の回転子の導体は，どのような特徴があるか。
（図を描いて説明せよ。）　　　　　　　　　　　　　　　　（2207）

解答
(1) (注1)
　　負荷が少なくなると，一次巻線に流れる電流のうち，無効分である励磁電流の割合が増加する。
(2) かご形誘導電動機は，始動電流が大きく始動トルクが小さい。このため，回転子の導体を上下の二重構造とし，導体の抵抗は上部を大きく下部を小さくする。これにより，始動時の電流を制限し，始動トルクを大きくする。

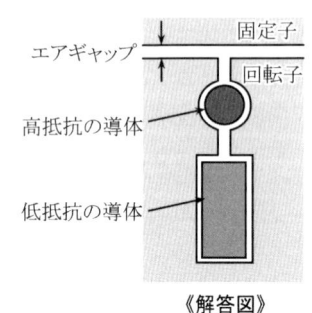

《解答図》

解説
(注1) 励磁電流は回転磁界を作るだけの電流のため，負荷に関係なく一定なので負荷が少なくなると励磁電流の割合は増える。

4 電気

> **問35** 二重かご形誘導電動機に関する次の文の（　）の中に適合する字句を記せ。　　　　　　　　　　　　　　　　　　　　　(2204/2307)
> 　同じ鉄心で同じ溝の中に（ ⑦ ）の異なる2つの回転子かごをおさめ，⑦が（ ⑦ ）い回転子の特性を始動用に用いると，リアクタンスは（ ⑦ ）くなり，力率は（ ㊀ ）くなるが，直入れ始動が可能となる。また，運転時においては，⑦が（ ㊂ ）い回転子の特性を利用して優れた性能を得る。

解答
⑦：抵抗　⑦：高　⑦：大き　㊀：悪　㊂：低

解説
◆二重かご形誘導電動機：回転子スロットを上下2段として，表面側に高抵抗の導体を，その下に低抵抗の導体を埋め込む。すべりが大きい始動時には表面の高抵抗の導体に電流が流れて大きな始動トルクが得られ，すべりが小さい定常運転時には下の低抵抗の導体に電流が流れ，運転効率が良くなる。大きな始動トルクを必要とするコンプレッサなどの動力に使用される。

> **問36** 三相誘導電動機に関する次の問いに答えよ。　　　(1602/2004)
> 　エアギャップが大き過ぎる場合，どのような不具合を生じるか。

解答
励磁電流が大きくなり電動機の力率が悪くなる。

解説
（注）　励磁電流は，トルクによる仕事をしないので無効分となる。
◆エアギャップ（空隙）：固定子と回転子のすきまをいい，誘導電動機では力率を良くするため，エアギャップを狭くする。しかし，狭くし過ぎるとギャップが不同のとき，うなりや振動を生じる。問30の図参照

> **問37** 誘導電動機に関する次の問いに答えよ。　　　(1507/1707/2104)
> （1）　誘導電動機の始動法には，どのようなものがあるか。(1607/1907/2202)
> （2）　始動時，うなりを生じる場合の原因は，何か。

機関その二

解答
(1) (注1)
　　①全電圧始動法 (注2)　　②Y-Δ始動法 (注3)
　　③リアクトル始動法 (注4)　　④始動補償器始動法
(2) ①電源電圧の不平衡　②回転子巻線の短絡　③エアギャップの不同

解説
(注1) 誘導電動機は始動時，大きな電流が流れる。小形機の場合，全電圧で始動しても支障ないが，大形機になると始動電流が著しく大きく，巻線の発熱や，電源電圧の低下など，悪影響を生じる。このため，始動電流を抑制するため電圧を低くして始動する。同時に，始動トルクも小さくなるので，電動機は無負荷または軽負荷で始動する。

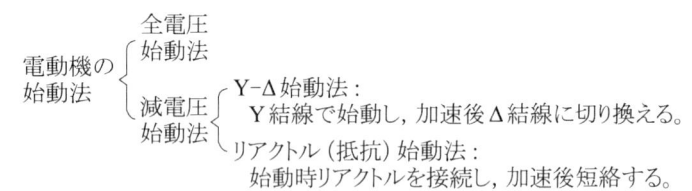

電動機の始動法
- 全電圧始動法
- 減電圧始動法
  - Y-Δ始動法：Y結線で始動し，加速後Δ結線に切り換える。
  - リアクトル (抵抗) 始動法：始動時リアクトルを接続し，加速後短絡する。

(注2) 小形の電動機の場合は，始動電流も小さいので，定格電圧をそのまま投入する全電圧始動（直入）が採用される。
(注3) 始動時に電動機の一次巻線をY（スター）結線で運転し，一定時間経過後Δ（デルタ）結線に切り換える。
(注4) 始動時に電動機の一次巻線と直列にリアクトル（抵抗）を挿入し，起動後に短絡する。

問38 三相誘導電動機に関する次の問いに答えよ。　　(2002/2310)
(1) 三相一次巻線のうち，1相の巻線が運転中に断線しても運転を続けるのは，なぜか。
(2) 上記(1)の運転中の断線の場合，回転速度及び力率の変化は，それぞれどのようになるか。また，それは，なぜか。　　(2202)
(3) 三相一次巻線のうち，1相の巻線が断線している誘導電動機に三相電圧を加えても始動しないのは，なぜか。
(4) 単相運転になると，どのような不具合を生じるか。

4 電気

解答
(1) 運転中は，1相が断線しても不完全ながら回転磁界が発生しているので運転を続ける。
(2) ＜回転速度＞　三相のときよりトルクが減少し，すべりが増大するため低下する。
　　＜力率＞　**リアクタンス**が大きくなるため悪くなる。
(3) 一度停止した状態では，三相電圧を加えても，回転磁界を発生しないので始動しない。
(4) ① トルクが減少する。
　　② すべりが増大して回転速度が低下する。
　　③ 過大電流により巻線が発熱し，著しい場合は焼損する恐れがある。

解説
◆単相運転：3線中の1線が切断し，2線に給電されている状態をいう。

問39 三相誘導電動機に関する次の文の中で，正しくないものを2つ選び，その理由を記せ。　　　　　　　　　　　　　　　　（1510/1702/1904/2207）
㋐　運転中，3相回路のうち，1相が断線しても電動機の回転は止まらない。
㋑　電源周波数が一定の場合，極数が多いほど回転磁界の回転速度は高くなる。
㋒　かご形では，始動電流を小さくするため，固定子巻線をΔ結線にして始動する。
㋓　巻線形では，回転子回路の2次抵抗を加減して始動する。
㋔　かご形では，速度制御を行うため，周波数や極数を変える方法が用いられる。

解答
㋑：回転磁界の回転速度 = $\dfrac{120 \times 周波数}{極数}$ より，周波数一定の場合，極数が多くなると回転速度は低下する。
㋒：Y結線にして始動する (注1)。

機関その二

|解説|
(注1) Y-Δ 始動法という。
◆巻線形の始動法：始動抵抗器（2次抵抗）を加減する。
◆極数：電動機の中にできる磁極の数

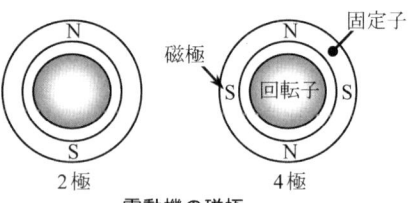

電動機の磁極

|問|40 三相誘導電動機に関する次の問いに答えよ。 (1407/1610/1807/1910)
(1) 図において，トルクとすべりの関係を示す曲線（トルク-速度曲線）は，㋐～㋒の中のどれか。
(2) 電動機を逆転させるには，一般に，どのような方法がとられるか。また，その原理は，何か。
(3) 運転中，温度上昇が大き過ぎる場合の原因は，何か。

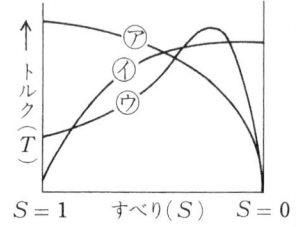

|解答|
(1) ㋒ (注1)
(2) 1次側の3線のうち任意の2線を電源に対して入れ替える。
　　＜原理＞ 回転磁界の方向が逆になる。
(3) ① 電源電圧が定格電圧より高い場合 (注2)
　　② 電圧が低く過負荷の場合 (注3)
　　③ 過電流が流れる場合
　　④ ファンの機能低下など冷却不足の場合

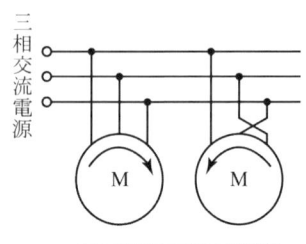

三相誘導電動機の逆転

|解説|
(注1) 始動トルクから最大トルクまで，すべりに反比例して，ゆるやかに増加する。最大トルクを過ぎると急激にトルクは減少し，すべり＝0でトルク＝0になる。
(注2) **鉄損**が増加して温度が上昇し，鉄心や巻線を過熱する。
(注3) 低電圧のとき負荷が重いと過電流が流れる。

4　電気

問41 図は，電動機の押しボタン式発停回路の一部を示す展開接続図である。図に関する次の問いに答えよ。　　　　　　　　　　　(1904/2010)

(1) 正しい展開接続図は，図㋐〜㋒の中のどれか。また，その図において，始動時及び停止時の作動は，それぞれどのようになるか。

(2) 上記(1)のほかの2つの展開接続図が正しくない理由は，それぞれ何か。

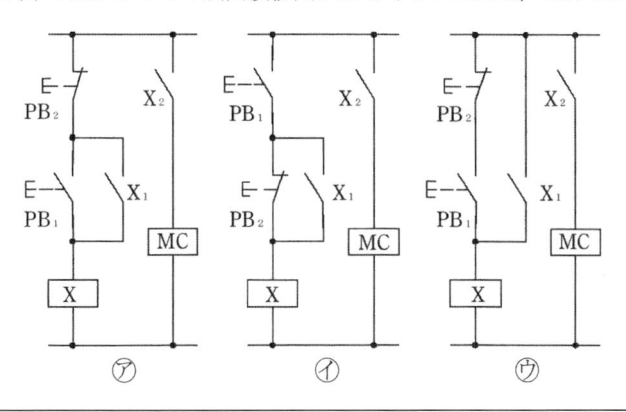

解答

(1) ㋐

＜始動＞　始動用押しボタンスイッチ PB_1 を押すと，電磁コイル X が励磁されて，スイッチ PB_1 と並列に接続されているスイッチ X_1 がオンとなり自己保持される。同時にスイッチ X_2 もオンとなり，電磁コイル MC が励磁されて電動機は始動する。

＜停止＞　停止用押しボタンスイッチ PB_2 を押すと，電磁コイル X が消磁し，スイッチ X_1 および X_2 がオフとなり，自己保持がなくなり，電磁コイル MC も消磁されるので電動機は停止する。

(2) ㋑：始動用押しボタンスイッチ PB_1 を押して電動機は運転するが，自己保持できないので，始動用押しボタンスイッチを放すと電動機は停止する。

　　㋒：停止用押しボタンスイッチ PB_2 を押しても自己保持が解除できないので，電動機は停止しない。

解説

◆自己保持回路：始動用押しボタンスイッチを放しても，電磁コイルの通電を

継続させる回路で，この回路の採用により自動制御が可能になる。
◆励磁：コイルを磁化することで，これに対して磁化が消失することは消磁または無励磁という。

問42 図は，三相誘導電動機のシーケンス制御回路の説明図である。図に関する次の問いに答えよ。　　　　　(2102)
(1) PB-1 及び PB-2 の接点は，それぞれメーク接点か，それともブレーク接点か。
(2) 文字記号 THR は，何か。また，どのような作動をするか。
(3) 始動及び停止の作動を説明すると，それぞれどのようになるか。

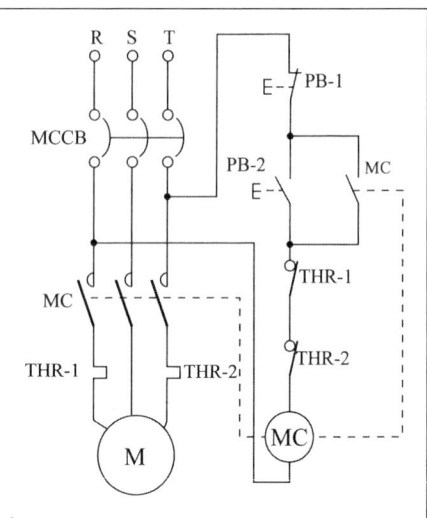

注：電気用図記号の新，旧対比表

解答
(1) PB-1：ブレーク接点　　PB-2：メーク接点
(2) 熱動過電流リレー
　　＜作動＞　主回路に何らかの原因で過電流が流れると，THR のヒータが過熱しスイッチ THR がオフとなり，電動機を停止する。
(3) ＜始動＞　始動用押しボタンスイッチ PB-2 を押すと，電磁コイル MC が励磁され，主回路の電磁接触器スイッチ MC がオンとなり，電動機は始動する。同時にリレースイッチ MC がオンとなり自己保持される。
　　＜停止＞　停止用押しボタンスイッチ PB-1 を押すと，電磁コイル MC が消磁され，主回路のスイッチ MC がオフとなり，電動機は停止する。

4　電気

同時にリレースイッチ MC がオフとなり始動前の状態に戻る。

|解説|
◆メーク接点：初期状態ではオフ（開）であるが，電磁コイルの通電などで作動するとオン（閉）となるスイッチで，a 接点とも呼ばれる。
◆ブレーク接点：初期状態でオン（閉）であるが，作動するとオフ（開）となるスイッチで，b 接点とも呼ばれる。
◆ MCCB：配線用遮断器
◆ M：電動機

|問43| 誘導電動機に関する次の問いに答えよ。　　　　　　　　(2207)
絶縁抵抗が湿気のために低下した場合には，どのような乾燥法があるか。（名称をあげよ。）また，そのときの一般的な注意事項は，どのようなことか。

|解答|
①熱風乾燥法 (注1)　　　②電流乾燥法 (注2)
③無負荷運転乾燥法
＜注意事項＞　温度管理に注意する。
- 高温度で急激な乾燥は避け，ゆっくりと乾燥させる。
- 巻線の温度を 80～90℃ 程度に保ち，温度上昇に常に注意する。
- 定期的に絶縁抵抗を測定し，グラフに記入する (注3)。

|解説|
(注)　ほこりやごみが溜まると湿気の吸収を助けて絶縁抵抗の低下を促進させるので，ほこりやごみの掃除も重要である。
(注1)　熱風乾燥機により，熱風の温度を 110℃ 程度に保って乾燥する。
(注2)　巻線に電流を流して，電動機自体の発熱を利用して乾燥する。
(注3)　一般に絶縁抵抗値は，乾燥初めに一度上昇して低下し，その後再度上昇を始める。
◆絶縁抵抗：電路相互間および電路と船体間の絶縁性のことで，[MΩ]を単位とする。絶縁性が悪くなると，導線に過大電流が流れて電気機器や電路を過熱焼損させたり，火災などの原因になる。

機関その二

> **問 44** 誘導電動機に関する次の問いに答えよ。　　　　　　　　(2207)
> 絶縁抵抗の値は，実用上最低何メガオーム以上あればよいか。

解答
実用上最低 1 メガオーム以上

解説
◆絶縁抵抗：電路相互間および電路と船体間の絶縁性のことで，[MΩ]を単位とする。絶縁性が悪くなると，導線に過大電流が流れて電気機器や電路を過熱焼損させたり，火災などの原因になる。

$$船舶設備規定では \frac{定格電圧 \times 3}{定格出力（kW または kVA）+ 1000}（MΩ：メガオーム）$$

以上となっている。

> **問 45** 電気計器に関する次の問いに答えよ。　　　(1707/1907/2204)
> (1) 絶縁抵抗計（メガ）を用いて下記①〜③の各絶縁抵抗を測定する場合，L 端子（線路端子），E 端子（接地端子）はそれぞれどこに接続するか。
> 　　　　　　　　　　　　　　　　　　　　　　　　　　　　(2402)
> ①配線用遮断器（ノーヒューズブレーカ）から照明灯までの電路と船体間
> ②配線用遮断器から照明灯までの電線相互間
> ③電動機巻線
> (2) クランプメータを用いての電流の測定は，どのようにして行うか。また，回路計（テスタ）と比較した場合の利点は，何か。(2 つあげよ。)

解答
(1) (注1)
　① L 端子：負荷側の遮断器端子，E 端子：船体
　② L，E 端子：負荷側の遮断器端子
　③ L 端子：電動機の電源接続端子，E 端子：船体
(2) ＜測定法＞　計測する電線の 1 本をクランプではさみ込んで測定する。
　　＜利点＞
　　　・測定が簡単で，大きな電流を安全に計測できる。
　　　・回路を切断することなくはさむだけなので回路への影響が小さい。

4　電気

解説

（注1）

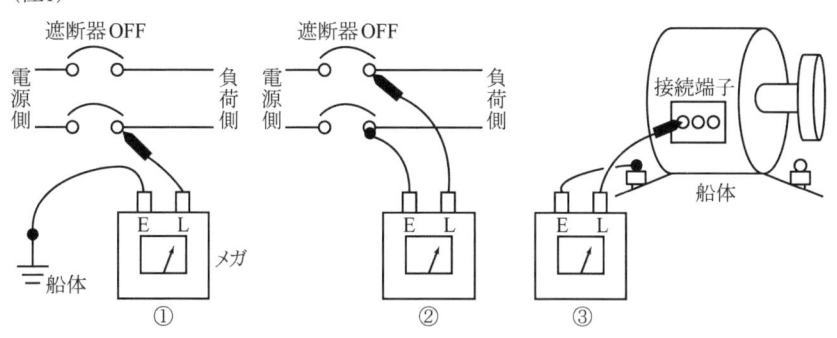

◆メガ：高抵抗を測定する携帯用絶縁試験器。ワニロクリップを接地端子，棒状のピン型プローブを被測定回路に当てて一定電圧を被測定物に印加し，流れる電流によって抵抗を測定する。

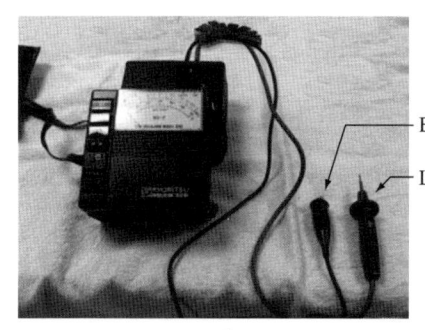

E（接地端子）
L（線路端子）

メガ 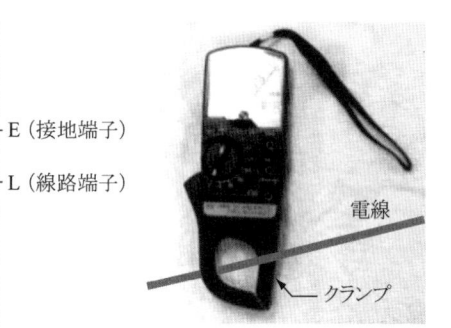　　　　　クランプメータ

問46 回路計（テスタ）により抵抗を測定する場合に関して，次の問いに答えよ。　　　　（1607/1710/2002/2104/2304/2307）
(1) どのような手順で行うか。
(2) 抵抗回路が断線していると，指針の示度は，どのようになるか。
(3) 導線（リード線）のプラス及びマイナスを考慮する必要があるか。
(4) 抵抗を電気回路に取り付けたまま測定する場合，正しい測定値を得るために，回路についてどのような注意が必要か。

機関その二

解答
(1) ① リード棒同士を短絡して，ゼロ点を調整する。
    ② 最適な測定レンジを選択する。
    ③ リード棒を抵抗の両端に当てて指針の値を読む。
(2) 無限大（∞）を示す。
(3) 必要ない。
(4) ① 測定する抵抗回路に電圧が印加されていないことを確認する。
    ② 測定する抵抗回路に直列または並列回路が形成されていないことを確認する(注1)。

解説
◆テスタ：1台でAC電圧，DC電圧，DC電流および抵抗値を測定できる計測器で，アナログ式とデジタル式がある。

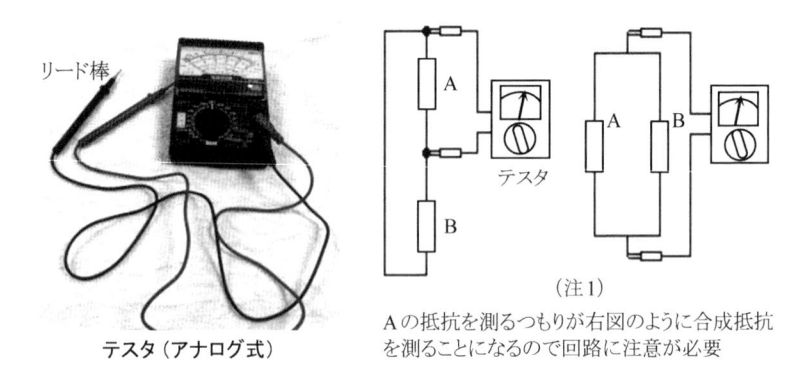

テスタ（アナログ式）

(注1)
Aの抵抗を測るつもりが右図のように合成抵抗を測ることになるので回路に注意が必要

問47 電気に関する次の問いに答えよ。　(1707/1810/2010)

図は，検流計 G と各抵抗の関係を示す接続図である。いま，G の示度が 0 である場合，抵抗値 R_1, R_2, R_3 及び R_4 はどのような関係になるか。

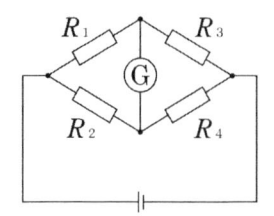

注：図中，電気用図記号は新記号にて表す。

新記号	旧記号
─▭─	─∿∿─

》228《

4 電気

（式で示せ。）また，このような回路を何と呼ぶか。

解答
① $R_1 \times R_4 = R_2 \times R_3$
② ホイートストンブリッジ回路 (注1)

解説
（注1）検流計Gの値が0ということは，抵抗R_1にかかる電圧と抵抗R_2にかかる電圧が等しく，また，抵抗R_3にかかる電圧と抵抗R_4にかかる電圧も等しくなる。このとき$R_1 \times R_4 = R_2 \times R_3$が成り立つ。つまり，ブリッジ回路の相対（あいたい）する抵抗の積が等しくなるとき，検流計の値が0を示す。これをブリッジ回路の平衡条件という。

問48 図は，抵抗温度計の原理を示す回路図である。図に関する次の文の（　）の中に適合する字句を記せ。
(1502/1907/2210)

P及びQは固定抵抗，Rは（ ⑦ ）抵抗，Xは（ ④ ）抵抗体である。この回路で（ ⑦ ）計Gの指示が0になるようにRを調整すると，上記4つの抵抗の抵抗値（R_P，R_Q，R_R及びR_X）の間に次式が成立する。

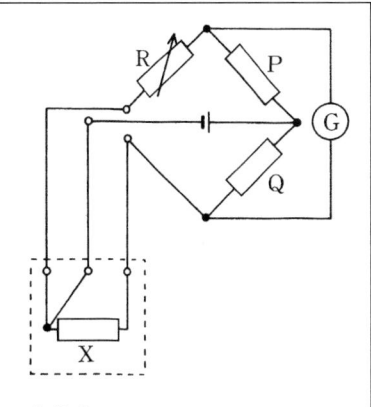

$$R_X \cdot (\text{エ}) = R_R \cdot (\text{オ})$$

したがって，Rに目盛板を付けておけば温度を計測することができる。

解答
⑦：可変　④：測温　⑦：検流　エ：R_P　オ：R_Q

解説
◆抵抗温度計：白金線などには電気抵抗と温度との間に一定の関係がある。この電気抵抗の値から温度を測定する計器

◆ブリッジ式計器：検流計Gが0を示すように抵抗Rを調整すると，$\dfrac{Q}{P} = \dfrac{X}{R}$

ゆえに $X = \dfrac{Q}{P}R$ が成り立つ。$P = Q$ とすれば、$X = R$ となり未知抵抗 X を知ることができるので、R の値を温度目盛とすれば温度がわかる。

問49 電気式温度計に関する次の文の（　）の中に適合する字句または数字を記せ。　　　　　　　　　　　　　　　　（1504/1704/1902/2107）
(1) 測温抵抗体は、雲母や磁器などの（ ア ）物に抵抗素線を巻き（ イ ）管に収めたものである。
(2) 測温抵抗体が短絡して、回路の抵抗値が（ ウ ）になると、指示計器に流れる電流が（ エ ）になり、計器を損傷することがあるので、回路を点検するときは、まず（ オ ）を切っておくことが必要である。
(3) 高温測定の場合には、（ カ ）対を使用するほうがよい。

解答
ア：絶縁　イ：保護　ウ：0　エ：過大　オ：電源　カ：熱電

解説
◆測温抵抗体：電気抵抗が温度に比例する性質を利用した温度計で、白金などの抵抗素線を保護管に収めたもの
◆熱電対：2種類の金属線の両端を接続し、両端の接続点に温度差があると、温度に比例して回路に熱起電力が発生する。

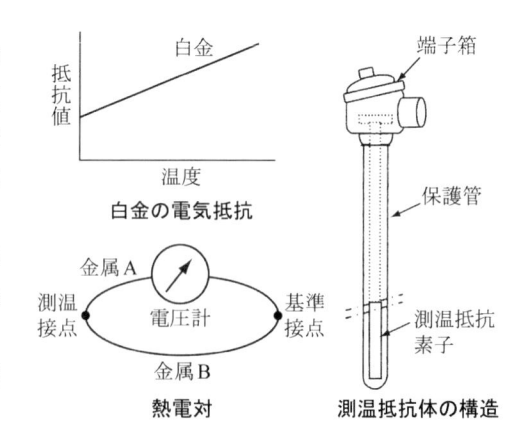

白金の電気抵抗

熱電対

測温抵抗体の構造

問50 図は変位センサの一種である巻線回転形ポテンショメータの略図である。次の文の中の（　）にあてはまる語句、数値を記せ。
(1) 図中のシャフトが回ることで（ ア ）が抵抗線の巻かれた胴内を接触しながら、A から B まで動き全抵抗を自由に分割する。入力電源 E_1 を 12

4 電気

ボルトとすれば⑦が A の位置では，図中の出力 E_0 は（ ① ）ボルトとなり⑦が B の位置では，出力 E_0 は（ ⑰ ）ボルトとなる。

(2) 図中の入力電源 E_1 の値が大きいと隣接した巻線の間が（ ㊁ ）破壊を起こし抵抗線が断線する。

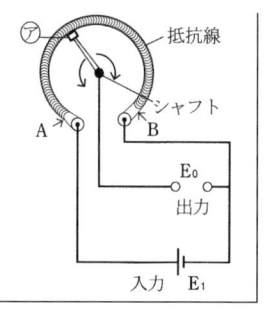

解答

⑦：ブラシ　①：12　⑰：0　㊁：絶縁

解説

◆ポテンショメータ：シャフト（軸）の機械的な動き（変位量）に比例した電圧を得る変位センサで，身近なところでは，ラジオなどのの音量調整などに利用されている。

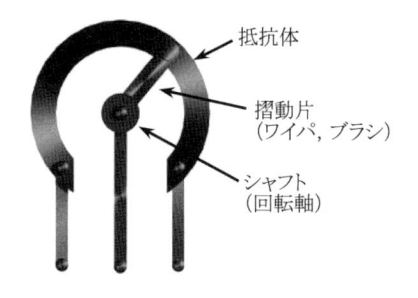

問51 船内のエレベータ（人員用）に設けられる次の(1)〜(3)は，どのようなものか。それぞれ概要を記せ。　　(1504/1804/1907/2104/2307)

(1) 調速機　　(2) 緊急脱出装置　　(3) 緩衝装置

解答

(1) エレベータの昇降速度を監視し，速度超過を検知したときは，電力供給をストップしてブレーキをかけ，エレベータを停止させる装置

(2) 非常事態が発生したとき，緊急にエレベータを脱出するための装置で，かご（ケージ）の天井に非常脱出口がある。

(3) かごがブレーキの不作動などの原因で最下階を行き過ぎ，ピット内に突入した場合，ばねや油圧により衝撃を緩和するための安全装置

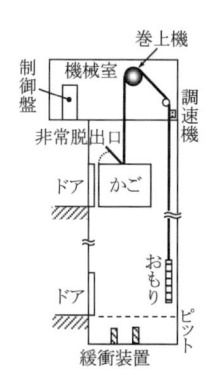

機関その二

解説
◆ピット：くぼみ，底部の意味
◆緩衝装置：低速エレベータではばね式，高速では油圧式が採用される。

問52 コンピュータネットワークの構成に関する次の問いに答えよ。
(2010/2207/2310)
(1) コンピュータネットワークとは，何か。
(2) LAN 及び WAN とは，それぞれ何か。
(3) WAN は，どのようなところで利用されているか。（具体例を 1 つあげよ。）
(4) ネットワークを守るセキュリティ管理は，どのように行われているか。

解答
(1) 複数のコンピュータを通信網で結び，互いに情報の交換ができるようにしたもの。
(2) ＜ LAN (注1) ＞　一定の限定されたエリアでつながったネットワーク
　　＜ WAN (注2) ＞　遠く離れたエリアとつながったネットワーク
(3) 船舶と陸上本社間でリアルタイムに航海情報や機関情報の両方をチェックする。
(4) ネットワークを守るセキュリティ管理のため
　　● アクセス制御やファイアウォールの設置など不正侵入の対策
　　● セキュリティソフトの導入などウイルス対策
　　● 信号の暗号化など情報漏えい対策
　などが行われている。

解説
(注1) 個人の家（家庭内 LAN）やオフィス（社内 LAN）など狭い範囲をカバーするネットワーク
(注2) 我々が利用しているインターネットも WAN の 1 つで，LAN と LAN をつないだワイドなネットワークともいえる。国内はもとより，世界中の人たちと家や会社からコミュニケーションをとることができる。また，外部からインターネットを通して家の中のエアコンなどを遠隔で操作できる便利なシ

ステムも WAN によって可能となっている。
◆ LAN（Local Area Network）：ローカルエリアネットワーク
◆ WAN（Wide Area Network）：ワイドエリアネットワーク

5 自動制御

> **問1** 自動制御に関する次の(1)～(4)の用語について，それぞれ概要を説明せよ。　　　　　　　　　　　　　　　　（1504/1802/1907/2302）
> (1) オンオフ動作　　　　　　(2) 比例動作（P動作）
> (3) 積分動作（I動作）　　　　(4) ハンチング

解答
(1) 操作量がオンかオフかの2値からなる動作で，2位置動作ともいう。
(2) <u>入力に比例する大きさの出力を出す制御動作</u>(注1)
(3) 入力の時間積分値に比例する大きさの出力を出す制御動作
(4) 目標値（設定値）に一致せず，制御量が周期的に上下に変動する不安定現象

解説
(注1) 水位制御の場合，水位の変化量に比例してバルブの開度を変化させて水位を目標値に一致させる。

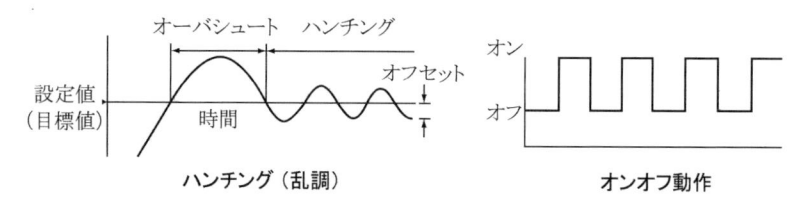

◆積分動作：比例動作だけでは，オフセット（目標値と現在値のずれ）が生じるが，これを取り除くことができる。
◆制御動作：調節部の出力信号で操作部を操作する動作

機関その二

|問|2　自動制御に関する次の(1)〜(4)の用語について，それぞれ概略を説明せよ。　　　　　　　　　　　　　　　　(1610/1904/2107/2404)
(1) ステップ応答　　　　(2) 制御偏差
(3) プログラム制御　　　(4) シーケンス制御

|解答|
(1) <u>入力が，ある一定の値から他の一定の値に瞬間的に変化したときの応答</u>(注1)
(2) 目標値と制御量の差
(3) 目標値があらかじめ定められた変化をする制御
(4) <u>あらかじめ定められた順序に従って制御の各段階を進めていく制御</u>(注2)

|解説|
(注1) ステップ入力に対する応答。ステップは「段」の意味
(注2) 全自動洗濯機などはこの制御で行われる。この制御の特徴は，定められた順序を変えられないことである。シーケンスは「順序」の意味

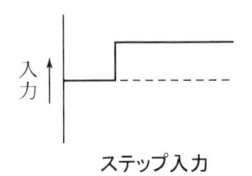

ステップ入力

|問|3　自動制御に関する次の問いに答えよ。
(1) オンオフ動作とは，どのような制御動作か。また，どのような制御対象に利用されているか。(1つあげよ。)　　　　　(1502/1607/2210)
(2) 制御動作には，オンオフ動作のほか，どのような種類があるか。(3つあげよ。)　　　　　　　　　　　　　　　　　　　(2210)
(3) 船舶に使用される制御系において，プログラム制御を応用した制御には，どのようなものがあるか。(2つあげよ。)　　(2102)

|解答|
(1) <u>操作量がオンかオフかの2値からなる動作で，2位置動作ともいう</u>(注1)。
　　＜利用＞　起動空気タンク内の圧力を維持する空気圧縮機の自動発停
(2) 比例動作，微分動作，積分動作
(3) ① ディーゼル主機の回転速度を，スタンバイフルから通常航海速力へ上げる場合の制御

5　自動制御

② タービン船のオートスピニング装置

解説
（注1）温度や圧力，水位などの上限と下限を守ればよい場合に使用される。
◆スタンバイフル：港内や狭水道などスタンバイ状態で用いる全速速度
◆オートスピニング：一旦暖まったタービン主機を停止状態で待機する場合，タービンの局部冷却を防ぐため自動的に一定間隔で前・後進を交互に微速回転させる暖機運転

問4　船内で採用されている次の⑦～㋔の制御に適合する自動制御の用語を，下記の①～⑥の語群の中から選べ。　　　（1604/2202/2307）
⑦　ディーゼル機関入口の燃料油の粘度制御
㋑　操舵機の操作に追従する舵の動きの制御
㋒　航行中，ブラックアウトした場合の自動給電及び推進に関連する補機の自動始動の制御
㋓　ボイラの燃焼制御において，主調節器の出力信号を二次調節器の設定値とし，その二次調節器の出力信号が燃料供給量を加減する制御
㋔　主機の回転速度を，スタンバイフルから通常航海速力へ上げる場合の制御
語群：①シーケンス制御　　②プログラム制御　　③サーボ機構
　　　④カスケード制御　　⑤サンプル値制御　　⑥定値制御

解答
⑦：⑥定値制御　　㋑：③サーボ機構　　㋒：①シーケンス制御
㋓：④カスケード制御　　㋔：②プログラム制御

解説
◆定値制御：目標値が時間によって変化することなく一定の制御
◆サーボ機構：指示された命令通りに動くよう構成された制御で，船舶や航空機の方向制御，**原動機**の調速機構などに採用される。サーボとは「召使い」の意味
◆カスケード：カスケードとは「次々と接続する」の意味

> **問5** 自動制御に関する次の文の（　）の中に適合する字句を記せ。
> (1702/2104)
> (1) フィードバック制御とは，フィードバックによって制御量を（㋐）と比較し，それらを一致させるように（㋑）動作を行う制御をいう。
> (2) 検出部とは，制御装置において，制御対象から制御に必要な（㋒）を取り出す部分をいう。
> (3) サーボ機構とは，物体の（㋓），方位，姿勢などを制御量とし，㋓の任意の変化に（㋔）するように構成された制御系をいう。
> (4) P動作とは，入力に（㋕）する大きさの出力を出す制御動作をいう。

解答
㋐：目標値　㋑：訂正　㋒：信号　㋓：位置　㋔：追従　㋕：比例

解説
◆制御量：制御する目的の物理量で，圧力，温度，流量，水位などがある。
◆制御対象：制御しようとしている目的の装置で，ボイラやタンクなどがある。

> **問6** 自動制御に関する次の問いに答えよ。 (1407/1707)
> (1) 船舶に使用される制御系において，シーケンス制御を応用した制御には，どのようなものがあるか。（具体例を3つあげよ。） (2102)
> (2) 船舶に使用される制御系において，フィードバック制御を応用した温度制御には，どのような装置があるか。（具体例を1つあげ，その作動を説明せよ。）
> (3) フィードバック制御は，信号の経路によって分類すると，開ループ系に該当するか。それとも閉ループ系に該当するか。 (2210)

解答
(1) ① 航行中，ブラックアウトした場合の自動給電および推進に関連する補機の自動始動の制御
② ボイラの自動始動の制御
③ ボイラの**すす吹き装置**の自動運転の制御
(2) 燃料油加熱器

5　自動制御

　　＜作動＞　油の温度を検出し，目標値と比較して，加熱用蒸気弁の開度を操作する空気圧を調節する。
(3) 閉ループ系に該当する。

解説
◆ブラックアウト：停電

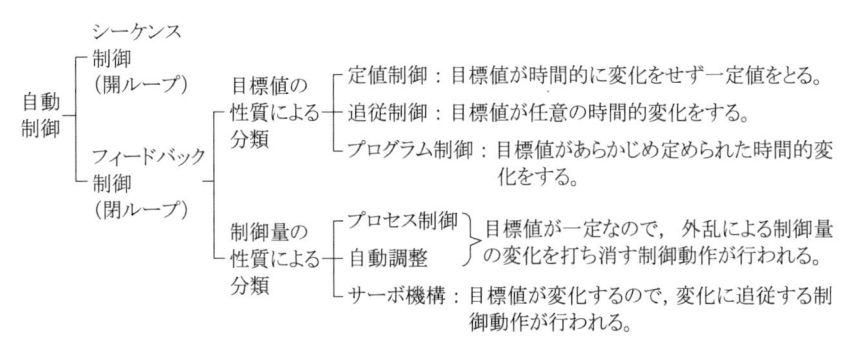

```
                 ┌ シーケンス
                 │ 制御
                 │ (開ループ)    ┌ 目標値の  ┌ 定値制御：目標値が時間的に変化をせず一定値をとる。
         自動    │               │ 性質による├ 追従制御：目標値が任意の時間的変化をする。
         制御    │               │ 分類      └ プログラム制御：目標値があらかじめ定められた時間的変
                 │ フィードバック │                              化をする。
                 └ 制御
                   (閉ループ)    ┌ 制御量の  ┌ プロセス制御 ┐目標値が一定なので，外乱による制御量
                                 │ 性質による├ 自動調整     ┘の変化を打ち消す制御動作が行われる。
                                 │ 分類      └ サーボ機構：目標値が変化するので，変化に追従する制
                                                                御動作が行われる。
```

自動制御の分類

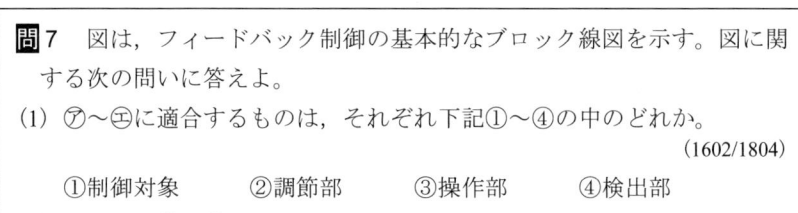

問7　図は，フィードバック制御の基本的なブロック線図を示す。図に関する次の問いに答えよ。
(1) ⑦～㊃に適合するものは，それぞれ下記①～④の中のどれか。
　　　　　　　　　　　　　　　　　　　　　　　　　　　（1602/1804）
　　①制御対象　　　②調節部　　　③操作部　　　④検出部
(2) 外乱は，㋔～㋗のどれか。　　　　　　　　　（1602/1804/1902）
(3) 調節部は，どのような役目をするか。　　　　　　　（1602/1804）
(4) フィードバック制御は，信号の経路によって分類すると，開ループ系に該当するか，それとも閉ループ系に該当するか。　（1502/1710/1902）

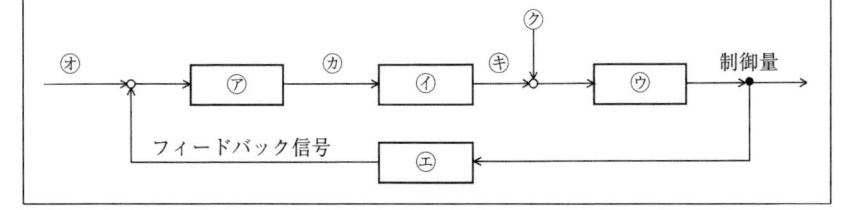

》237《

機関その二

解答
(1) ㋐：②調節部
　　㋑：③操作部
　　㋒：①制御対象
　　㋓：④検出部
(2) ㋒
(3) 偏差に応じた信号を操作部へ送る。
(4) 閉ループ系

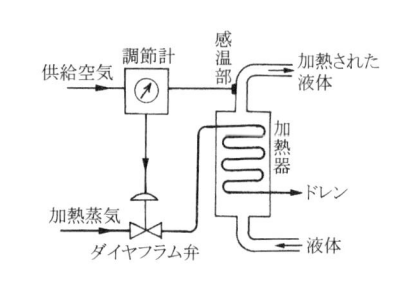

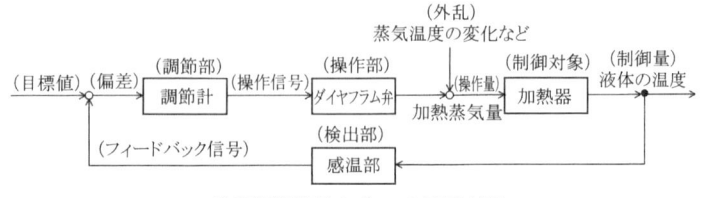

温度制御装置のブロック線図（例）

問8　自動制御装置に関する次の問いに答えよ。　（1510/2007/2110/2304）
(1) 下記㋐〜㋒の役目は，それぞれ何か。
　　㋐ 検出部　　　㋑ 調節部　　　㋒ 操作部
(2) 空気式及び油圧式操作部には，それぞれどのような機器が使用されるか。（機器名を1つずつあげよ。）

解答
(1) ㋐：制御対象から制御に必要な信号を取り出す。
　　㋑：偏差に応じた信号を操作部へ送る。
　　㋒：偏差に応じて調節部から出される信号によって，制御対象に所定の動作を行う。
(2) 空気式：ダイヤフラム弁
　　油圧式：油圧モータ

解説
◆偏差：目標値と制御量の差

5　自動制御

問9　自動制御装置の操作部に関する次の文の（　）の中に適合する字句を記せ。
(1507/1910)

(1) 操作部は，偏差に応じて（㋐）部から出される信号によって，操作端に所定の動作を行わせる部分である。したがって，制御対象を操作するために十分な操作力が必要であり，動作速度が速く，かつ，（㋑）でなくてはならない。操作部の方式としては，空気式，電気式及び（㋒）式が実用されている。

(2) 空気式操作部として最も多く使われているものに（㋓）弁がある。これは，㋓に加えられる㋐部からの出力空気による力とばねが平衡する位置まで，弁軸に連結されている弁体を変位させ，弁を通過する流量を変化させる。そして㋓上面より操作空気が供給される場合，空気圧が増加すると弁軸が下方に向かう方式を（㋔）作動形という。

解答
㋐：調節　㋑：安定　㋒：油圧　㋓：ダイヤフラム　㋔：正

解説
◆ダイヤフラム弁：ダイヤフラムに加わる空気圧と弁軸の変位は比例するので，空気圧の信号を受けて弁の開度を操作する弁をいう。ダイヤフラムは「仕切り板，隔膜」の意味

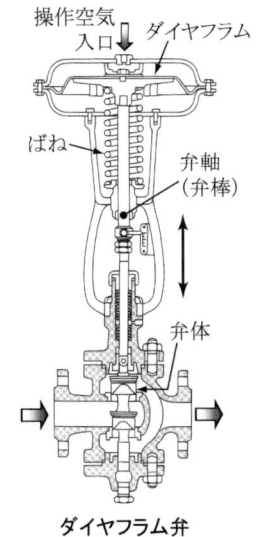

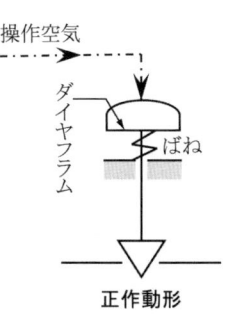

問 10 自動制御装置に関する次の⑦〜㋐に適合するものを，下記①〜⑨の語群の中から選べ。　(1410/2204)
⑦ 多点の変数を監視走査し，異常点を警報する装置
④ プロセスの各所から情報を収集し，印字記録する装置
⑨ 手動での遮断器の開操作
㋒ 機器の誤動作防止または安全のため，関連装置間に電気的または機械的に連絡をもたせたシステム
㋐ ロックアウト状態または作動後の保護装置を正常状態に戻す操作

語群：①アナログ　②インタロック　③スキャニングモニタ
　　　④デジタル　⑤データロガ　⑥オペレーションガイド
　　　⑦ハンドオフ　⑧リセット　⑨パフォーマンスモニタ

【解答】
⑦：③スキャニングモニタ　④：⑤データロガ　⑨：⑦ハンドオフ
㋒：②インタロック　㋐：⑧リセット

【解説】
◆アナログ：時計や温度計のように連続した量で表示すること。
◆デジタル：デジタル時計のように数値化して表示すること。
◆インタロック：誤操作や誤動作を防止するための安全装置
◆データロガ：センサで計測・収集したデータを保存する装置
◆スキャニングモニタ：走査機能を中心とした監視装置
◆ロックアウト：故意に安全装置が作動しないように処理すること。
◆リセット：「復帰」の意味

問 11 自動制御に関する次の問いに答えよ。　(1710/1902)
(1) 制御系において，外乱とは，どのような作用をいうか。　(1502/2102)
(2) 制御装置におけるフェールセイフとは，どのようなことか。　(1607)

【解答】
(1) 制御系の状態を乱そうとする外的作用 (注1)

(2) 機器や装置において，誤操作・誤動作あるいは故障しても，常に安全が確保されること(注2)。

解説
(注1) 蒸気による油加熱器の場合，蒸気温度の変化などが外乱となる。
(注2) ディーゼル機関においては，燃料をカットし，機関を停止することが最大の安全確保となる。

6 油圧装置および甲板機械

問1 油圧制御弁に関する次の文の（ ）の中に適合する字句を記せ。
(1604/2002)
(1) 油圧制御弁には，大別して（ ⑦ ）制御弁，（ ⑦ ）制御弁，（ ⑦ ）制御弁がある。
(2) ⑦制御弁の1つであるリリーフ弁は，作動油の⑦を一定に保ち，その設定により，仕事の（ ㊀ ）が決定される。
(3) ⑦制御弁の1つである絞り弁は，⑦を加減し，仕事の（ ㊉ ）を調節する。
(4) ⑦制御弁の1つである4ポート電磁切換弁は，内部で横移動する（ ㊋ ）の（ ㊎ ）を切り替えることにより油圧シリンダの前進，停止，後退を制御する。

解答
⑦：圧力　⑦：流量　⑦：方向　㊀：大きさ　㊉：速度
㊋：スプール　㊎：位置

解説
◆制御弁の種類：油圧回路には，圧力制御弁，流量制御弁，方向制御弁の3種類の制御弁が使用される。
・圧力制御弁は油圧回路内の圧力を制御する。リリーフ弁や，アンロード弁，シーケンス弁，減圧弁がある。

機関その二

- 流量制御弁は油圧モータなどの運動速度を調整するために流量を制御する。流量調整弁，絞り弁がある。
- 方向制御弁は正転，逆転のように油の流れる方向を制御する。スプール弁，シャトル弁，ロータリー弁がある。

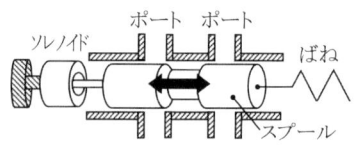

◆スプール弁：円筒形の滑り面の中を串形（段付き）のスプールが軸方向に移動して流体の流路を切り替える弁

4ポート電磁切換え弁

問2　油圧装置に用いられる次の(1)〜(4)の用語をそれぞれ説明せよ。
(1510/1710/2004/2210)
(1) セルフシール継手　(2) アンロード弁　(3) シーケンス弁　(4) 減圧弁

解答
(1) 両接続金具が連結されたとき自動的に開き，分離されたとき自動的に閉じる逆止め弁を端部に内蔵するクイック継手
(2) 回路圧力が設定値になると，ポンプの全吐出量を油タンクに戻して，油圧ポンプを無負荷運転にする圧力制御弁で，無負荷弁ともいう。
(3) 回路の圧力によって操作部の作動順序をかえていく圧力制御弁 [注1]
(4) 出口側圧力を入口側より低い圧力に調整する圧力制御弁 [注2]

解説
(注1) シーケンスは，「順序」の意味。シーケンス弁は，別々に作動する2つの油圧シリンダの一方の作動が終了したら，もう一方の油圧シリンダを作動させる場合などに用いる。

セルフシール継手

(注2) 油圧回路の油圧より低い油圧で使用する必要がある場合に用いる。

問3　油圧装置に用いられる次の(1)〜(3)の弁の役目をそれぞれ説明せよ。
(1407/1904)
(1) リリーフ弁　(2) 流量調整弁(2207)　(3) シャトル弁(2207)

6 油圧装置および甲板機械

解答
(1) 油量の一部または全量を低圧側に逃がし，安全弁の働きとともに，油圧回路の圧力を一定にする圧力制御弁
(2) 弁の前後に圧力の変動があっても，流量が一定になるように，弁の内部に圧力補償弁を備えた流量制御弁 (注1)
(3) 二つの入口と一つの共通の出口をもち，高圧側の入口と出口を接続させる方向制御弁

解説
(注1) 流量＝通路面積×流速＝通路面積×$\sqrt{差圧}$ の関係があるので，弁の前後に圧力差が生じると，開度（通路面積）が一定でも流量が変化する。

問4 図は，油圧装置の流量調整弁の略図である。図に関する次の文の（ ）の中に適合する字句または記号を記せ。
(1602)

入口圧 p_1 が上昇すると（㋐）室及び（㋑）室の圧力 p_2 も上昇して，（㋒）弁が左に動く。すると（㋓）部の開口面積が狭くなって圧力 p_2 が（㋔）し，㋒弁の左右の圧力が平衡した状態で止まる。このようにして（㋕）弁前後の圧力差（$p_2 - p_3$）が常に一定に保持され，㋕弁を通過する流量は一定となる。

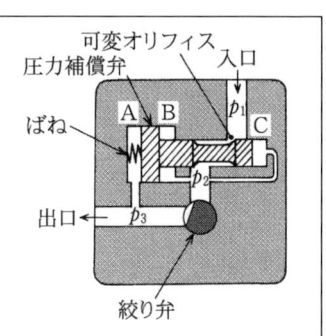

解答
㋐：B ㋑：C ㋒：圧力補償 ㋓：可変オリフィス ㋔：低下 ㋕：絞り

解説
◆オリフィス：流路の一部を狭くする絞りの一種

問5 図は，油圧装置に用いられる二次圧力一定形減圧弁の略図である。図に関する次の文の（ ）の中に適合する字句を記せ。
(1707)

機関その二

(1) 出口圧力が設定圧力以下のときは（　⑦　）は閉じたままなので，スプールの両端の（　④　）は同一となり，（　⑦　）の作用によりスプールは下方へ押し下げられ，流入した油は，ほとんど抵抗なく出口側に流れる。
(2) 出口圧力が設定圧力以上になると⑦が開き，油は，ドレンラインへ流出する。このとき細孔を通過する流れにより，スプールの両端に（　①　）が発生し，スプールは上方に移動して入口から出口への油路の開度を（　⑦　）させ，出口圧力が設定圧力になるよう制御される。

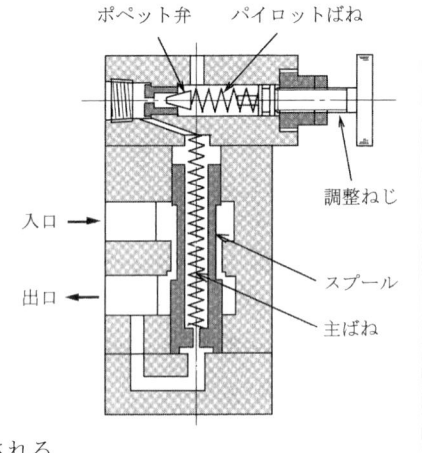

|解答|
⑦：ポペット弁　④：圧力　⑦：主ばね　①：圧力差(注1)　⑦：減少

|解説|
(注1) ポペット弁が開いて油がドレン孔から排出されると，補給の油が細孔で絞られるので間に合わずスプールに圧力差を生じ，スプールを上方へ押し上げる。これにより本体とのすきまが狭くなり出口圧力は減圧される。
◆ポペット弁（きのこ弁）：きのこ形をした弁の総称で，エンジンの吸排気弁もこのタイプの弁である。
◆ドレンライン：弁本体上部にある開口部からタンクへ戻るライン

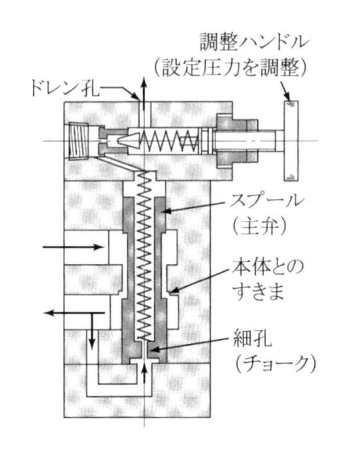

6 油圧装置および甲板機械

問6 図は、電動油圧操舵装置を示す略図である。図に関する次の問いに答えよ。　　(1704/1907/2404)

(1) 操縦棒は、何を制御するか。
(2) 操縦装置が作動すると、遊動レバーは、どこを支点として動くか。また、舵が動き始めると、次にどこを支点として動くか。
(3) 所定の舵角になると、操縦棒は、どのような位置になるか。

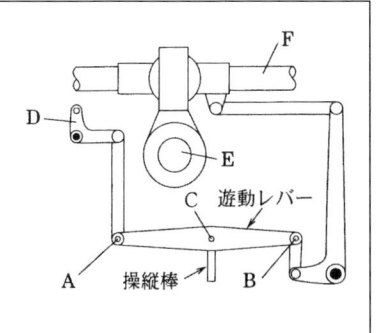

【解答】
(1) 油圧ポンプの送出し量と送出し方向
(2) 操縦装置が作動：Bを支点
　　舵が動き始める：Aを支点
(3) 中立位置（油圧ポンプは空転）

【解説】

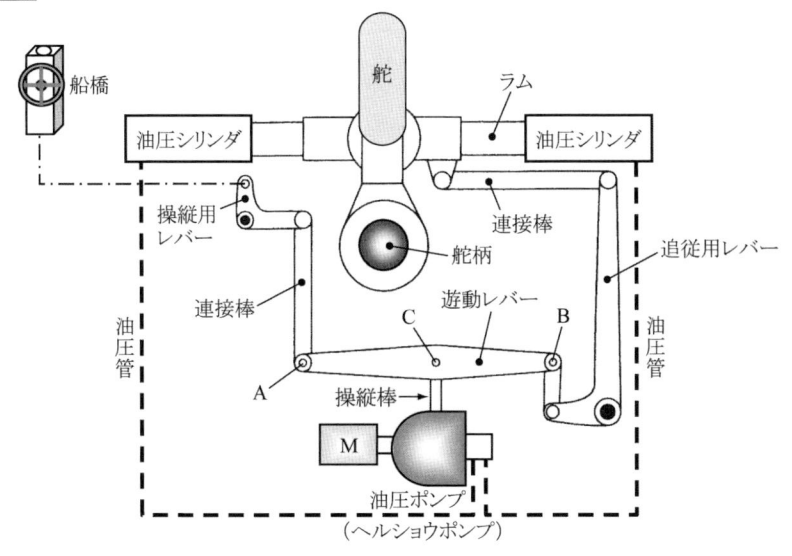

①中立状態

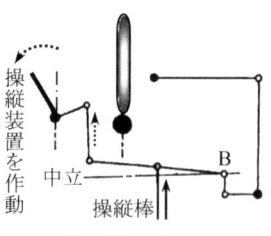

機関その二

②操縦装置を作動　油圧ポンプ作動

①の中立状態（油圧ポンプは空転）から操縦装置を②の点線矢印のように作動させると、操縦棒がBを支点に実線矢印のように移動し、油圧ポンプは作動状態になり、舵は移動を始める。

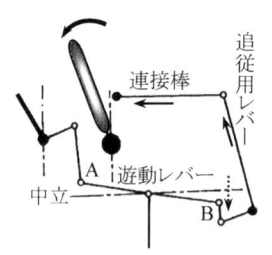

③舵の作動（回頭）　油圧ポンプ空転

舵の移動により、連接棒と追従用レバーがラムとともに連動するので、遊動レバーの右端Bが押し下げられる。所定の舵角に達すると操縦棒は元の位置に戻り、油圧ポンプは空転状態となる。この状態で船は回頭を継続する。

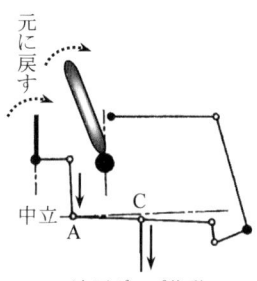

④所定の針路を維持　油圧ポンプ作動

回頭を終え、所定の針路になり、操縦装置を元に戻すと、遊動レバーの左端Aが下げられ、操縦棒は②とは反対に移動するので、油圧ポンプの送出し方向が逆になり、舵を中立位置に戻す。

〔川瀬好郎『舶用機関概論』を基に作成〕

◆操舵装置（舵取装置）：操舵装置は舵取機（原動機），操縦装置，舵装置（伝動装置）および追従装置によって構成される。舵取機は電動油圧ポンプなどを用いて舵を動かす動力を発生する装置，操縦装置は船橋からの指示で舵取機の回転方向，回転速度を制御する装置，舵装置は舵を操作する装置，そして，追従装置は所要の舵角がとられたとき，その位置で舵を停止させる装置である。

問7　電動油圧操舵装置に関する次の文の（　）の中に適合する字句を記せ。

(1) この装置によく採用されている可変容量形ポンプには，ヘルショウポンプ及び（ ㋐ ）ポンプがあり，操縦装置によって，その流出（ ㋑ ）と流出（ ㋒ ）を自由に変えられる。

(2) ヘルショウポンプでは，操縦棒は遊動レバーの中央にピンで止められ，同レバーの一端は（ ㋓ ）側に，他端は（ ㋔ ）側に連結している。船橋で舵をとると遊動レバーは，まず同レバーの（ ㋕ ）側の端を支点と

》246《

6 油圧装置および甲板機械

して動いて，操縦棒を移動させる。

解答
⑦：ウイリアムジャンネ　④：量　⑨：方向　㊀：操縦用レバー
㊁：追従用レバー　㊂：追従用レバー

解説
◆操縦棒：油の流出方向と流出量を調整する。

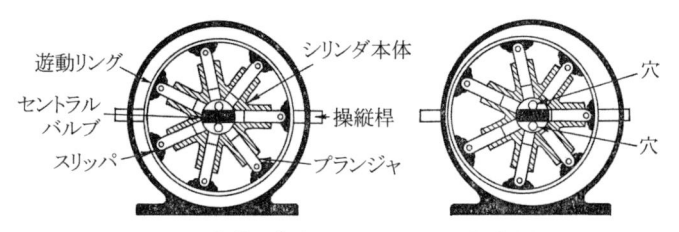

ヘルショウポンプ（ピストンの配置が半径方向）
〔川瀬好郎『舶用機関概論』を基に作成〕

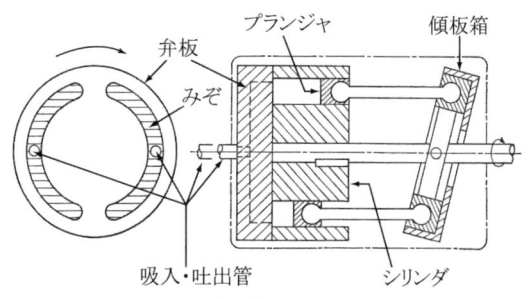

ウイリアムジャンネポンプ（ピストンの配置が軸方向）

問8 電動油圧操舵装置に関する次の問いに答えよ。　（1702/2010/2304）
(1) 油圧シリンダの安全弁は，どのような理由で設けられているか。
(2) 運転中，油圧ポンプの音が高い場合の原因は，何か。

解答
(1) 油圧が制限圧を超えると，油を油タンクあるいは低圧側に逃がして，系統内の衝撃を緩和し，装置を保護する。

(2) ＜作動油に関する原因＞
- 作動油の粘度が高い場合
- 空気が混入した場合
- キャビテーションが発生した場合
- 可動部の折損など異物が混入した場合

＜機械的な原因＞
- ポンプとモータの中心線が不良の場合
- 固定部が緩んだ場合

解説

◆キャビテーション（空洞現象）：油中に溶解する空気が，圧力の低い箇所で分離し気泡を発生する。この気泡が圧力の高いところで壊滅し，このとき侵食や騒音，振動の原因になる。

問9 電動油圧操舵装置に装備されている次の(1)～(3)の役目について，それぞれ記せ。　　　　　　　　　　　　(1607/1902/2204/2307)
(1) 交通弁（バイパス弁）　　　　　　　　　　　　(1702/2010/2304)
(2) 防衝弁（逃がし弁）
(3) 逆転防止装置

解答

(1) 操舵装置の整備のため非作動にして，油圧シリンダラムを動かす場合などに開弁する。
(2) 舵板が衝撃を受けて油圧が制限圧を超えたとき，作動油を低圧側に逃がして装置を保護する。
(3) 電源喪失などで油圧ポンプが停止した場合に，波浪などにより舵板が衝撃を受け油圧ポンプ，電動機が逆転するのを防止する。

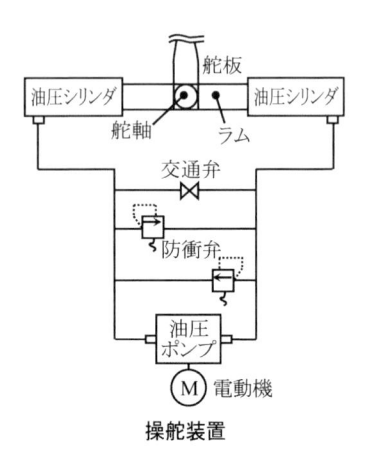

操舵装置

6　油圧装置および甲板機械

問10　油圧ウインチに関する次の問いに答えよ。
(1) オートテンションウインチは，係留状態において，どのように作動するか。　　　　　　　　　　　　　　　　　　　　　(1910/2102/2110)
(2) 油圧モータが定格速度に達しない場合の原因は，何か。　(1810/2202)
(3) 取扱い上，作動油については，どのような事項に注意しなければならないか。　　　　　　　　　　　　　　　　　　　　　　　　(1810/2202)

解答
(1) 潮の干満や風浪により索の張力が設定値を超えると自動的に索を繰り出し，低下すると自動的に巻き取る。
(2) ① 作動油の流量の減少 (注1) または圧力の低下
　　　● 油圧ポンプ，油圧モータまたは圧力制御弁の作動不良
　　　● 作動油の不良・不適
　　　● 系統内からの漏油
　② 外部の影響
　　　● 過負荷
　　　● 空気の混入
(3) ① 作動油の温度 (注2) や圧力
　② こし器：マグネット式 (注3) を採用し，定期的にフィルタを掃除する。
　③ 空気の混入 (注4)
　④ 水分やごみなど外部からの異物の混入
　⑤ 作動油の補給：同質の油 (注5) を補給する。

解説
(注1) 油圧モータの速度は作動油の流量に比例する。
(注2) 油の粘度は温度によって変化し，また油は高温になると変質し劣化する。
(注3) マグネットの付着物から，軸受や摩擦部の摩耗や損傷の有無を発見できる。
(注4) 空気は圧縮性があるので作動不良の原因になる。
(注5) 異種の油を補給すると，スラッジを発生する。
◆作動油：油圧装置で用いる潤滑油
◆オートテンションウインチ：係船索は潮位や風浪によって張ったり緩んだりするが，オートテンションの場合は，常に索の張りを一定に保つように油圧

モータを自動運転する。オートは「自動」、テンションは「張力」、ウインチは「巻上げ機」の意味

問11 船内の清水を供給する場合の圧力式給水装置（ハイドロフォア）に関して、次の問いに答えよ。　　　　　　　　　　　　　　　(2010)
(1) ポンプの発停は、何を検出して行うか。
(2) タンク内の空気量が少な過ぎると、どのような不具合を生じるか。

解答
(1) タンク内の圧力
(2) ポンプの発停回数が多くなり、電動機の負荷が増加する。

解説
(注) 空気室はアキュムレータ（蓄圧器）の働きをしているので、一定の空気量が必要である。

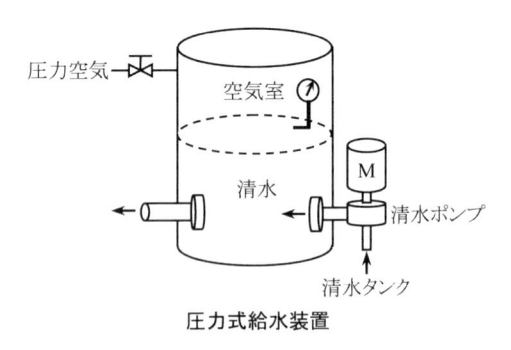

圧力空気／空気室／清水／M／清水ポンプ／清水タンク
圧力式給水装置

問12 サイドスラスタに関する次の問いに答えよ。
　　　　　　　　　　　　　　　(1507/1610/1802/2107/2402)
(1) サイドスラスタは、どのような装置か。
(2) サイドスラスタの原動機には、どのようなものが使用されるか。
(3) サイドスラスタが有効にその能力を発揮するのは、船速が大きい場合か、それとも船速が小さい場合か。

解答
(1) 喫水線下に両舷（りょうげん）を貫くトンネルを設け、その中でプロペラを回転させて横方向の推進力を発生させる装置で、低速時や狭水道において、船の操縦性を向上させ、また、離着岸を容易にさせる目的に使用される。
(2) 電動機や油圧モータ

(3) 船速が小さい場合

|解説|
◆サイドスラスタ：船体横方向の推進装置で，船首側をバウスラスタ，船尾側をスターンスラスタという。
◆原動機：動力を生み出す機械

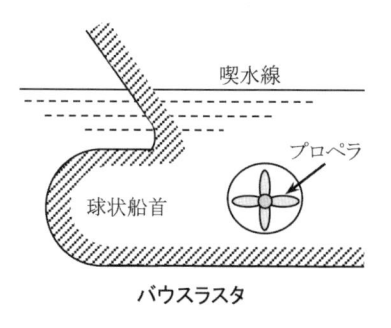

|問13| プロペラ式サイドスラスタにおいて，固定ピッチプロペラを用いる場合に比較して，可変ピッチプロペラを用いる場合の利点は，何か。（2つあげよ。） （1502/1910/2102/2102）

|解答|
① 定速回転で原動機を使用できるので，原動機にとって効率のよい回転速度を採用できる。
② 正転，逆転の切換えが必要ないので，原動機への過度な負荷変動がなく，操船が有利になる。

|解説|
◆可変ピッチプロペラ：プロペラのピッチを変えることにより，スラストの大きさと方向を変えることができる。

|問14| 甲板補機に関する次の問いに答えよ。 （1410/2007）
(1) バウスラスタの機構及び機能は，それぞれどのようなものか。
(類) バウスラスタは，どのようにしてスラストを発生するか。 （2302）
(2) フィンスラビライザの役目は，何か。 （2302）

|解答|
(1) ＜機構＞ 喫水線下に両舷を貫くトンネルを設け，その中でプロペラを回転させて横方向の推進力を発生させる装置
　　＜機能＞ 低速時や狭水道において，船の操縦性を向上させ，また，離着

機関その二

　　岸を容易にさせる目的に使用する。
(2) 風，波による船体の横揺れを減少させる。

解説
◆バウスラスタ：バウは「船首」，スラスタは「推進装置」の意味
◆フィンスタビライザ（減揺装置）：船体の横揺れを感知して，フィンの角度を制御し，フィンの揚力によって動揺を減少させる。フィンは「魚のひれ」，スタビライザは「安定装置」の意味

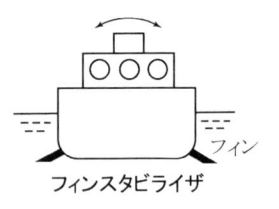

フィンスタビライザ

問15 油タンカーのイナートガス装置に関する次の文の（　）の中に適合する字句を記せ。　　　　　　　　　　　　　　　　(1410/1710/2007)
(1) イナーティングとは，カーゴタンク内を低（⑦）濃度の環境にするため，タンク内の（④）ガスまたは空気を不活性ガスに置き換えることである。
(2) イナーティング用のガスには，一般に（⑨）の排気ガスが使用される。
(3) ⑨の煙道から取り込んだ高温の排気ガスは，（㊀）に入り，そこで大量の海水と直接接触し，冷却されて，塵やすす，灰分及び（㊉）分などが取り除かれる。
(4) ㊀の出口付近に内蔵された（㊋）により（㊌）を分離してから送風機により，甲板上に設けた（㊍），逆止め弁及び主遮断弁を介して各タンクへ送られる。

解答
⑦：酸素　④：可燃性　⑨：ボイラ (注1)　㊀：スクラバ　㊉：硫黄
㊋：デミスタ　㊌：水分　㊍：デッキウォータシール (注2)

解説
(注1) ボイラの排ガス中の酸素濃度は2～4%
(注2) タンク内の爆発性ガスの機関室内への逆流防止装置
◆イナートガス装置：防爆と防食を目的とし，イナートは「不活性な」の意味
◆スクラバ（洗浄器）：海水を使用するので冷却器も兼ねる。
◆デミスタ：乾燥器，水滴分離器

》252《

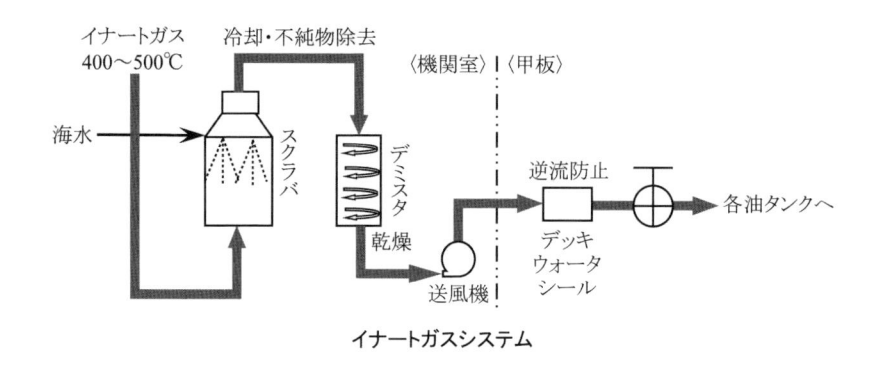

7 その他

イナートガスシステム

7 その他

> **問1** 次の⑦〜㋕に示す船舶用配管系統の図記号は、何を表すか。それぞれ記せ。　　　　　　　　　　　　　　　　　（1707/2004/2402）

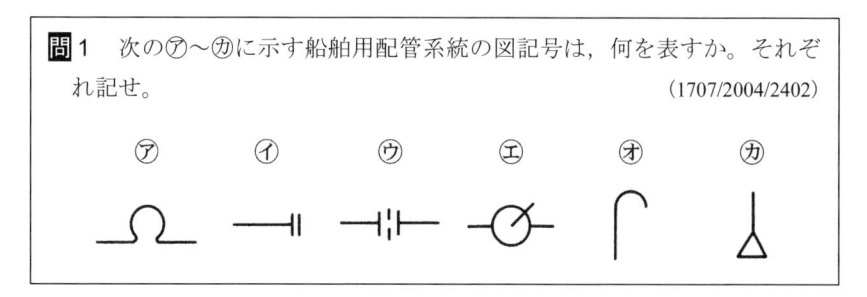

解答
⑦：伸縮管継手　㋑：閉止フランジ　㋒：オリフィス　㋓：ハンドポンプ
㋔：空気抜き管　㋕：ベルマウス

解説
◆伸縮管継手：蒸気管などの膨張・収縮を吸収する。
◆オリフィス：管路に設ける絞りの一種
◆ベルマウス：ラッパ口の形状で、主にタンク内の残油の吸込み管として使用される。

機関その二

伸縮管継手 　　閉止フランジ（盲フランジ）　　オリフィス 　　空気抜き管

|問2| 次の㋐～㋕に示す船舶用配管系統の図記号は，何を表すか。それぞれ記せ。　　(1610/1810/2310)

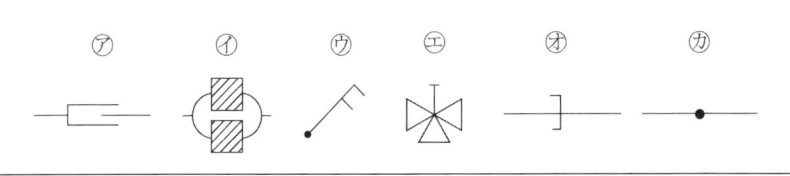

㋐　㋑　㋒　㋓　㋔　㋕

|解答|
㋐：スリーブ形伸縮管継手　㋑：複式こし　㋒：温度計座　㋓：三方弁
㋔：ねじ継手　㋕：溶接継手

|解説|
◆複式こし：こし器を2個設け，切り換えて運転中の掃除を可能にする。

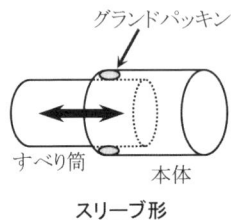

グランドパッキン
すべり筒　本体
スリーブ形伸縮管継手　　複式こし 　　三方弁 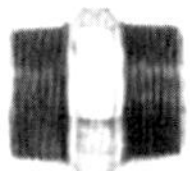　　ねじ継手 　溶接継手

|問3| 次の㋐～㋕に示す船舶用配管系統の図記号は，何を表すか。それぞれ記せ。　　(1607/1804)

7　その他

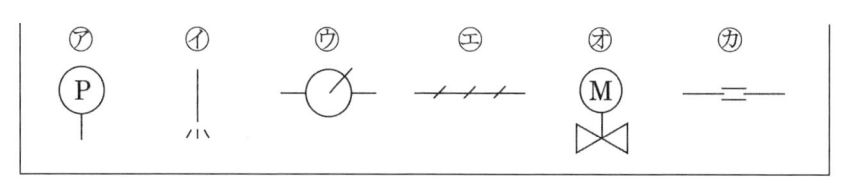

㋐	㋑	㋒	㋓	㋔	㋕
Ⓟ	(bilge)	⊖	⫽	Ⓜ弁	─=─

解答

㋐：圧力計　㋑：**ビルジへ**　㋒：ハンドポンプ　㋓：油圧配管　㋔：電動弁
㋕：スリーブ継手

解説

◆ハンドポンプ：LO ポンプが電動ではなく機関直結駆動の場合，起動前に軸受に潤滑油を供給するための手動ポンプ

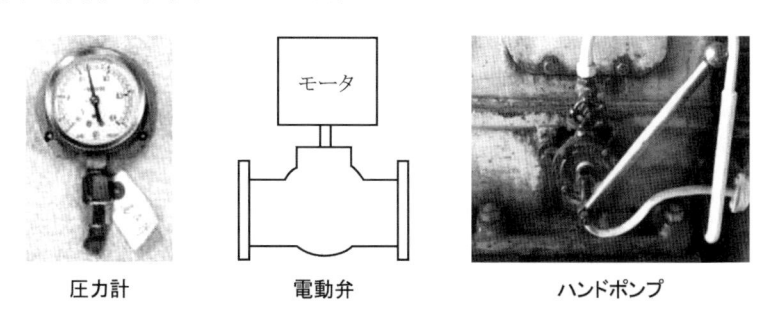

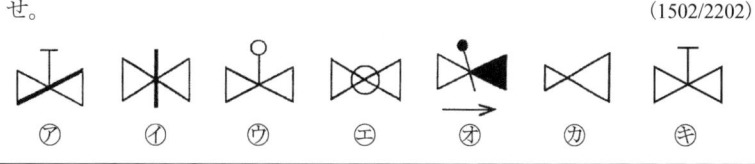

圧力計　　　電動弁　　　ハンドポンプ

問4　次の㋐～㋕に示す船舶用配管系統の図記号は何を表すか。それぞれ記せ。
（1502/2202）

㋐　㋑　㋒　㋓　㋔　㋕　㋖

解答

㋐：バタフライ弁　　㋑：仕切弁
㋒：ニードル玉形弁　㋓：ボール弁
㋔：スイング逆止め弁　㋕：減圧弁
㋖：玉形弁

機関その二

|解説|

バタフライ弁　　　　スイング逆止め弁

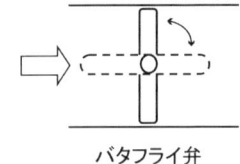

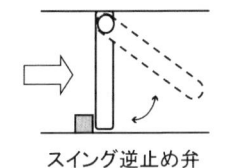

|問|5　次の(1)〜(4)の各弁が，それぞれの名称で呼ばれているのは，どのような特徴によるものか説明せよ。　　　　(1507/1704/2010/2404)
(1) 仕切弁　　　　(2) ボール弁
(3) 玉形弁　　　　(4) アングル弁

|解答|
(1) 弁体が流路に対して垂直に移動し，流体の流れが一直線上になる弁
(2) 弁体の形状が球（ボール）形の弁
(3) 丸い形をした弁箱の入口と出口の中心線が一直線上にあり，流体の流れはS字状になる弁
(4) 弁箱の入口と出口の中心線が直角で，流体の流れも直角になる弁

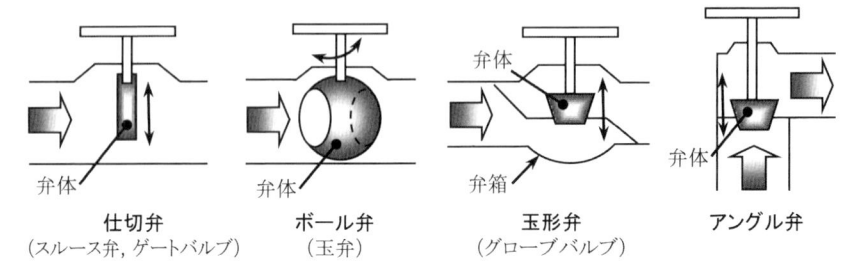

仕切弁　　　　　　　ボール弁　　　　　玉形弁　　　　　　アングル弁
(スルース弁，ゲートバルブ)　（玉弁）　　（グローブバルブ）

|問|6　機関室の配管装置に関する次の問いに答えよ。(1604/1904/2102/2210)
(1) 危急用のビルジ吸引管とは，どのようなものか。（概要を説明せよ。）
(2) 機関室の敷板よりも下部に設ける管系の固定用金物について，日常どのようなことを検査しなければならないか。

7 その他

解答
(1) 機関室内最大容量の海水ポンプ(注1)の吸込み側に取り付け，機関室海水管の破孔などにより，通常のビルジポンプで吸引が間に合わないときに使用する管系統
(2) 固定用金物が腐食し切断すると，振動により管の継手から漏水が発生しやすくなる。このため，定期的に固定用金物の腐食状況やボルト，ナットの緩みの有無を丁寧に検査する。

解説
(注1) ディーゼル船では主冷却海水ポンプ，タービン船では主循環（水）ポンプをいう。

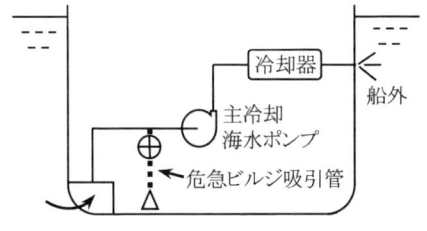

ディーゼル船の危急ビルジ吸引管系

問7 ガラス製棒状温度計による温度測定方法に関して，次の問いに答えよ。
(1510/1807/2004/2302)
(1) 温度を測定するうえで，温度計自体の誤差のほかに，測定温度に誤差を生じる原因としては，どのような事項があるか。（3つあげよ。）
(2) 使用する前に温度計については，外観上どのような事項について検査しておく必要があるか。（3つあげよ。）

解答
(1) ① 視差(注1)　② 示度の遅れ(注2)
　　③ 浸没の位置(注3)
(2) ① 液切れ(注4)　② 目盛板のずれ
　　③ 氷点示度の狂い

解説
(注1) 示度を読み取るとき，目の位置によって読み取り誤差を生じること。
(注2) 正しい示度を示すまでの時間的遅れのこと。
(注3) 温度計の浸没位置により測定温度に誤差

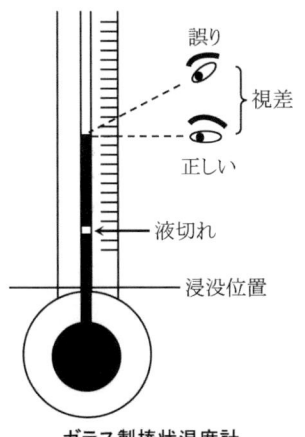

ガラス製棒状温度計

》257《

を生じること。
(注4) 振動や衝撃，局所加熱などにより感温液柱が途中で切断されること。
◆ガラス製棒状温度計：ガラス管内の感温液が，温度により膨張，収縮することを利用した温度計で，感温液には水銀やエチルアルコールなどを用いる。

問8　圧力計に関する次の問いに答えよ。
(1) ブルドン管圧力計の内部の構造は，どのようになっているか。（略図を描いて主要部の名称を記せ。）　　　　　　　　　　　　　(1802/2002/2110)
(2) ブルドン管圧力計の示度に誤差を生じる原因は，何か。
　　　　　　　　　　　　　　　　　　　　　　(1407/1802/2002/2110/2310)
(3) 圧力検出部には，ブルドン管のほかにどのようなものがあるか。
　　　　　　　　　　　　　　　　　　　　　　(1407/1802/2002/2110/2310)
(4) 指針の振れが大きい場合，どのようにして振れを小さくするか。
　　　　　　　　　　　　　　　　　　　　　　　　　　　(1407/2310)

解答
(1) 図のとおり

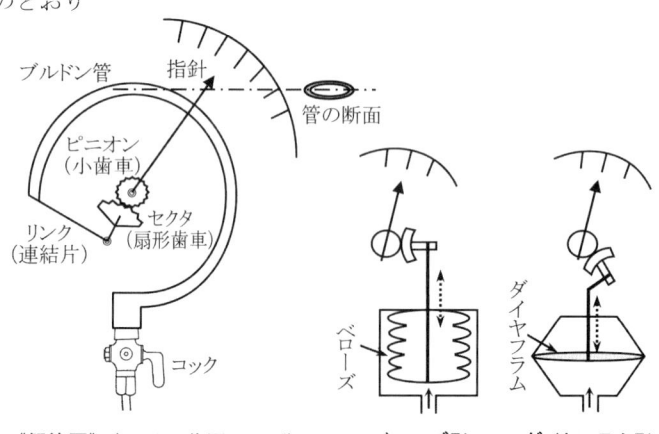

《解答図》（コックの作図は不要）　　ベローズ形　　ダイヤフラム形

(2) ① 長期使用や過大な圧力によるブルドン管の変形
　　② 取付け不良による緩みや漏れ
　　③ ブルドン管内や導管の詰まり
　　④ 歯車の摩耗

(3) ① ベローズ　　② ダイヤフラム
(4) ① 圧力計と配管の間に絞りを入れる。
　　② 圧力計元弁またはコックを絞る。

解説
◆ブルドン管圧力計：ブルドン管（湾曲管）は，断面の形状が楕円をした管を円形に曲げ，その一端を固定し他端を閉じた管である。この管に内圧を加えると，断面は円形に近づき，それにともなって曲管は真っすぐになろうとするので，閉じたほうは外側に広がる。この動きを歯車によって指針に伝えて，圧力を表示する。
◆ダイヤフラム（隔膜，薄膜）式：圧力で隔膜が膨らんだり凹んだりする度合いを読み取る。
◆ベローズ：伸縮管

問9　次の(1)～(5)の工具は，どのような場合に使用されるか。それぞれ記せ。
(1) パッキンツール
(2) ギヤプーラ　　　　　　　　　　　　　　　　　(1410/1910/2304)
(3) トルクレンチ　　　　　　　　　　　　　　　　(1410/1910/2304)
(4) チューブエキスパンダ　　　　　　　　　　　　　　　　(1502)
(5) トースカン　　　　　　　　　　　　　　　　　(1410/1910/2304)

解答
(1) **パッキン箱**のパッキンを抜き出し，挿入を行う場合
(2) ポンプの**羽根車**を軸から取り外す場合
(3) ボルトを規定値で締め付ける場合
(4) **管板**に取り付けた管の端を拡げる場合
(5) 工作物に水平線を引く場合

解説
◆チューブエキスパンダ：拡管器

機関その二

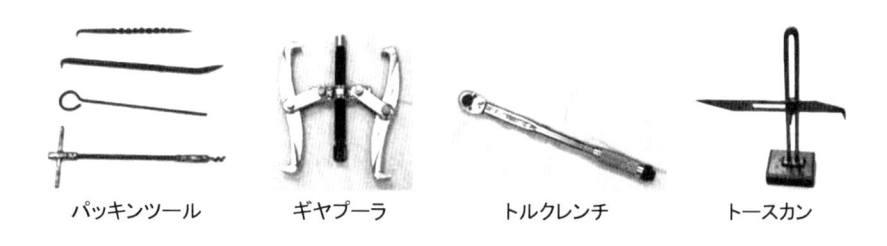

| パッキンツール | ギヤプーラ | トルクレンチ | トースカン |

> 問 10　次の(1)～(4)の工具及び測定器具は，どのような場合に使用されるか。それぞれ記せ。
> (1)　アイボルト　　　　　　　　　　　　　　　　　　　　　　(150/22022)
> (2)　ブリッジゲージ　　　　　　　　　　　　　　　　　　　　(1502/2202)
> (3)　インサイドマイクロメータ　　　　　　　　　　　(1410/1910/2304)
> (4)　デプスゲージ　　　　　　　　　　　　　　　　　(1410/1910/2202)

解答
(1)　ピストンなど重量物にねじ込んで，ワイヤを通して吊り上げる場合
(2)　主軸受の下降度を測定する場合
(3)　シリンダの内径や穴径，溝幅などを計測する場合
(4)　穴や溝の深さを正確に測る場合

解説
◆デプス：「深さ」の意味

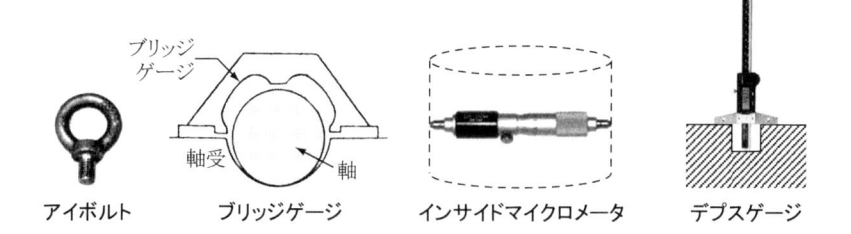

| アイボルト | ブリッジゲージ | インサイドマイクロメータ | デプスゲージ |

7 その他

問11 下記㋐〜㋔の機械部品及び工具の略図に関する次の問いに答えよ。
(1602/1807/2104/2207)

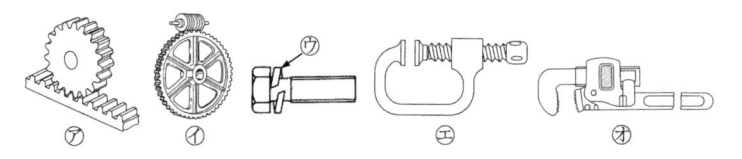

㋐　㋑　㋒　㋓　㋔

(1) ㋐〜㋔の名称は，それぞれ何か。
(2) ㋐及び㋑は，それぞれどのような箇所に用いられるか。
(3) ㋒は，どのような目的で用いられるか。
(4) ㋓及び㋔は，どのように用いられるか。

解答
(1) ㋐：ラックとピニオン(注1)　㋑：ウォームギア(注2)
　　㋒：スプリングワッシャ　㋓：Ｃ形クランプ　㋔：パイプレンチ
(2) ㋐：ボッシュ式燃料噴射ポンプなどに用いられる。
　　㋑：遠心油清浄機の横軸と縦軸などに用いられる。
(3) ボルトの緩み止めに用いる。
(4) ㋓：固定具，締め具として用いる。
　　㋔：管や丸棒を挟んで回転させるときに用いる。

解説
(注1) 直線運動を回転運動に変える場合，または，その逆の変換に用いる。
(注2) 直角に交わる軸を大きな減速比で伝達させる場合に用いる。

問12 図は，作業工具のアイボルトの略図である。次の問いに答えよ。
(1702/1902/2102/2204) 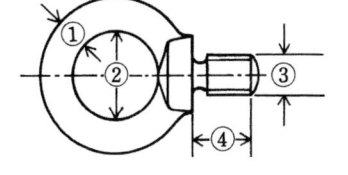
(1) アイボルトは，どのような作業に使用するか。（具体的な作業名をあげよ。）また，使用にあたって，注意しなければならない点は，何か。
(2) アイボルトの強度は，ふつう，図の①〜④の中の，どの部分で決めるか。

》 261 《

機関その二

解答

(1) ピストン抜き作業

＜注意事項＞
- アイボルトの許容荷重以下で使用する。
- アイボルトのねじ込み不足，ねじ込み過ぎに注意する。
- 曲がりや割れなど表面欠陥がある場合は使用しない。
- 急激な上下左右の移動を避ける。
- 吊り上げたときのバランスに注意する。

(2) ③ (注1)

解説

(注1) ねじが支えることができる力 F は，「$F ≒ $引張強さ×ねじの断面積」で得られる。

問13 電動機の動力伝達に利用される V ベルトに関する次の文の中で，<u>正しくないもの</u>を2つあげ，それぞれ正しい文になおせ。　(2002/2302)

㋐ 平ベルトに比べ，短い軸間距離で大きな速度比の伝達ができる。
㋑ 交換するときは，全部のベルトを同時に交換する。
㋒ 張りが強いと，ベルトがスリップしやすい。
㋓ 張り加減は，上側のベルトを下方へ押して調べる。
㋔ 張りの調整は，機械軸を移動させる。

解答

㋒：スリップしにくい。
㋔：電動機を移動させる (注1)。

解説

(注1) 電動機は，配管などの拘束がないので移動が容易である。

◆ 速度比：伝動装置における二つの回転軸の回転速度の比

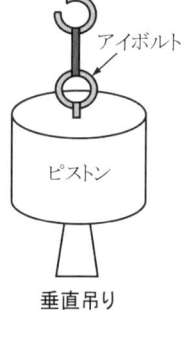

機関その三

1 燃料および潤滑油

> 問1 ディーゼル機関用燃料重油に関する次の問いに答えよ。
> (1407/1802/2004)
> (1) 低発熱量（真発熱量）とは，何か。
> (2) 下記⑦〜㊁を温度の高いものから順に並べると，どのようになるか。
> ⑦凝固点 ⑦引火点 ⑨着火点 ㊁流動点

解答
(1) 燃料が完全燃焼するときに発生する熱量から，水蒸気の蒸発熱を差し引いた発熱量 (注1)
(2) ⑨着火点＞⑦引火点＞㊁流動点＞⑦凝固点

解説
(注1) 水は水蒸気になるとき，燃料の燃焼によって発生した熱から蒸発熱（気化熱）を奪うので，その分有効利用できる発熱量が減少する。低発熱量は燃料に含まれる水素と水分の量によって決まる。
◆着火点（300℃前後）：油の温度が上昇し，他から点火しないで自然に燃焼を開始する最低温度
◆引火点（100℃前後）：油に火炎を近づけて燃焼を開始する最低温度
◆流動点（10℃前後）：油を冷却したときに，油が流動する最低温度
◆凝固点（0℃前後）：油が低温となって凝固（固まること）するときの最高温度
◆蒸発熱：液体が気体に変化するときに吸収される熱

> 問2　ディーゼル機関用燃料油に関する次の問いに答えよ。
> (1704/1910/2210)
> (1) 重油に含まれる残留炭素分とは，どのようなものか。
> (2) セタン価は，何を表す尺度か。
> (3) セタン価が高過ぎても，低過ぎてもよくないのは，なぜか。

解答
(1) 重油を一定条件下で蒸し焼きにして残った炭素状物質を残留炭素といい，試料油に対する質量百分率で表したものを残留炭素分(注1)という。残留炭素は重質油や粘度の高い油では多くなる。
(2) 燃料油の着火性を表し，セタン価の高い油ほど着火しやすい(注2)。
(3) ＜高過ぎ＞　着火性が良過ぎるため過早着火によるノッキング(注3)を起こし，また圧縮仕事を増加させ出力が減少する。
　　＜低過ぎ＞　着火しにくいので，始動性が悪く，また不完全燃焼を起こしやすい。着火遅れが大きくなるとディーゼルノックを起こし最高圧力も高くなる。

解説
(注1) 残留炭素分は，燃焼後のカーボン発生量が推定でき，多いとシリンダ内の汚れや，燃料噴射弁に噴口の詰まりなどの不具合を生じる。
(注2) 高速機関ほど，また**ディーゼルノック**を防止するにはセタン価の高い燃料を使用する。
(注3) 正常な着火時期は，上死点前 5° 位で，最高圧力に達するのは上死点過ぎ 10° 位であるが，過早着火の場合は上死点前に計画最高圧に達し，さらにピストンで圧縮されるため圧力が急上昇し，たたき音を発する。
◆ディーゼル機関のノッキング：過早着火によるノッキングと，着火遅れによるディーゼルノックがある。

> 問3　燃料重油に含まれる灰分に関して，次の問いに答えよ。
> (1604/1804/2010/2404)
> (1) 灰分とは，何か。また，重油に含まれる灰分の主な成分は，何か。
> (2) ディーゼル機関に用いられる重油の灰分含有量を制限しているのは，

1　燃料および潤滑油

> なぜか。

解答
(1) 重油中に含まれる燃えない物質の総称
　　＜成分＞　ナトリウム，カルシウム，マグネシウム，バナジウムなどの化合物
(2) ① 灰分中の硬質灰分は，シリンダライナなど摩擦面を摩耗させる。
　　② <u>灰分中のバナジウムの燃焼生成物は，排気弁など高温部に付着して金属を腐食する</u>(注1)。

解説
(注1) バナジウム（V）の燃焼によってできる五酸化バナジウム（V_2O_5）は融点（溶ける温度）が低く，高温金属面に付着すると表面の酸化皮膜を破壊して金属を腐食させる。このため高温腐食，バナジウムアタックともいわれる。

> **問4**　ディーゼル機関用燃料重油の特性に関する次の文の（　）の中に適合する字句を記せ。　　　　　　　　　　　　　　　　　　　(1702/2104)
> (1) 灰分は，シリンダライナなどを（ ⑦ ）させる原因となる。灰分のうち，（ ⑦ ）性灰分は，遠心油清浄機では除去できない。
> (2) 重油中のアスファルテンは，油中に分散しているが，重油を（ ⑦ ）したり，異質油と混合すると（ ⑦ ）する。
> (3) 硫黄分は，一般に，低質重油になるほど（ ⑦ ）するが，遠心油清浄機で除去することが（ ⑦ ）。

解答
⑦：摩耗　⑦：油溶　⑦：加熱　⑦：凝集　⑦：増加　⑦：できない

解説
◆遠心油清浄機：遠心力を利用して油と不純物（水分やスラッジなど）を分離，除去する装置
◆アスファルテン：アスファルトの主成分で，黒褐色をした，固体または半固体の高分子の炭素と水素の化合物

機関その三

> **問5** ディーゼル機関用燃料重油に関する次の問いに答えよ。
> (1) 機関入口の加熱温度は，どのようにして決めるか。 (2102)
> (2) 硫黄分を多く含む燃料油に対して，取扱い上どのような注意をするか。

解答

(1) 縦軸に粘度，横軸に温度をとった粘度-温度線図から適正粘度にするための加熱温度を求め，求めた温度で使用して，機関の運転状態から加熱温度を微調整する(注1)。

(2) 低温腐食の原因となるので
　① 長時間の低速運転を行う場合，シリンダ壁温度が燃焼ガス温度の露点以上になるよう冷却清水温度を調整する(注2)
　② 高アルカリ価の潤滑油を使用する(注3)
などに注意する。

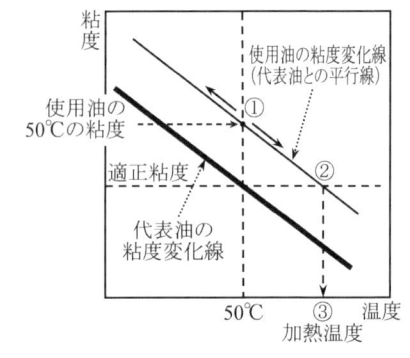

粘度-温度線図

解説
(注1) 線図上には代表する油の粘度変化線が記入されているので，使用油の50℃の粘度①において，代表油の粘度変化線と平行線を引く。この平行線と適正粘度線②との交点から加熱温度③を決定する。（油の粘度は温度によって変化するため，50℃での粘度を油の粘度とする。）
(注2) シリンダ壁の温度が低下すると硫酸が生成しやすくなる。
(注3) 生成した硫酸を中和する。

> **問6** 硫黄分を含む重油が燃焼して，硫酸を生じる過程を順次述べよ。
> (1810/2204)

解答

重油中に含まれる硫黄分（S）は酸素（O_2）と反応して亜硫酸ガス（SO_2）となる。

$$S + O_2 = SO_2$$

<u>この SO₂ の一部が燃焼ガス中の余剰酸素（O₂）と反応して無水硫酸（SO₃）となる</u>(注1)。

$$SO_2 + \frac{1}{2}O_2 = SO_3$$

SO₃ は燃焼ガス中の水蒸気（H₂O）と結合して硫酸ガス（H₂SO₄）となる。

$$SO_3 + H_2O = H_2SO_4$$

硫酸ガスは，温度の低いところで冷却されて硫酸となる。

解説
（注1）過度の酸素がなければ無水硫酸は発生しないので，ボイラでは余剰酸素を抑えた低酸素燃焼を行い，低温（硫酸）腐食を防止する。

◆余剰酸素：理論酸素量では，完全燃焼させることが難しいので，余分に加えた燃焼用酸素

問7 次の(1)及び(2)に該当する燃料重油を積み込んだ場合，この重油を使用するにあたりどのような処置を行うか，それぞれ述べよ。
　　　　　　　　　　　　　　　　　　　　　　　　（1904/2202/2207/2402）
(1) 水分が多い。　(2) きょう雑物を多く含む。　(3) 硫黄分が多い。

解答
(1) 水分は，出力の低下や腐食，失火，不完全燃焼などの原因となるので，セットリングタンクや遠心油清浄機，燃料油添加剤（<u>エマルジョンブレーカ</u>(注1)）などにより分離，除去する。
(2) きょう雑物は，燃料噴射装置の損傷や不完全燃焼，シリンダの摩耗などの原因となるので，セットリングタンクやこし器，遠心油清浄機などによりを分離，除去する。
(3) 硫酸腐食を防ぐため
　　① ディーゼル機関では，冷却水温度を高めにし，アルカリ価の高い潤滑油を使用する。
　　② ボイラでは，節炭器などの管壁温度が低下しないように注意し，また，空気比を小さくして余剰空気を減じて燃焼する。

解説
（注1）水分が油中で微細に分散したエマルジョン状態を破壊して，水と油を分

離しやすくする。
◆エマルジョン（乳濁液）：水と油が混ざりあった状態
◆セットリングタンク（澄ましタンク）：重力を利用して水分やスラッジ，ごみなどを分離するタンク
◆スラッジ：油中の不純物が凝集沈殿した泥状物質
◆きょう雑物：砂，金属粉，さび，繊維質など，ごみの総称

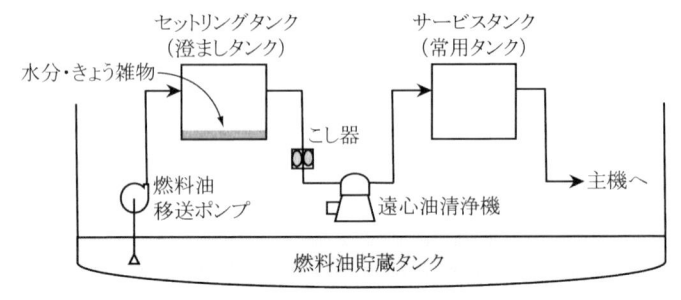

燃料油系統図

問8 ディーゼル機関用潤滑油に必要な次の(1)～(5)の作用をそれぞれ説明せよ。 (1707/1902)
(1) 冷却作用　　(2) 応力分散作用　　(3) 密封作用
(4) 腐食防止作用　(5) 減摩作用

解答
(1) 金属と金属が接触する軸受に供給して，摩擦により発生する摩擦熱を除去し軸受の過熱を防ぐ。
(2) 金属と金属が接触する軸受に供給して，接触面のすきまに油膜を形成し荷重の分散を図る。
(3) ピストンリングとシリンダライナの接触面に油膜を形成し，圧縮空気や燃焼ガスのクランクケースへの吹抜けを防止する。
(4) 金属面の油膜は，空気や水との接触を防いでさびの発生を防止する。また，アルカリ性をもたせて硫酸を中和し**低温腐食**を防止する。
(5) 金属と金属が接触する軸受に供給して，摩擦を減じて摩耗を防止する。

解説
◆システム油の供給経路：機関底部のサンプタンク（集油タンク）→ **LO**（潤滑油）ポンプ→ LO クーラ→主軸受→クランクピン軸受→ピストンピン軸受→ピストン→サンプタンク

問9　潤滑油に関する次の問いに答えよ。
(1) 動粘度とは，どのようなことか。また，その単位は，何か。(2007/2310)
(2) 油性とは，どのようなことか。(2007/2310)
(3) 硫黄分を多く含む燃料油に対して，使用する潤滑油にはどのような性状が要求されるか。また，その理由は，何か。(2002)

解答
(1) 絶対粘度を密度で割った値
　　＜単位＞　[mm^2/s] または [cSt（センチストークス）]
(2) 金属の摩擦面に吸着して潤滑油の薄膜を構成する油膜構成力をいう。
(3) 高アルカリ価
　　＜理由＞　硫黄分の燃焼によって生じる硫酸を中和して，低温腐食を防止する。

解説
◆絶対粘度：油の粘っこさを表し，ポンプで圧送する場合の流動に対する抵抗力となり，この値が大きいほど摩擦損失が増加する。
◆動粘度：油の動きにくさを表し，この値が大きいほど軸受から流れ落ちにくくなり油膜を維持する。
◆油性：粘度が同じでも油膜の切れにくさを表す。

問10　潤滑油のアルカリ価に関する次の問いに答えよ。(1502)
(1) どのようにして，表すか。（単位も記せ。）
(2) アルカリ価の値は，潤滑油の添加剤における何の性状を表す尺度となるか。

解答

(1) アルカリ価とは，試料 1 g 中に含まれる塩基性成分を中和するのに要する酸と当量の水酸化カリウム（KOH）の量を mg 数で表した値で，単位は［mgKOH/g］

(2) <u>アルカリ価は酸中和能力を示すとともに，清浄分散性の良否を表す尺度となる</u>(注1)。

解説

(注1) アルカリ価の減少に伴い，清浄性や酸中和能力が低下するので，潤滑油の劣化を判定する目安となる。

問 11 潤滑油に関する次の文の中で，<u>正しくないものを 2 つあげ，その文の下線を引いた部分を訂正して正しい文になおせ。</u>　　　(1507/1807)
㋐ 動粘度を表す単位は，<u>センチストークス（cSt）</u>である。
㋑ <u>油性</u>とは，温度による粘度の変化の度合いを表すものである。
㋒ システム油として使用される HD 油（3 種）の添加剤には，主として，酸化防止剤のほかに<u>抗乳化剤</u>が使用される。
㋓ シリンダ油の反応は<u>アルカリ性</u>である。
㋔ 高温に接すると熱分解により<u>酸化</u>する。

解答
㋑：粘度指数　　㋒：清浄分散剤

解説
◆清浄分散剤：酸化されて生成したスラッジを溶解性にするとともに油中に分散させ，スラッジの付着，堆積を防止する。また，燃料中の硫黄分の燃焼によって生じる硫酸を中和し，腐食や摩耗の防止，潤滑油の劣化を防ぐ。

◆抗乳化剤：潤滑油が容易に乳化しないようにあらかじめ潤滑油に配合する添加剤を抗乳化剤といい，エマルジョンに添加してそれを破壊する物質は乳化破壊剤，エマルジョンブレーカという。

◆シリンダ油：ピストンリングとシリンダライナの接触面に供給される潤滑油

1　燃料および潤滑油

> **問12** ディーゼル機関で使用される舶用内燃機関用潤滑油 3 種（HD 油）に関する次の問いに答えよ。　　　　　　　　　　　　　　　　　　（1602）
> (1) どのような特性を持った潤滑油か。
> (2) どのようにして劣化の度合いを調べるか。
> (3) 遠心油清浄機で清浄する場合，注水清浄を避けるほうがよいのは，なぜか。

解答
(1) 酸化防止剤，清浄分散剤，極圧剤，防錆剤などを添加し，適度のアルカリ価をもたせた高荷重用の潤滑油
(2) アルカリ価(注1)を測定する。
(3) ① HD 油は劣化すると水の分離が悪くなる。
　　② 清浄分散剤などの添加剤が洗い流される。
　　③ 添加剤含有量が多い潤滑油では乳化するおそれがある。

解説
(注1) アルカリ価（塩基価）が保持されていると清浄分散性も保たれるので，アルカリ価の測定は劣化の度合いを知ることができる。劣化が進むと，アルカリ価以外に粘度なども変化する。
◆ HD（Heavy Duty）油：シリンダ油は高温・高圧の燃焼室内で潤滑作用を行わせるので，システム油より過酷な条件で使用される。このため，大形機関ではシリンダ油とシステム油を分けているが，中・小形機関ではシリンダ油とシステム油を両用できる HD 油が使用される。
◆アルカリ価：低質重油は硫黄分を多く含むので硫酸が発生し潤滑油が酸性化する。酸性になるとスラッジが発生し，鉄を腐食するので，酸性分を中和するため潤滑油はアルカリ性を維持する。アルカリ価はエンジン油中のアルカリ性成分の含有量を示す。
◆注水洗浄：不溶解性成分と酸性成分の除去に有効とされる。

> **問13** 使用中のディーゼル機関用潤滑油（システム油）の試験に関する次の問いに答えよ。　　　　　　　　　　　　　　　　　　（1504/2110/2302）

> (1) 潤滑油の試料を採取する場合，どのような注意が必要か。
> (2) 潤滑油の試験を陸上の試験機関に依頼する場合，添付書類には，どのような事項を記入しておかなければならないか。

解答

(1) ① 運転中の潤滑油系統中のこし器の空気抜きから採取する。
② 採取する容器は，水分やごみなどのない清浄なものを使用する。
③ 採取直後の油は採取管内のごみなどを含むため廃棄する。
④ 試料油は 1 リットル以上採取する。

試料油の採取（空気抜き，こし器）

(2) ①船名（船主） ②機関メーカ名，型式 ③試料油の銘柄 ④採取年月日 ⑤採取箇所 ⑥使用時間 ⑦補給量 ⑧清浄方法 ⑨その他特記事項

解説

◆システム油：軸受に供給される潤滑油で，循環潤滑油ともいわれる。4サイクル中・小形機関ではシステム油がシリンダ油も兼ねる。

> **問14** ディーゼル機関用潤滑油（システム油）について次の問いに答えよ。
> (1610/2002)
> (1) 粘度指数とは，油のどのような性質を表すものか。
> (2) スポットテストでは，どのようなことが判断できるか。また，どのようにして行うか。

解答

(1) 潤滑油の粘度が温度によって変化する程度を 0～100 の数値で表す。粘度指数が大きいほど温度による粘度変化が小さいことを示す。

(2) ① 清浄分散性および汚染度：試験紙に使用油を1滴滴下し，その拡散状態から清浄分散性と汚染度を判断する。
② 塩基性の判断：試験紙に試薬を1滴滴下し，次にその試薬の中心に使用油を1滴滴下する。その後試験紙上に生ずる変色の程度から塩基性の強さを判断する。

1　燃料および潤滑油

解説

◆粘度指数：粘度は温度によって変化し，温度が高いと油はサラサラになり，低いと流動性を失う。システム油は 40℃ 程度で機関に入り，軸受を潤滑するとともに摩擦熱を吸収して油温が上昇し 100℃ 前後でサンプタンクに戻る。粘度指数はこの 40～100℃ の温度変化で粘度変化の割合，つまり粘度の温度依存性を 0～100 の数値で示したもので，100 に近いほど粘度変化が小さく良質油といわれる。

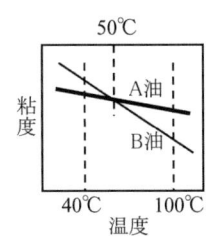

A油とB油は，50℃での粘度が同じでも，温度変化（40～100℃）における粘度変化が異なる。A油の方が粘度変化が小さく，粘度指数は大きい。

粘度指数

汚染の程度が大きい重質分は拡散しないので中央に留まり，軽質分は拡散していく。

〔清浄分散性および汚染度の判定〕

〔塩基性の判定〕

スポットテスト

問15 潤滑油の粘度及び粘度指数に関する次の文の（　）の中に適合する字句を記せ。　　　　　　　　　　　　　　　　　　　　　　(1410/1710)

(1) 滑り軸受（平軸受）に供給される潤滑油の粘度が高過ぎると，油膜の厚さは，（ ⑦ ）くなり，油の（ ④ ）摩擦によって，動力損失が多くなる。

(2) 動粘度とは，粘度（粘性係数）を同温度のその油の（ ⑦ ）で割ったものである。単位として（ ㊁ ）を用いる。

(3) 粘度指数が小さいことは，温度の変化による粘度変化が（ ㊧ ）いことを示す。

(4) 一般にナフテン基油からつくられた潤滑油は，パラフィン基油からつくられた潤滑油よりも粘度指数が（ ㊥ ）い。

解答
㋐：厚　㋑：内部　㋒：密度　㋓：センチストークス　㋔：大き
㋕：小さ (注1)

解説
(注1) パラフィン基油は，ワックスの原料となるパラフィンが多く含まれるので，ナフテン基油に比べ低温における流動性が悪いが，粘度指数は大きい。

◆滑り軸受：軸を面で支え，軸と面とが滑り摩擦する軸受

◆動粘度 = $\dfrac{粘度}{密度}$ [センチストークス]

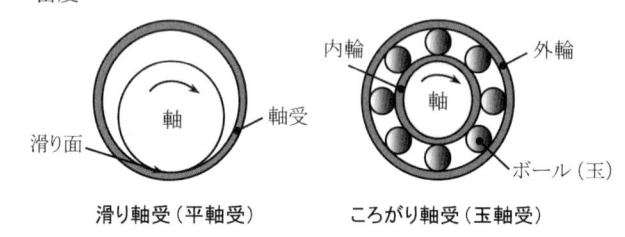

滑り軸受（平軸受）　　　ころがり軸受（玉軸受）

問16 潤滑油の粘度に関する次の問いに答えよ。　(1607/1907/2304)
(1) 滑り軸受（平軸受）に供給される潤滑油の粘度が高過ぎる場合及び低過ぎる場合には，それぞれどのような不具合があるか。
(2) ディーゼル機関用潤滑油（システム油）が劣化すると，粘度はどのように変化するか。（理由を付して記せ。）

解答
(1) 高過ぎる場合，油膜は厚いが摩擦抵抗により動力損失が増加し，発熱を生じる。
　　低過ぎる場合，油膜が薄くなって潤滑作用が悪くなり，発熱や焼付きを起こすことがある (注1)。
(2) 劣化は油自身の酸化による変質または外部からの不純物混入により起こる。劣化が進むと酸化によりスラッジを形成し，不純物の混入によりきょう雑物が増して粘度は増加する。

解説
(注1) 粘度が低下すると，荷重に対し油膜を保持できなくなる。

◆粘度：潤滑油が摩擦面に付着して油膜を形成するために必要な性質をいい，粘度の低過ぎは，軸受から油がしめ出されて固体摩擦になる。大きな荷重を受け摩擦面の温度が高い軸受には粘度の高い潤滑油が，回転速度の高い軸受には粘度の低い潤滑油が適する。

問17 潤滑剤であるグリースに関する次の問いに答えよ。(1510/2107/2307)
(1) EP グリースとは，どのようなものか。
(2) 万能グリースとして必要な性質は，何か。

解答
(1) グラファイトなどの固体潤滑剤を添加し，高い圧力や負荷においても金属接触することなく摩擦や摩耗を防ぐことを目的としたグリース
(2) 耐熱性，耐水性，酸化安定性，機械安定性，潤滑性，耐食性など

解説
◆ EP グリース：EP は Extra Pressure（極圧）の略

2 材料工学

問1 図は，軟鋼の材料に引張荷重をかけた場合に材料に生じる応力とひずみの関係を示した概略図であり，A 点は比例限度，B 点は弾性限度を示す。図に関する次の問いに答えよ。 (1607/1802/2310)
(1) C 点及び D 点は，それぞれ何と呼ばれるか。また，それぞれどのようなことを表す点か。
(2) 比例限度内において，断面積 S の材料にかかる引張荷重を P とすれば，そのとき材料に生じる応力 σ は，どのように表されるか。(式で示せ。)

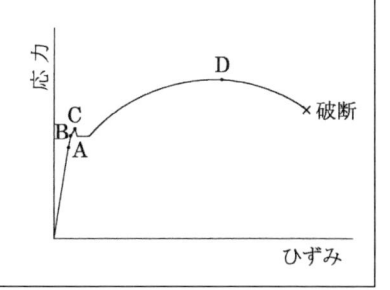

解答

(1) C点（上降伏点）：C点を超えると応力は増加しないでひずみが急激に増加する。この現象を降伏といい，降伏を起こし始めるC点を上降伏点（単に降伏点）という。

　　D点（引張強さ）：引張試験において，材料が破断するまでに耐えた最大の応力(注1)。極限強さ，または単に強さという。

(2) $\sigma = \dfrac{P}{S}$

解説

(注1) 材料に外力が加わったとき，材料に生じる応力が引張強さを超えると，材料は破壊する。

◆引張試験：試験片に引張荷重を加えて応力-ひずみ曲線を求める試験で，曲線から材料の降伏点，引張強さ，伸び，絞りなどの機械的性質を調べる。

◆比例限度：応力とひずみの間に比例関係が成り立つ最大の応力で，ばねばかりはこの比例関係を利用する。

◆弾性限度：比例限度を超えると応力とひずみの間に比例関係は成り立たないが，弾性限度までは加えた応力を取り去るとひずみは消滅し，元の寸法に戻る。このようなひずみを弾性ひずみといい，弾性ひずみが生じる最大の応力を弾性限度という。弾性限度を超えると，応力を取り去ってもひずみが残り，このひずみを永久ひずみという。永久ひずみが生じると，構造材としての機能を失うので，材料に発生する応力が弾性限度内になるよう設計する。

◆応力：材料に外力が作用すると，変形させまいとして材料内部に内力（抵抗力）を生じる。内力と外力は，大きさは等しく，方向が反対で釣り合っている。この内力を材料断面の単位面積当たりの大きさで表したものを応力という。

問2 材料に加わる荷重に関して，次の問いに答えよ。　　（1804/1910/2207）

(1) 衝撃荷重及び交番荷重は，それぞれどのような荷重か。　　（1510）

(2) 安全係数を決定する場合，衝撃荷重と交番荷重では，どちらの安全係数を大きくするか。

解答

(1) 衝撃荷重：単発的に急激な力が短時間に働く荷重

2　材料工学

　　交番荷重：力の方向と大きさが周期的に変わりながら繰り返して作用する荷重
(2) 衝撃荷重^(注1)

解説
(注1) 鋼の場合，一般に衝撃荷重に対しては 10，交番荷重には 8 の安全係数をとる。

◆荷重の種類

荷重 ┬ 静荷重：加えられた力が変わらない荷重
　　 └ 動荷重 ┬ 衝撃荷重
　　　　　　　└ 交番荷重（繰返し荷重）

問3　材料力学に関する次の問いに答えよ。　　（1702/1902/2302）
(1) 引張強さ（極限強さ）とは，どのようなことか。
(2) 許容応力とは，どのようなことか。
(3) 引張強さ，許容応力及び安全係数の間には，どのような関係があるか。（式で示せ。）

解答
(1) 引張試験において，材料が破断するまでに耐えた最大の応力
(2) 許容応力^(注1)：材料が実際に使用されたとき，安全であると考えられる最大の応力
(3) 安全係数^(注2) = $\dfrac{引張強さ}{許容応力}$

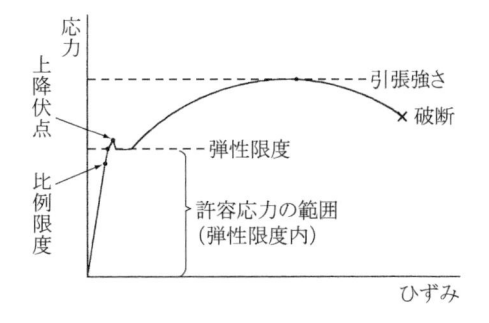

解説
(注1) 安全が保証された応力。想定される条件を設計時に考慮して決定され，一般には弾性限度以下の応力が採用される。

$$使用応力 \leqq 許容応力 < 弾性限度$$

(注2) エレベータのロープを太くすれば安全係数は大きくなり，安全は高まるが，材料費も高くなり，ロープを駆動するモータも大型化し不経済になる。

細くすれば安全係数は小さくなり，ロープの切断事故を起こす恐れが生じる。

> **問4** 炭素鋼において含有炭素量を 0.1〜1.0％ の範囲内で増加した場合，炭素鋼の次の(1)〜(5)の機械的性質は，どのように変わるか。それぞれについて記せ。　　　　　　　　　　　　　　　　　　　(1407/2107/2404)
> (1) 伸び　　(2) 降伏点　　(3) 硬さ　　(4) 衝撃値　　(5) 引張強さ

解答
(1) 減少する。　　(2) 増加する。
(3) 増加する。　　(4) 減少する。
(5) 増加する。

解説
◆炭素鋼：鉄と炭素の合金で，炭素量が多くなると硬くなるが，もろくなる。炭素量が少ない鋼を軟鋼，多くなると硬鋼と呼ぶ。
◆衝撃値：もろさの目安を表す。

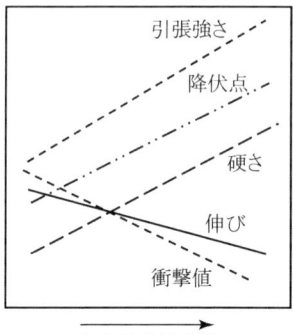

> **問5** 普通鋳鉄の性質に関する次の問いに答えよ。　　　　　　　　　　(1504/2104)
> (1) 鋳鉄の引張強さは，鋼に比べて，大きいか，それとも小さいか。また，それはなぜか。
> (類) それぞれの大きさはどのくらいか。(単位も記せ。)
> (2) 鋳鉄中の遊離黒鉛は，摩擦に対してどのような役目をするか。
> (類) 機械材料として耐摩耗性に優れている理由は，何か。

解答
(1) 小さい ^(注1)。鋳鉄は鋼に比べ，硬くてもろいため引張強さは小さい。
(類)　＜鋳鉄＞　100〜350 N/mm²　　＜鋼＞　300〜600 N/mm²
(2) 黒鉛は鉛筆の芯と同質なもので軟らかく，金属粉のような硬いものは埋没させる。また自己潤滑性に優れるので，摩擦を減少させ耐摩耗性を向上させる。
(類)　遊離黒鉛を含むため。あと(2)の解答に同じ

2　材料工学

解説
(注1) 鋳鉄は，引張強さは小さいが圧縮強さは大きいので，引張力よりも圧縮力を受ける部分に用いる。
◆鋼（炭素鋼）：炭素含有量が 2% までの炭素合金で，粘り強く，鍛造しやすい。引張強さは大きく，焼入れができる。
◆（普通）鋳鉄：ねずみ鋳鉄ともいう。鋼も鋳鉄もともに炭素合金に変わりはないが，炭素含有量が 2% を超えると，性質が変化し，とくに融点が低下して鋳物に使用されることから鋳鉄という名前が付けられた。
◆遊離黒鉛：炭素の含有量が多くなると，炭素は黒鉛として単体で存在する。
◆自己潤滑性：潤滑油を保持し油膜を形成する性質

問6 材料に関する次の問いに答えよ。　　　　　　　　　　　(2010)
(1) 長さ l の棒が引張りの力を受けて l' の長さになったとすると，縦ひずみ ε_l は，どのように表されるか。（式で示せ。）
(2) 縦ひずみを ε_l，横ひずみを ε_t とすると，ポアソン比は，どのように表されるか。（式で示せ。）
(3) 比例限度の範囲内で引張応力が σ のときの縦ひずみを ε_l とすると，縦弾性係数 E は，どのように表されるか。（式で示せ。）

解答
(1) $\varepsilon_l = \dfrac{l' - l}{l}$

(2) $m = \dfrac{\varepsilon_t}{\varepsilon_l}$　　ただし，m：ポアソン比

(3) $E = \dfrac{\sigma}{\varepsilon_l}$

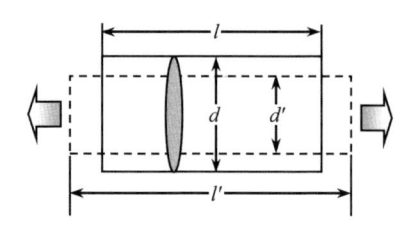

解説
◆横ひずみ：$\varepsilon_t = \dfrac{d - d'}{d}$
◆ひずみ：材料に外力が働くと，寸法や形状が変化する。寸法の変化量が元の寸法のいくらになるかを表した比をいう。「計算問題」問16参照

機関その三

$$ひずみ = \frac{変形量}{元の寸法}$$

> 問7　材料に生じる次の(1)～(3)のひずみを，それぞれ説明せよ。
> (1502/1707/2004/2304)
> (1) 引張ひずみ　　(2) せん断ひずみ　　(3) 体積ひずみ

解答
(1) 材料に引張荷重を加えたときの伸びと，元の長さとの比で
　　　$引張ひずみ = \dfrac{伸び}{元の長さ}$　となる。
(2) 図のように材料 ABCD にせん断応力が作用して AB′C′D に変形したときせん断ひずみ γ は　$\gamma = \dfrac{BB'}{AB} = \dfrac{CC'}{CD} = \tan\theta$　となる。
(3) 材料の表面全体に一様な圧力が加わり体積 V が V' に減少すると
　　　体積ひずみ ε は　$\varepsilon = \dfrac{V - V'}{V}$　となる。

解説
◆体積ひずみ：外力によって生じる体積の変化量と，元の体積との比

引張ひずみ　　　　ぜん断ひずみ　　　　体積ひずみ

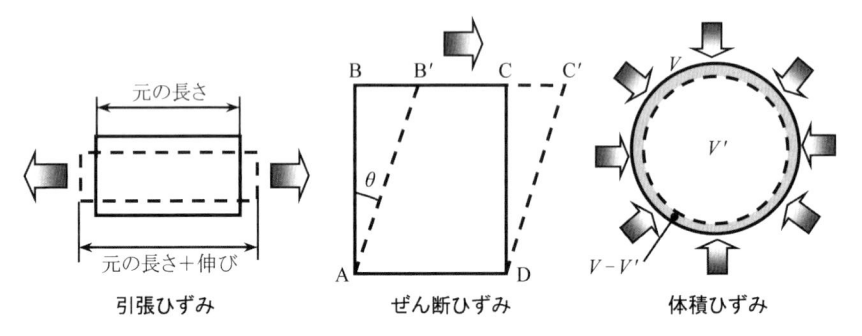

> 問8　材料において，次の用語を説明せよ。　　　(1510)
> 　　　圧縮ひずみ

解答
材料に圧縮荷重を加えたときのひずみで

$$圧縮ひずみ = \frac{縮んだ長さ}{元の長さ}$$ で表される。

解説
L：元の長さ　L'：変形後の長さ
$L - L'$：縮んだ長さ　P：圧縮荷重

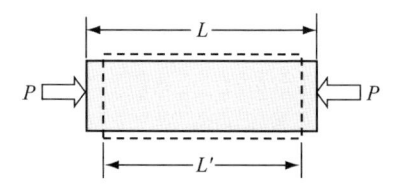

問9 金属材料のクリープに関する次の文の（　）の中に適合する字句を記せ。
(2102)
(1) 金属材料に一定の（㋐）を加えて，一定の（㋑）下に長時間放置しておくと，時間の経過に伴って（㋒）が増加し，最後には破断する現象をクリープという。
(2) この場合，㋐が（㋓）く，㋑が（㋔）いほど，㋒の増加が（㋕）く，破断するまでの時間が短い。

解答
㋐：荷重　㋑：温度　㋒：ひずみ　㋓：大き　㋔：高　㋕：大き

解説
◆クリープ試験：高温のもとで一定荷重を加え，時間の経過とともに変化するひずみを測定する試験をいう。

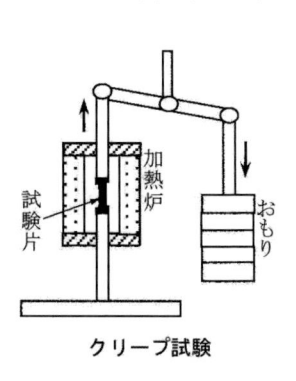

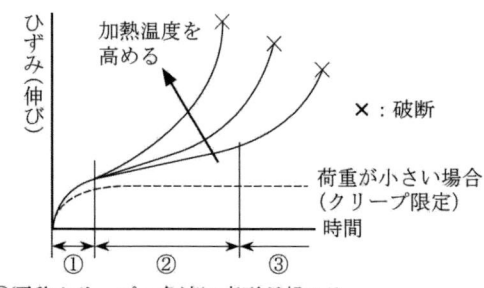

クリープ試験

クリープ曲線

①遷移クリープ：急速に変形が起こる。
②定常クリープ：一定量の変形で増加する。
③加速クリープ：再度，急速な変形により破断する。

> **問10** 次の(1)～(7)の事項別に，右の材料の大小（高低，多少）を比較して，その大きいものを記せ。　(1710)
> (1) 熱伝導率……鉛とアルミニウム　　(2) 膨張率……銅と炭素鋼
> (3) 溶解温度……軟鋼とホワイトメタル　(4) 密度……銅とアルミニウム
> (5) 引張強さ……鋳鉄と炭素鋼　　　(6) 電気伝導度……銅と鋳鉄
> (7) 炭素含有率……S15C と S30C（JIS 材料記号：機械構造用炭素鋼）

解答
(1) アルミニウム　(2) 銅　(3) 軟鋼　(4) 銅
(5) 炭素鋼　(6) 銅　(7) S30C

解説
◆熱伝導率［W/(m·K)］：熱の伝わりやすさを表す。
◆ホワイトメタル（白色合金）：すず(Sn)や鉛(Pb)を主体とした軟質の軸受用合金
◆密度［kg/m³］：単位体積当たりの質量
◆ S15C：S は Steel（鋼），15 は炭素含有量(%)×100 の数値，C は Carbon（炭素）表す。

> **問11** 鋼材料の焼入れにおいて，どのような場合に焼割れを生じるか。また，焼割れの原因は，何か。それぞれ記せ。　(1410/1602/1704/1807/2007/2210)
> （類） 鋼の焼入れにおいて，冷却速度が大き過ぎる場合，どのような害があるか。理由とともに記せ。　(2202/2402)

解答
焼入れ温度からの冷却速度が速過ぎる場合
　＜原因＞ 冷却速度が速過ぎる場合，鋼の表面と中心部の冷却速度の差から熱応力や残留応力が生じ，焼割れの原因となる。

解説
◆焼入れ：鋼を焼入れ温度（800～1250℃）に加熱後，急冷して，強さ・硬さを増す熱処理
◆残留応力：材料に外力を加えると内力が発生するが，外力を取り去っても材料内部に存在する応力。使用中の割れの原因になる。

2 材料工学

問12 鋼の焼きなましに関する次の問いに答えよ。　（1507/1610/1907）
(1) どのような目的で行うか。　(2) どのような方法で行うか。

解答
(1) ① 硬化した鋼の軟化
　　② 内部ひずみおよび残留応力の除去
　　③ 切削性の改善
　　④ 結晶組織の改良
(2) 加熱温度は炭素含有量によって異なるが，800℃前後に加熱してから徐々に冷やす。

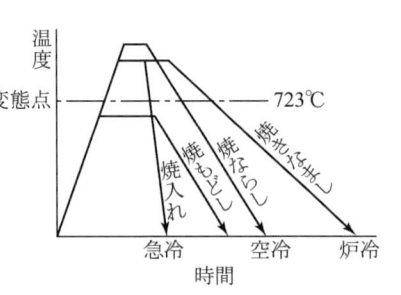

各熱処理の温度と時間の関係

解説
◆ 焼きなまし：鋼を無理やり軟らかくする熱処理で，無理やり硬くする熱処理は焼入れという。鋼を軟らかくして加工しやすくする。
◆ 切削性：材料の削りやすさ，加工のしやすさ

問13 鋼の焼きもどしについて，次の問いに答えよ。　（1604/1810/2002/2204）
(1) どのような目的で行うか。　(2) どのような方法で行うか。

解答
(1) 鋼は焼入れによって硬くなるがもろくなるので，硬さを減じて粘り強さを回復させる。
(2) 焼入れ処理後，焼入れ温度より低い温度に再加熱して適当な速さ(注1)で冷却する。

解説
(注1) 冷却時間を長くするほど，硬さが減少し粘り強くなる。
◆ 焼きもどし：焼入れとワンセットで行い，鋼を強靱にする。焼入れだけで作られた工具や部品は，すぐに破損したりキズがついて使い物にならない。
◆ 粘り強さ（靱性）：衝撃荷重に対する強度で，粘り強さに欠ける材料はもろいという。一般に硬度と靱性は反比例する。

3 熱力学など

> **問1** 図は，カルノーサイクルの温度-比エントロピ線図（T-s 線図）であり，このサイクルの受熱量を Q_A，放熱量を Q_B とする。図に関する次の問いに答えよ。　　　　　　（1604/1710/1902/2204）
> (1) 熱効率（η）は，どのように表されるか。（式で示せ。）
> (2) 図中の 1，2，3，4 で囲まれる四角形の面積（L）は，何を表しているか。また，L を式で表すと，どのようになるか。

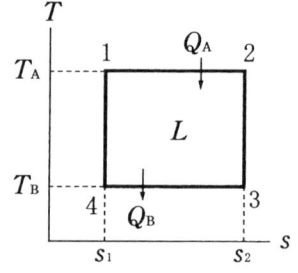

解答
(1) $\eta = 1 - \dfrac{Q_B}{Q_A} = 1 - \dfrac{T_B}{T_A}$　(注1)
(2) サイクルの仕事　$L = Q_A - Q_B$

解説
(注1) 受熱量 Q_A は，$Q_A =$ 面積 1-2-S_2-$S_1 = T_A \times (S_2 - S_1)$ で表される。
　　　放熱量 Q_B は，$Q_B =$ 面積 3-4-S_2-$S_1 = T_B \times (S_2 - S_1)$ で表される。
　　　$Q_A - Q_B =$ 面積 1-2-3-4 はサイクルの仕事を表す。よって

$$\text{熱効率} = \frac{\text{サイクルの仕事}}{\text{受熱量}} = \frac{Q_A - Q_B}{Q_A} = 1 - \frac{Q_B}{Q_A}$$
$$= 1 - \frac{T_B \times (S_2 - S_1)}{T_A \times (S_2 - S_1)} = 1 - \frac{T_B}{T_A}$$

となる。
◆カルノーサイクル：高低両熱源の温度が決まったとき，その間で働くサイクルのうち，最も高い熱効率をもつサイクル

3 熱力学など

問2 図は，カルノーサイクルの圧力-比体積線図（p-v 線図）の1例である。図における 1→2, 2→3, 3→4 及び 4→1 の4つの状態変化の名称をそれぞれ記せ。
(2104)

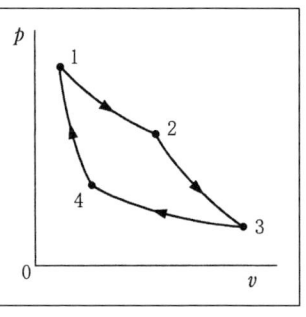

解答
1→2：等温膨張　2→3：断熱膨張　3→4：等温圧縮　4→1：断熱圧縮

解説
（注）カルノーサイクルの状態変化を p-v 線図で表すと曲線でわかりにくいが，問1のように T-s 線図で表すと直線となりよくわかる。

◆断熱変化：熱の出入りがない状態変化で，等エントロピ変化（s = 一定）ともいう。

問3 熱の移動に関する次の文の（　）の中に適合する字句を記せ。
(1510/2007/2402)

(1) 固体の内部を熱が移動することを熱（ ㋐ ）という。
(2) 固体内のある点から，他の点までの熱の移動する量は，その間の温度差に（ ㋑ ）する。
(3) 固体の面と，それに接する流体との間の熱の移動を熱（ ㋒ ）という。
(4) 流体では，㋒によって熱が伝わるだけでなく，（ ㋓ ）によって熱が伝えられる。
(5) 中間の物体にたよらずに，離れている物体に直接熱が移ることを熱の（ ㋔ ）という。

解答
㋐：伝導　㋑：比例　㋒：伝達　㋓：対流　㋔：放射

解説
◆熱伝導（固体中の伝熱）：物体内部の高温部から低温部へ熱が伝わる。

機関その三

- ◆熱伝達（固体と流体との伝熱）：やかん（固体）でお湯（流体）を沸かす場合の伝熱
- ◆対流（流体の循環による伝熱）：水や空気は熱せられると軽くなって上昇し，上部にある温度の低い水は下降し，対流が起きて全体が温まる。
- ◆放射（電磁波による伝熱）：電子レンジや太陽熱などでみられる伝熱で，ふく射ともいう。

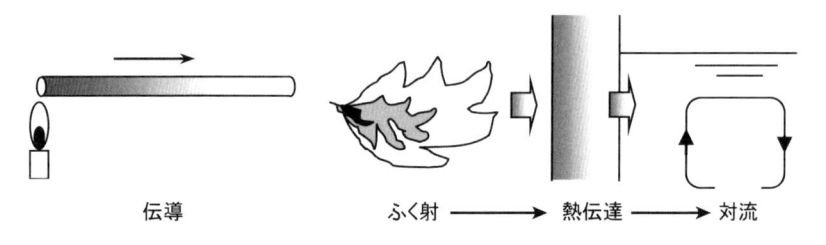

伝導　　ふく射 ──→ 熱伝達 ──→ 対流

> **問4**　蒸気の性質に関する次の文の（　）の中に適合する字句を記せ。
> （1704/1907/2207）
>
> 　圧力が一定のもとで水を加熱した場合，蒸発し始めた水が全部蒸気に変わるまでは水と蒸気の混合体であって，これを（㋐）蒸気という。また，水が蒸発しつくして全部蒸気になったとき，これを（㋑）蒸気という。さらに，圧力が一定のまま，加熱を続けると温度が上昇し，（㋒）温度より高い温度の過熱蒸気になる。この過熱蒸気の温度とその圧力に対する㋒温度との差を（㋓）といい，㋓の高い蒸気ほど（㋔）ガスの性質に近づく。

解答
㋐：湿り飽和　㋑：乾き飽和　㋒：飽和　㋓：過熱度　㋔：完全

解説
- ◆完全ガス（理想ガス）：燃焼ガスのように液化することがないとしたガスで，ボイル・シャルルの法則に従う。

3 熱力学など

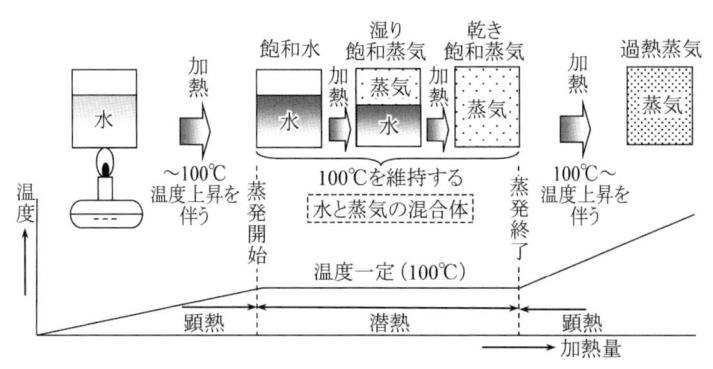

大気圧での水の状態変化

> **問5** 次の(1)～(4)の用語の意味をそれぞれ説明せよ。
> (1) 熱応力(1602/2010)　　(2) 熱伝導率(1702/1807/2002/2202)
> (3) エンタルピ(1610/1804/2107)　　(4) 比熱(1602/1807)

解答 ※出題年月は2016年以降
(1) 物体が固定された状態で温度が変化したとき，物体の膨張または収縮が阻止されるために物体内部に生ずる応力 (注1)
(2) 物体の熱の伝わりやすさを表す。厚さ1mの板の両端に1K（または1℃）の温度差があるとき，面積1m²を通して，1秒間に流れる熱量で，単位は[W/(m·K)]となる。
(3) 物体が内部に蓄えている総エネルギ H をいう。圧力 P と体積 V との積に内部エネルギ U を加えた量で表され，「$H = U + PV$」となる。
(4) 質量1kgの物質を温度1Kだけ高めるのに必要な熱量

解説
(注1) 固定されていない物体の場合は，加熱・冷却により，自由に膨張あるいは収縮して変形する。しかし，物体が固定されていると，この変形を妨げるように応力が発生する。つまり，変形しないかわりに熱応力が生じる。
◆熱伝導率：物体の内部において温度差がある場合，温度の高い部分から低い部分へと熱の移動が生じる。この値が大きい程，熱が伝わりやすい。

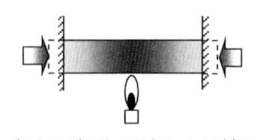

熱応力

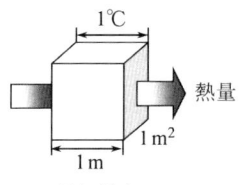

自由に膨張できないと圧縮を
受けたのと同じ結果になる。

熱伝導率

> **問6** 次の(1)～(6)の用語をそれぞれ説明せよ。
> (1) モーメント（1910/2102/2110/2304） (2) せん断応力（1910/2110/2404）
> (3) 偶力（1802/1904/2302/2404） (4) トルク（1810/2302/2310）
> (5) 運動量（1802/1904/2102/2304） (6) ポアソン比（数）（2002/2302/2307）

解答 ※出題年月は2018年以降

(1) モーメント M とは，物体に作用する力によって，ある点を中心にその物体を回転方向に変位させる能力で，作用する力 F と回転の中心となる点 O からの垂直距離 L との積 $M = F \times L$ で表される。図中の点 P は力の作用点を表す。

(2) ボルトなどに大きさが等しく反対の向きにせん断荷重 F が作用するときに内部に生ずる応力。これは断面に沿って接線方向に生じるので接線応力(注1)ともいう。断面積を A とすると，せん断応力 $= F/A$ となる。

(3) 大きさが等しく，平行で反対向きの2力が，一定間隔で働くような1組の力を偶力という。偶力は物を回転させる作用がある。

(4) 図のような回転体に O 点を軸として，O 点から r の距離において接線方向の力 F が働いている場合，O 点のまわりのモーメントをトルク T という。トルクは $T = F \times r$ で表される。

(5) 物体の運動の大きさ・強さを表すもので，物体の質量と速度の積で表される。運動している物体は，速度が大きいほど止めにくく，また，速度が同じでも質量が大きいほど止めにくい。

(6) 材料に弾性限度内で縦方向に荷重を加えたとき，縦ひずみ ε と横ひずみ ε' との比で，ポアソン比 $= \varepsilon'/\varepsilon$ で表される。ポアソン比の逆数をポアソン数という。

3 熱力学など

解説
(注1) 引張応力や圧縮応力は垂直応力という。

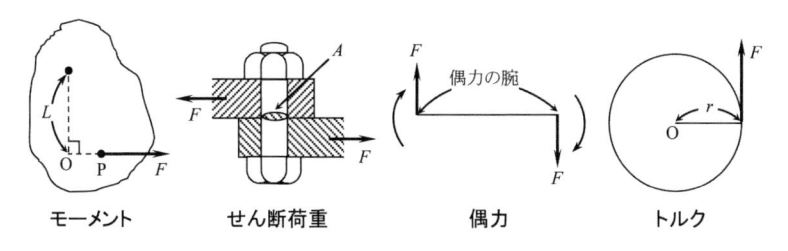

モーメント　　せん断荷重　　偶力　　トルク

問7 摩擦に関する次の文の（　）の中に適合する字句を記せ。
(1507/1707/2210)

(1) 固体と流体の接触する摩擦を（ ㋐ ）摩擦という。
(2) 静摩擦（静止摩擦）において，摩擦力は，見掛けの接触面積に関係（ ㋑ ）。
(3) すべり摩擦は，ころがり摩擦より摩擦力が（ ㋒ ）い。
(4) 一般に，動摩擦係数（運動摩擦係数）は，静摩擦係数（静止摩擦係数）よりも（ ㋓ ）い。
(5) 摩擦力は，摩擦係数と（ ㋔ ）との積で表される。

解答
㋐：流体　㋑：ない (注1)　㋒：大き　㋓：小さ　㋔：垂直力

解説
(注1) 接触面積の大きさが変わっても，物体の荷重（垂直力）が変わらなければ，摩擦力は変化しない。

◆流体摩擦：金属と金属の摩擦面が潤滑油で満たされた状態での摩擦
◆摩擦力：物体が板の表面を動くとき，運動方向と反対方向に受ける抵抗力で，摩擦力＝摩擦係数×垂直力の関係がある。
◆すべり摩擦：物体を面に沿って滑らせるときに運動を妨げるように働く抵抗
◆ころがり摩擦：ころや車が面に接して滑らずに転がるときの抵抗で，すべり

すべり摩擦　　ころがり摩擦

摩擦に比べて極めて小さい。
◆静摩擦係数：静止中の物体が動きだしたときの摩擦係数で，運動中の摩擦係数は動摩擦係数という。静摩擦係数の方が動摩擦係数より大きい。

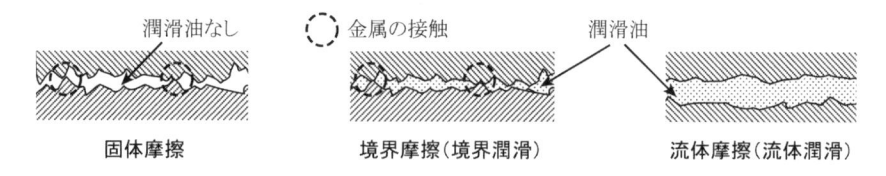

固体摩擦 　　境界摩擦(境界潤滑)　　流体摩擦(流体潤滑)

> 問8　船が航走中，船体に受ける抵抗に関して，次の問いに答えよ。
> 　　　　　　　　　　　　　　　　　　　　　　　　　　（1904/2307）
> (1) 摩擦抵抗は，どのような事項に影響されるか。
> (2) 水深が浅くなった場合，造波抵抗は増加するか，それとも減少するか。

解答
(1) ①浸水表面積　②浸水面の粗さ　③船速　④海水の濃度
(2) 増加する。

解説
◆摩擦抵抗：船体周囲の水流と船体表面の摩擦による抵抗で，低速航走中は抵抗の大部分を占める。
◆造波抵抗：船が水面上を航行すると波が生じる。船を推進させるためのエネルギの一部がこの波を作るために消費され抵抗となる。高船速ほど大きく，造波抵抗を減ずるために球状船首が採用される。

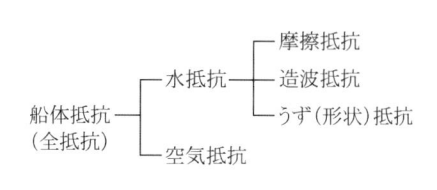

船体抵抗（全抵抗）
- 水抵抗
  - 摩擦抵抗
  - 造波抵抗
  - うず(形状)抵抗
- 空気抵抗

球状船首

3 熱力学など

> **問9** プロペラの見掛けのスリップ比と真のスリップ比をそれぞれ説明せよ。
> (1510)

解答

プロペラピッチを P [m]，回転速度を N [rpm] とすれば，<u>プロペラ速度</u>(注1) は

$$\text{プロペラ速度} = P \times N \text{ [m/分]}$$

となる。しかし，水中でプロペラを1回転させても，船はすべりのためピッチ分だけ前進しないで，いくらか遅れを生じる。このプロペラ速度と船の速度との差を見掛けのスリップという。

$$\text{見掛けのスリップ} = \text{プロペラ速度} - \text{船の速度}$$

スリップには，また，見掛けのスリップ以外に伴流を考慮した真のスリップがある。

$$\text{真のスリップ} = \text{プロペラ速度} - (\underline{\text{船の速度} - \text{伴流速度}})^{(注2)}$$

スリップとプロペラ速度との比をスリップ比という。

$$\text{見掛けのスリップ比} = \frac{\text{見掛けのスリップ}}{\text{プロペラ速度}}$$

$$\text{真のスリップ比} = \frac{\text{真のスリップ}}{\text{プロペラ速度}}$$

解説

(注1) プロペラの回転速度とピッチを掛けた，船が1分間に進む理論上の距離
(注2) プロペラ前進速度という。
◆船の速度（船速）：陸地に対する速力
◆伴流：水には粘度があるため，船が進行するとき周囲の水は船に引っ張られて船と同じ方向に進む。この流れを伴流という。

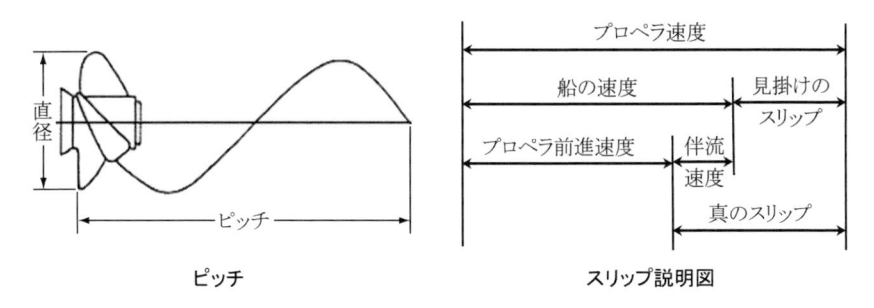

ピッチ

スリップ説明図

> 問10 プロペラのスリップ比に関する次の問いに答えよ。　　(2004/2310)
> (1) 船では,一般に真のスリップ比より見掛けのスリップ比の方が使われるのは,なぜか。
> (2) 見掛けのスリップ比が大きくなる原因には,どのようなものがあるか。

解答
(1) 伴流速度は実測できないので,一般に見掛けのスリップ比が使われる(注1)。
(2) ① 船体が汚れ,船体抵抗が増加した場合
　　② プロペラ羽根の汚損や変形した場合
　　③ 激しい強風や波浪を受ける場合
　　④ 逆潮の場合
　　⑤ プロペラ回転速度が増加した場合

解説
(注1) 船内の計算で求めているスリップは,見掛けのスリップ比である。

4　製図

> 問1　図のような直方体を第三角法によって投影した場合の製図法について,次の問いに答えよ。　　(1507/1907/2210)
> (1) 図の配置関係においてA及びB図は,それぞれ何図か。
> (2) 図の㋐〜㋓は,それぞれ直方体の①〜⑧のどれに該当するか。

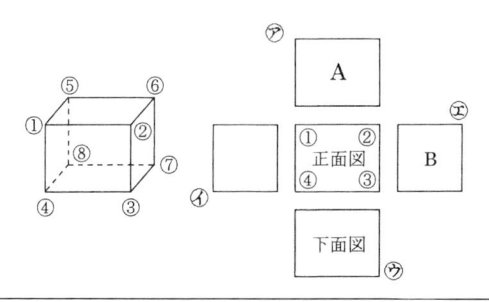

4　製図

解答
(1) A：平面図
　　B：右側面図
(2) ㋐：⑤　㋑：⑧
　　㋒：⑦　㋓：⑥

解説
◆第三角法：平面図が正面図の真上に，右側面図は右側に画かれる。

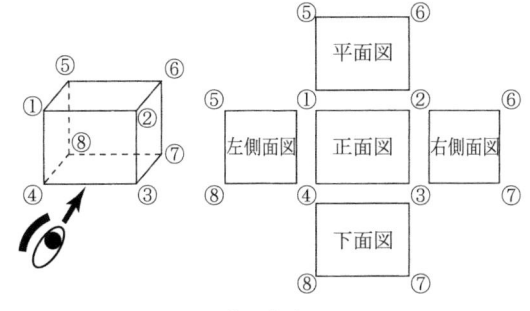

第三角法

問2　機械製図に関する次の文の（　）の中に適合する字句を記せ。
(1504/1802/1910/2202)
(1) 第三角法では，平面図の位置は，正面図の（ ㋐ ）にある。
(2) 寸法線は，（ ㋑ ）い（ ㋒ ）線で引く。
(3) 切断線は，断面図を描く場合，その切断（ ㋓ ）を対応する図に表すのに用いる線であって，（ ㋔ ）い（ ㋕ ）線とし，端部及び方向の変わる部分は，一般に太くする。
(4) φ80という寸法は，円の（ ㋖ ）が80mmであることを示し，また，□10は，（ ㋗ ）の一辺が10mmであることを示す。

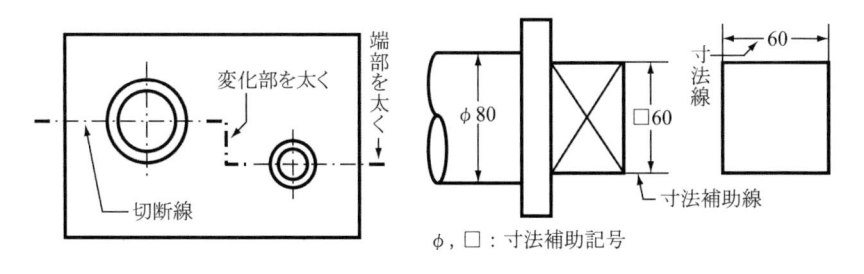

解答
㋐：上　㋑：細　㋒：実　㋓：位置　㋔：細　㋕：一点鎖　㋖：直径　㋗：正方形

φ，□：寸法補助記号

問3　機械製図における寸法を記入するときの一般的な注意事項に関し

て，次の文の（　）の中に適合する字句を記せ。　　(1607/1804/2002)

(1) （　㋐　）寸法は，対象物の㋐上必要な寸法であり，必ず記入する。
(2) 寸法は，寸法線・寸法（　㋑　）線・寸法㋑記号などを用いて，寸法数値によって示す。
(3) 寸法は，できるだけ（　㋒　）図に集中する。
(4) 必要に応じて，点，線または面を（　㋓　）にして記入する。
(5) 参考寸法は，図面の要求事項ではなく参考として示す寸法であり，他の寸法と区別するためその寸法数値に（　㋔　）を付ける。

解答
㋐：機能　㋑：補助　㋒：主投影　㋓：基　㋔：かっこ

解説
◆機能寸法：設計の要求事項で機能上必ず記入する寸法
◆寸法補助記号：寸法数字と併用して，その寸法の意味を表す記号で，φ（直径），R（半径），□（正方形の辺）などがある。
◆主投影図：正面図のことで，対象物の形状・機能を最も明瞭に表す面

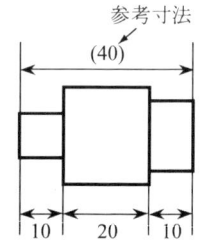

問4 機械製図に用いられる①と②の線について述べた次の文の（　）の中に適合する字句を記せ。　　(1602/1904/2304)

① ────
② ────

(1) ①の線は，太い（　㋐　）線で，対象物の（　㋑　）部分の形状を表すのに用いられ，（　㋒　）線と呼ばれる。
(2) ②の線は，細い（　㋓　）線で，対象物の（　㋔　）部分の形状を表すのに用いられ，（　㋕　）線と呼ばれる。

解答
㋐：実　㋑：見える
㋒：外形　㋓：破
㋔：見えない　㋕：かくれ

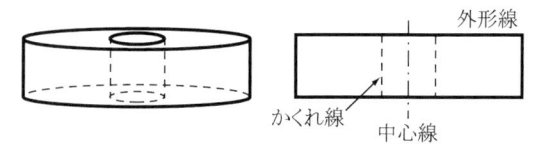

> **問5** 平歯車の機械製図に関する次の問いに答えよ。　　　　　　（2104/2110）
> (1) 歯先円は，どのような線で図示するか。
> (2) ピッチ円は，どのような線で図示するか。
> (3) モジュールとは，何か。

解答
(1) 太い実線
(2) 細い一点鎖線
(3) 歯車の歯の大きさを表す。**モジュール** m は，歯車の**ピッチ円**直径を d，歯数を Z とすると，$m = d/Z$ で表される。この値が大きいほど歯の大きさが大きくなる。単位は［mm］

> **問6** 図は，歯車の各部の名称を表す略図である。図に関する次の問いに答えよ。
> （1702/1810/2307） 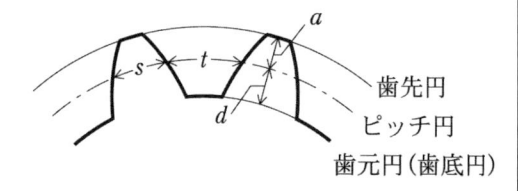
> (1) a, d, s 及び t は，それぞれ何というか。
> (2) 底のすきま（頂げき）は，何のために設けられるか。また式で表すと，どのようになるか。（2104/2110）
> (3) バックラッシは，式で表すと，どのようになるか。（2104/2110）

解答
(1) a：歯末のたけ，d：歯元のたけ，s：歯厚，t：歯みぞの幅
(2) 相手歯車の歯先が歯元円と接触するのを避けるため
　　＜式＞　$d - a$
(3) $t - s$

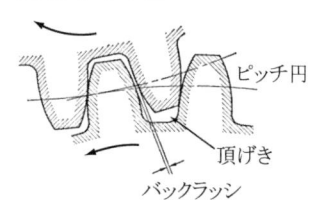

解説
◆ バックラッシ：歯車をかみ合わせたときのかみ合い背面のすきまをいう。一

〔機関長コース1981年6月号「受験講座・蒸気機関とその取扱い」第6回（多田勝）を基に作成〕

機関その三

対の歯車を滑らかに無理なく回転させるためには，適切なバックラッシが必要で，バックラッシが小さすぎると，潤滑が不十分になりやすく，歯面同士の摩擦が大きくなる。また，バックラッシが大きすぎると，歯のかみ合いが悪くなり，歯車が破損しやすくなる。

問7 機械製図に用いられる材料記号について述べた次の文の（　）の中に適合する字句を記せ。　　　　　　　　　　　　(1502/1610/2004/2107)

(1) 図面に材料名を指定する場合には，JIS（ ア ）規格またはJIS（ イ ）規格に示された記号で表す。

　　原則としてア記号は下記の例にあげた3つの部分①〜③からできている。

$$例\quad \underset{①}{S}\ \underset{②}{S}\ \underset{③}{400} \qquad \underset{①}{S}\ \underset{②}{UP}\ \underset{③}{6}$$

(2) ①の部分は，（ ウ ）を表す英語またはローマ字の頭文字若しくは（ エ ）である。アはS（Steel：鋼）またはF（Ferrum：鉄）の記号で始まるものが多い。

(3) ②の部分は，板，棒，管，線及び鋳造品など，形状別の種類や用途の記号を組み合わせて（ オ ）を表している。

(4) ③の部分は，材料の種類番号の数字，（ カ ）または耐力を表している。

解答

ア：鉄鋼材料　　イ：非鉄金属材料　　ウ：材質　　エ：元素記号
オ：製品名または規格名　　カ：最低引張強さ

解説

◆ SS400（一般構造用圧延鋼材）：SはSteel（鋼），SはStructure（一般構造用），400は引張強さを表し，数値が大きくなるほど強くなる。
◆ SUP6（ばね鋼材）：SはSteel（鋼），UはUse（特殊用途），PはsPring（ばね）を表す。
◆ 耐力：**応力-ひずみ曲線**で**降伏点**がはっきりしない鋳鉄などでは降伏点に相当するものとして用いる。

4　製図

問8　表は，機械製図の部品欄の1例である。表に関する次の問いに答えよ。
(1410/1707/2010/2302)
(1) 台の材料に使われている金属の名称は何か。
(2) キャップの材料に使われている金属の名称は何か。
(3) ねじ棒及び止めねじの材料に使われている金属の名称は何か。
(4) ねじ棒と止めねじでは，どちらの炭素含有量が多いか。

4	止めねじ	すりわり付き平頭　M 10 × 12	S15C	1
3	キャップ		SF44A	1
2	ねじ棒	外径22　角ねじピッチ5	S40C	1
1	台		FC250	1
部品番号	部品名称	形式・寸法・その他	材料(JIS記号)	個　数

解答
(1) ねずみ鋳鉄
(2) 炭素鋼鍛鋼
(3) 機械構造用炭素鋼
(4) ねじ棒（S40C）

解説
◆ FC250（ねずみ鋳鉄）：250は引張強さを表す。FはFerrum（鉄），CはCasting（鋳造）を表す。
◆ SF440A（炭素鋼鍛鋼）：SはSteel（鋼），FはForging（鍛造），440は引張強さ，AはAnnealing（焼きなまし）を表す。
◆ S15C（機械構造用炭素鋼）：SはSteel（鋼），15は炭素含有量(%)×100の数値，CはCarbon（炭素）を表す。

問9　機械製図における「ねじの略図」に関して，次の文の（　　）の中に適合する字句を記せ。
(1407/1604/1807/2404)
(1) ねじは，ふつう略図で表す。ねじを描くにあたっての線の用い方は，おねじの山の頂を示す外径線は（　㋐　）い実線，谷底を示す谷径線は

（ ⑦ ）い実線，完全ねじ部と不完全ねじ部の境界線は（ ⑨ ）い実線で表す。また，見えない部分のめねじは，中間の太さの（ ㊀ ）線で描く。
(2) ねじの表し方は，おねじの山の頂またはめねじの谷底を表す線から（ ㊂ ）線を出し，その端部に水平線を設け，その上にねじ山の（ ㊅ ）方向，ねじ山の（ ㊆ ）数，ねじの呼び及び（ ㊇ ）級を記入する。

【解答】
⑦：太　⑦：細　⑨：太　㊀：破　㊂：引出　㊅：巻　㊆：条　㊇：等

【解説】
(注1) 左：巻方向，2条：条数（注2），M50×3：ねじの呼び，6H：等級を表す。
(注2)「ピッチ（ねじ山の距離）× 条数＝ねじが一回転したとき軸方向に移動する距離」を表す。

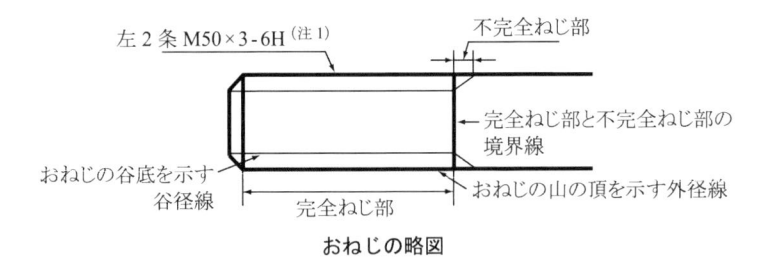

おねじの略図

◆ねじの略図：ねじの作図は，ねじ山の形状を描くのではなく外径線および谷径線を用いた略図で表す。
◆巻方向：右ねじまたは左ねじを表す。
◆ねじの呼び：Mはねじの種類（メートルねじ），50は呼び径，3はピッチを表す。

【問10】 図は，機械製図における「めねじ」の図示の一例である。図に関する次の問いに答えよ。　　　　　　　　　　　　（1704/1902/2007/2204/2402）

4　製図

(1) ねじの種類は何か。
(2) ねじの呼び径は，いくらか。
(3) 寸法長さ14の部分を何と呼ぶか。
(4) 寸法長さ3の部分を何と呼ぶか。
(5) 上記(3)のねじ部の算術平均粗さはいくらか。

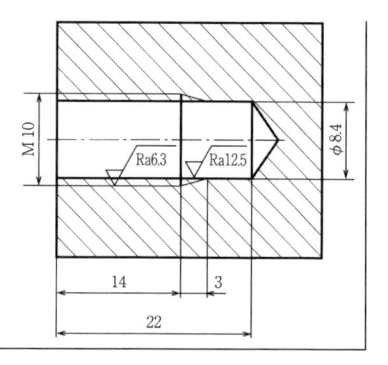

解答
(1) メートル並目ねじ
(2) 10 mm
(3) 完全ねじ部
(4) 不完全ねじ部
(5) 6.3 μm

解説
◆めねじ：穴の内側に溝が切られたねじ
◆M10：Mはメートルねじを表す記号，10は谷の径（おねじでは外径）を表す数字
◆メートルねじ：直径とねじ山の間隔（**ピッチ**）をmmで表し，ねじ山の角度が60°の三角ねじ
◆並目ねじ：一般的ピッチのねじで，これに対して細目ねじはピッチが小さく，谷が浅いねじをいう。
◆完全ねじ部：ねじ山の形が完全な部分
◆不完全ねじ部：ねじを加工するときの工具の逃げなどで，ねじ山の形が不完全な部分
◆算術平均粗さ：粗さの凹凸を平均にならした値

問11 図は，ある品物を三角法による正面図のみを表した機械製図の1例である。図に関する次の問いに答えよ。
(2102)

機関その三

(1) ①～③の線は，それぞれ何と呼ばれるか。
(2) ④は，何を表しているか。また，パラメータ記号 Ra は，何と呼ばれるか。
(3) この品物は，どのような材料で製作するのか。（材料名とその機械的性質を記せ。）

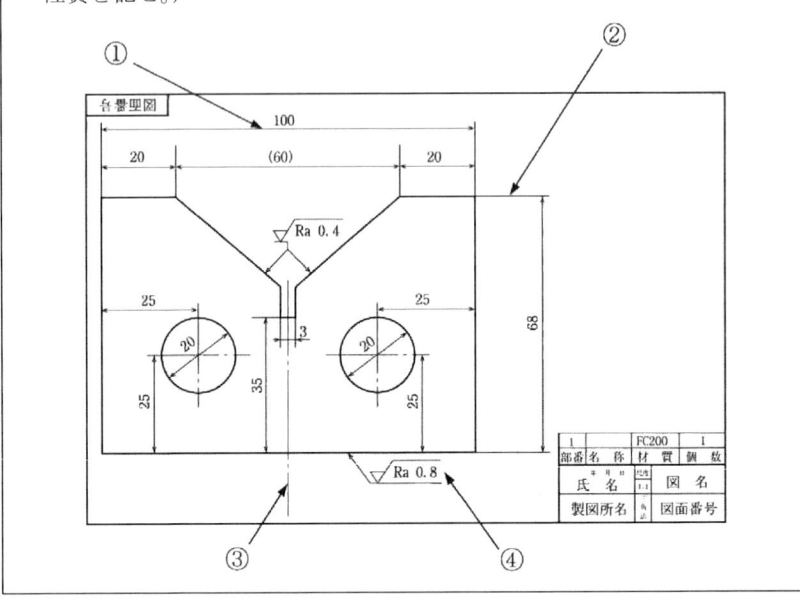

解答
(1) ①：寸法線　　②：寸法補助線　　③：中心線
(2) ④：仕上げ面の表面粗さ　　パラメータ記号 Ra：算術平均粗さ
(3) ＜材料名＞　ねずみ鋳鉄
　　＜機械的性質＞　引張強さは小さいが圧縮強さは大きく，耐摩耗性に優れ，振動を吸収しやすい。もろくて衝撃に弱いので鍛造することはできないが，鋳造に適する。溶接性は悪いがさびにくい。

5 計算問題

問1 ディーゼル機関の空気冷却器入口の空気温度が 123 ℃，出口温度が 48℃とするとき，空気冷却器出口と入口の空気の密度比をボイル・シャルルの法則を用いて求めよ。ただし，空気冷却器の前後における圧力の損失は，無視できるものとする。 (1610)

解答

ボイル・シャルルの法則 $PV = mRT$ より，密度 $\left(\rho = \dfrac{質量}{容積}\right)$ は $\rho = \dfrac{m}{V} = \dfrac{P}{RT}$ で表される。

ただし，P：絶対圧力，V：容積，m：質量，R：ガス定数，T：絶対温度

空気冷却器出口と入口の空気の密度比は，題意から $P_1 = P_2$ より

$$密度比 = \frac{\rho_2}{\rho_1} = \frac{P_2/RT_2}{P_1/RT_1} = \frac{T_1}{T_2} = \frac{273 + 123}{273 + 48} = 1.23$$

となる。　　　　　　　　　　　　　　　　　　　　　　　　　　【答】1.23

解説

◆ボイルシャルルの法則：気体の体積 V は，絶対温度 T に比例し，絶対圧力 P に反比例することを表した法則で，$PV/T = $ 一定の関係がある。

◆圧力計の示度：ゲージ圧力を示す。

◆絶対温度：$-273.15℃$ を $0[K]$ として表した温度。絶対温度 ≒ 摂氏温度 $+ 273[K]$ の関係がある。

◆絶対圧力：完全真空を $0[MPa]$ として表した圧力。絶対圧力 ≒ ゲージ圧力 $+ 0.1[MPa]$ の関係がある。

問2 理想気体の性質に関する次の問いに答えよ。 (1510/2210)

(1) 絶対圧が 2MPa のとき，体積が $3m^3$ である気体を $5m^3$ にまで等温膨張させるとすれば，膨張後の圧力は，絶対圧でいくらになるか。

(2) 絶対圧が 1.5MPa，温度が 170 ℃の気体を体積が一定のまま 300 ℃にまで加熱した場合，その圧力は，絶対圧でいくらになるか。

解答

(1) 等温膨張（$T_1 = T_2$）後の圧力 P_2 は，ボイル・シャルルの法則より

$$P_2 = \frac{2 \times 3}{5} = 1.2\,[\text{MPa}] \qquad\qquad 【答】1.2\,[\text{MPa}]$$

(2) 等積変化（$V_1 = V_2$）後の圧力 P_2 は，ボイル・シャルルの法則より

$$P_2 = \frac{1.5 \times (300 + 273)}{170 + 273} = 1.94\,[\text{MPa}] \qquad\qquad 【答】1.94\,[\text{MPa}]$$

解説

(注) ボイル・シャルルの法則は $\dfrac{P_1 \times V_1}{T_1} = \dfrac{P_2 \times V_2}{T_2}$ で表される。

ただし，変化前の絶対圧，体積，絶対温度を P_1, V_1, T_1，変化後を P_2, V_2, T_2 とする。

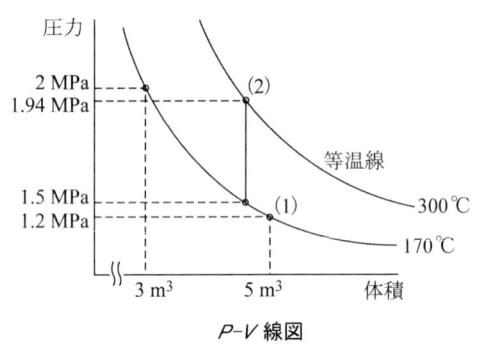

P-V 線図

問3 空気タンクの圧力計の示度が 3.0 MPa で，そのときのタンク内の空気の温度は 40℃ であった。その温度が 25℃ に下がると圧力計の示度は，いくらになるか。
(2310)

解答

温度が低下した後のタンク内の絶対圧力 $P_2\,[\text{MPa}]$ は，ボイル・シャルルの法則

$$\frac{P_1 V_1}{T_1} = \frac{P_2 V_2}{T_2} \quad\cdots\cdots\cdots\cdots\cdots\cdots\cdots\cdots\cdots\cdots\cdots① $$

より求まる。ただし，P：絶対圧力 [MPa]，V：体積 [m³]，T：絶対温度 [K]

①式に，$V_1 = V_2$，$P_1 = 3 + 0.1 = 3.1\,[\text{MPa}]$，$T_1 = 40 + 273 = 313\,[\text{K}]$，$T_2 = 25 + 273$

5　計算問題

$= 298 \,[\text{K}]$ を代入して

$$\frac{3.1 \times V_1}{313} = \frac{P_2 \times V_1}{298}$$

より，$P_2 = 2.95\,[\text{MPa}]$ となる。これは絶対圧力なので，圧力計の示度（ゲージ圧力）に直して

$$2.95 - 0.1 = 2.85\,[\text{MPa}]$$

となる。

【答】2.85 [MPa]

解説

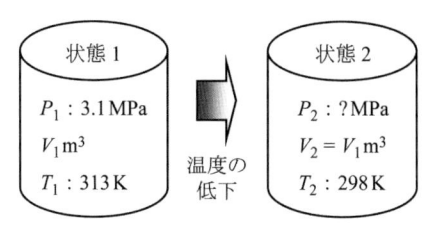

状態1
$P_1 : 3.1\,\text{MPa}$
$V_1\,\text{m}^3$
$T_1 : 313\,\text{K}$

温度の低下

状態2
$P_2 : ?\,\text{MPa}$
$V_2 = V_1\,\text{m}^3$
$T_2 : 298\,\text{K}$

状態1から状態2に変化しても，体積(容積)Vは一定で変化しない。

問4　厚さが13 mm，熱伝導率58 W/(m・K)の平鋼板において，面積1 m² 当たり1時間の伝熱量が105000 kJ のとき，この平鋼板の両面の温度差は，いくらか。
(1607/2302)

解答

求める両面の温度差 $(t_1 - t_2)$ は

$$Q = \lambda \times \frac{(t_1 - t_2) \times F \times h}{l}\,[\text{J}] \cdots\cdots① $$

より求まる。ただし

　Q：伝熱量 [J]　　　　λ：熱伝導率 [J/(m・s・℃)]
　$t_1 - t_2$：温度差 [℃]　F：伝熱面積 [m²]
　h：時間 [秒]　　　　l：平鋼板の厚さ [m]

①式に与えられた数値を代入して，求める温度差は

$$105000 \times 10^3 = 58 \times \frac{(t_1 - t_2) \times 1 \times 3600}{0.013}$$

より，$(t_1 - t_2) = 6.5\,[℃]$ となる。

【答】6.5 [℃]

解説
◆ 熱伝導率 λ の単位：一般に[W/(m·K)]を用いるが，1[W] = 1[J/s] より，[J/(m·s·℃)] と同じ。

問5 あるディーゼル機関が軸出力 1100 kW，毎時燃料消費量 250 kg で運転されている。燃料油の発熱量を 42000 kJ/kg とすれば，このディーゼル機関の正味熱効率はいくらか。 (2010/2304)

解答
正味熱効率は

$$正味熱効率 = \frac{軸出力}{シリンダに供給された熱量}$$

で表される。ここで軸出力は，1[kW] = 1[kJ/s]の関係から 1100[kW] = 1100[kJ/s]となる。また，1秒当たりシリンダに供給された熱量は

$$\frac{250}{3600} \times 42000 = 2917 \,[\text{kJ/s}]$$

となる。よって，このディーゼル機関の正味熱効率は

$$\frac{1100}{2917} = 0.377 \quad となる。 \qquad 【答】37.7\%$$

解説
◆ 軸出力：インジケータ線図より求めた図示出力から，ピストンとシリンダ，軸と軸受などにおける摩擦損失動力を差し引いた出力。クランク軸端で測定される出力であることから軸出力と呼ばれ，制動式動力計を用いて測定されるので制動出力，また，正味使える出力という意味で正味出力とも呼ばれる。

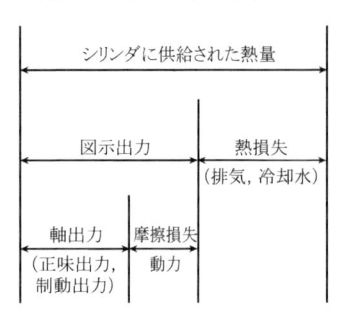

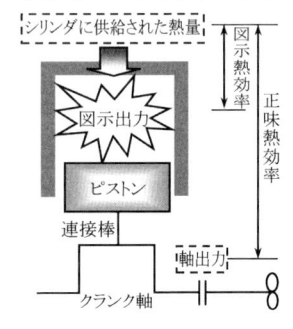

5　計算問題

> **問6**　あるボイラにおいて，1時間の燃料消費量が120kg，蒸気発生量が1700kgの場合，ボイラ効率は，いくらになるか。ただし，給水温度は80℃，発生蒸気のもつ比エンタルピは2770 kJ/kg，燃料の発熱量は42000 kJ/kgとする。
> (2102)

解答

ボイラ効率 η は

$$\eta = \frac{\text{毎時蒸気発生量[kg]} \times (\text{発生蒸気と給水の比エンタルピ差})[\text{kJ/kg}]}{\text{燃料の発熱量[kJ/kg]} \times 1\text{時間の燃料消費量[kg]}} \quad \cdots ①$$

で表される。

ここで，給水の比エンタルピは，水の比熱を4.2 [kJ/kg・K]とすると，$80 \times 4.2 = 336$ [kJ/kg]となる。

よって，①式に与えられた数値を代入して，ボイラ効率 η は

$$\eta = \frac{1700 \times (2770 - 336)}{42000 \times 120} = 0.821$$

となる。

【答】82.1 %

解説

◆ボイラ効率：燃料の燃焼によって発生した熱量が，どれだけ蒸気を発生させるのに使われたかを示す割合

◆比エンタルピ：物体が内部に蓄えている総エネルギはエンタルピ，1 kg当たりのエンタルピは比エンタルピという。

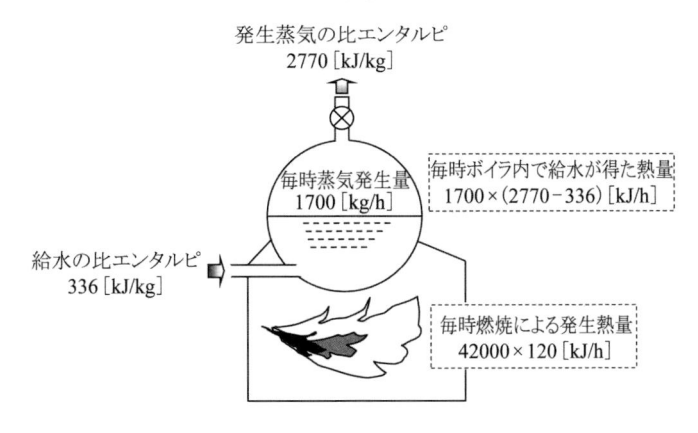

機関その三

問7 静止している 1kg の物体が，0.5N の力を受けて等加速度で運動を始めた場合，この物体の加速度，運動を始めてから 20 秒後の速度及びその 20 秒間に動いた距離は，それぞれいくらか。 (1702/2202)

解答

(1) 力 = 質量 × 加速度 α (注1) の関係より
 $0.5\,[\text{N}] = 1\,[\text{kg}] \times \alpha\,[\text{m/s}^2]$
 よって，$\alpha = 0.5\,[\text{m/s}^2]$
 となる。　　　　　　　　【答】 $0.5\,[\text{m/s}^2]$

(2) 速度 V = 加速度 × 時間 (注2) の関係より
 $V\,[\text{m/s}] = 0.5\,[\text{m/s}^2] \times 20\,[\text{s}] = 10\,[\text{m/s}]$
 となる。　　　　　　　　【答】 $10\,[\text{m/s}]$

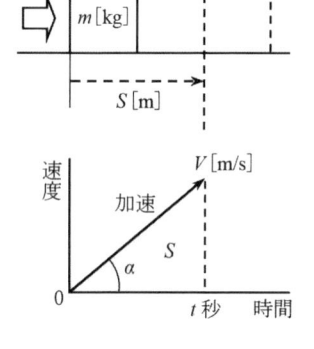

(3) 移動距離 $S = \dfrac{1}{2} \times$ 速度 × 時間 (注3) の関係より
 $S\,[\text{m}] = 0.5 \times 10\,[\text{m/s}] \times 20\,[\text{s}] = 100\,[\text{m}]$
 となる。　　　　　　　　【答】 $100\,[\text{m}]$

解説

(注1) ニュートンの運動方程式。$1\,[\text{N}] = 1\,[\text{kg}] \times 1\,[\text{m/s}^2]$

(注2) 加速度 α は，図で傾き α を示し，$\alpha = \dfrac{V}{t}$ の関係から，$V = \alpha \times t$ となる。

(注3) 移動距離 S は，図で面積 $\triangle 0tV$ を示し，$S = \dfrac{1}{2} \times V \times t$ となる。

問8 水平面上に置かれた質量 75kg の物体を水平面に対し 30° 上向きに作用する力で引っ張った場合，物体が水平に動き始めるのに要する力は，いくらか。ただし，摩擦係数（静摩擦係数）は，0.3 とする。 (1502)

解答

題意を図にすると，下図となり次式が成り立つ。

$\mu \times \underline{(m \times g - P \times \sin 30°)}$ (注1) $= \underline{P \times \cos 30°}$ (注2)

5　計算問題

ただし

　　　μ：摩擦係数

　　　m：質量

　　　g：重力の加速度

　　　P：動き始めるのに要する力

　　　P_1，P_2：Pの分力

よって，

$$0.3 \times (75 \times 9.8 - P \times 0.5) = P \times 0.866 \ [\text{N}]$$

より，$P = 217\,[\text{N}]$ となる。

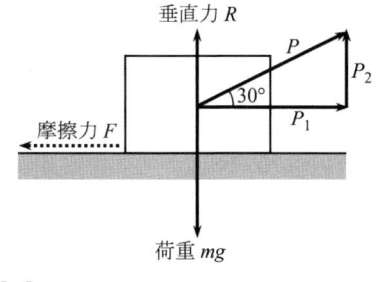

【答】217 [N]

解説

(注1)　垂直力 R を表す。

(注2)　動き始めるとき，摩擦力 F = 水平分力 P_2 となる。

◆摩擦係数：物体が板の表面を動くとき，あるいは動き始めるとき，その物体は進行方向と逆向きに働く抵抗力を受ける。この力を摩擦力という。摩擦力 F は板の表面が受ける垂直力 R に比例し，その比例定数 μ を摩擦係数といい $F = \mu R$ で表される。

問9　滑車を図のように組み合わせて 300 kg の物体を静かに垂直にあげるには，いくらの力でロープを引っ張ればよいか。また，ロープを 2 m 引っ張るとき，物体はどれだけ上昇するか。ただし，滑車とロープの質量及び摩擦は無視するものとする。　　　　(1407/2004)

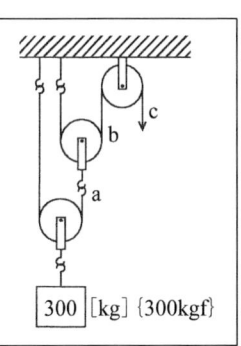

解答

(1)　ロープを引っ張る力 $F\,[\text{N}]$ は，動滑車を 2 個使用するので(注1)

$$F = \frac{1}{4} \times 300 \times 9.8 = 735\,[\text{N}]$$

となる。

(2)　物体の上昇 $L\,[\text{m}]$ は，動滑車を 2 個使用するので(注2)

$$L = \frac{1}{4} \times 2 = 0.5\,[\mathrm{m}]$$

となる。　　　　　　　　　【答】ロープを引く力 735[N]，物体の上昇 0.5[m]

解説

（注）　右下図を追加すると丁寧な解答になる。

（注1）動滑車では，物体の荷重 W を動滑車の両端で $\frac{1}{2}W$ ずつ分担し，定滑車では，力の働く向きが反対となるが，大きさは変わらない。

（注2）定滑車のロープを L 引っ張ると，動滑車は $\frac{1}{2}L$ 上昇する。

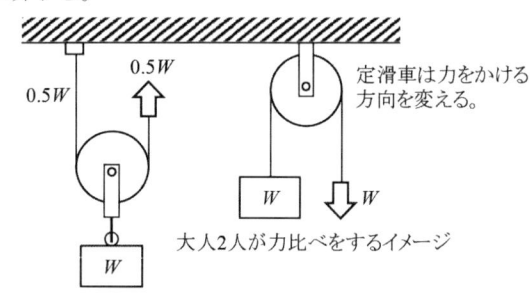

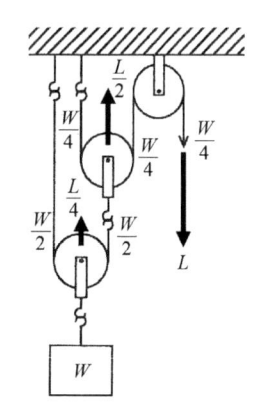

問10 ねじのピッチが 3mm のねじジャッキで，有効長さ 150mm のハンドルの端に，ハンドルに直角に 60N の力を加えて，10kN の荷重をねじあげるとすれば，このジャッキの効率は，何パーセントか。

(1804/1907/2204)

解答

ハンドル 1 回転における仕事 $W\,[\mathrm{N\cdot m}]$ は(注1)

$$W = 2\pi r \times F\,[\mathrm{N\cdot m}] \quad \cdots\cdots ①$$

ただし，r：ハンドルの有効長さ [m]

　　　　F：ハンドルに直角に働く力 [N]

荷重をねじあげる仕事 $W'\,[\mathrm{N\cdot m}]$ は

$$W' = Q \times P\,[\mathrm{N\cdot m}] \quad \cdots\cdots ②$$

5 計算問題

ただし，Q：荷重 [N]
　　　　P：ねじのピッチ [m]

①，②より，ジャッキの効率 η は

$$\eta = \frac{W'}{W} = \frac{10 \times 1000 \times 3 \times 10^{-3}}{2\pi \times 0.15 \times 60} = 0.5305$$

となる。　　　　　　　　　【答】53.05 %

解説

（注1）ハンドル 1 回転における仕事 = 荷重をねじ
　　　あげる仕事 + 摩擦損失仕事
◆ピッチ：ハンドルを1回転させたとき，ジャッキの持ち上がる高さ

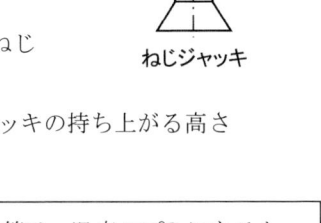

問11 温度30℃のとき，内径が50cmの蒸気管は，温度250℃になると，内側断面積は，何平方センチメートル増加するか。ただし，管材の線膨張率を 1.1×10^{-5} ℃$^{-1}$ とする。　　　　　　　　　　　　(1810)

解答

面積の増加量は

面積の増加量 [cm^2] = 内側断面積 [cm^2] × 面膨張率 [℃$^{-1}$] × 上昇温度 [℃]　…①

より求まる。ここで，線膨張率は 0.000011 [℃$^{-1}$] なので，面膨張率は

$$0.000011 \times 2 = 0.000022 \text{ [℃}^{-1}\text{]}$$

となる。①式に与えられた数値を代入して，求める増加量は

$$\frac{\pi}{4} \times 50^2 \times 0.000022 \times (250 - 30) = 9.5 \text{ [cm}^2\text{]}$$

【答】9.5 [cm^2]

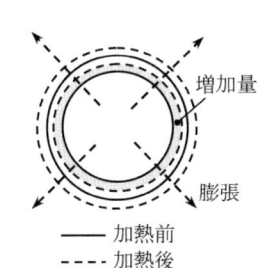

解説
◆面膨張率：温度 1℃ あたりの面積膨張の割合で，面膨張率は線膨張率の 2 倍に等しい。

問12 直径150mm，長さ300mmの鋼の円柱の温度が80℃上昇したとき，円柱の体積の増加は，いくらか。ただし，この鋼の線膨張率は 1.2×10^{-5}

》309《

℃⁻¹ とする。　　　　　　　　　　　　　　　　　　　　　（1707/2002）

解答
体積の増加量は

　体積の増加量 [cm³] = 円柱の体積 [cm³] × 体膨張率 [℃⁻¹] × 上昇温度 [℃] …①

より求まる。ここで，線膨張率は 0.000012 [℃⁻¹] なので，体膨張率は

　　0.000012 × 3 = 0.000036 [℃⁻¹]

となる。①式に与えられた数値を代入して，求める増加量は

$$\frac{\pi}{4} \times 15^2 \times 30 \times 0.000036 \times 80 = 15.3 \, [\text{cm}^3]$$

となる。　　　　　　　　　　　【答】15.3 [cm³]

解説
◆体膨張率：温度 1℃ あたりの体積膨張の割合で，体膨張率は線膨張率の 3 倍に等しい。

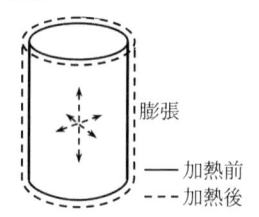

問 13 太さが一様な丸鋼棒に 220 kN の引張荷重をかける場合，許容応力を 140 MPa とすれば，この棒の直径は，いくらあればよいか。また，丸鋼棒の引張強さ（極限強さ）を 420 MPa とすれば，安全係数はいくらか。
　　　　　　　　　　　　　　　　　　　　　　　　　　　（1807/2307）

解答
(1) 許容応力 σ [N/m²] は

$$\sigma = \frac{\text{引張荷重}}{\text{断面積}} = \frac{W}{\frac{\pi D^2}{4}} \, [\text{N/m}^2] \, \cdots ①$$

より求まる。ただし，W：引張荷重 [N]，D：棒の直径 [m]
①式に与えられた数値を代入すると

$$140 \times 10^6 = \frac{220 \times 10^3}{\frac{3.14 \times D^2}{4}}$$

となり，$D = 0.0447$ [m] となる。　　　　　　　　【答】4.47 [cm]

(2) 安全係数 S は

5 計算問題

$$S = \frac{引張強さ}{許容応力} \quad \cdots\cdots\cdots\cdots ②$$

より，②式に与えられた数値を代入して

$$S = \frac{420}{140} = 3 \text{ となる。} \qquad 【答】3$$

解説

（注）［Pa］の単位は，1［Pa］= 1［N/m²］の関係から［N/m²］に直して計算する。

◆ 引張強さ：引張試験から得られる**応力-ひずみ曲線**での最大の応力で，材料の極限の強度をいう。

◆ 許容応力：材料の使用上安全と考えられる上限の応力をいう。このため，材料が受ける最大荷重に対して発生する応力が許容応力を超えないように材料の断面積が決定される。ここで「使用上安全」とは，破壊するのではなく，永久ひずみを生じないという意味であり，許容応力は弾性限度内の応力となる。

◆ 安全係数：材料の引張強さが許容応力の何倍であるかを表す倍率

問14 機関室内にあるピラー（支柱）は外径 350 mm で肉厚が 10 mm である。今，このピラーが支えている荷重が 50 kN とすると，ピラーに生じる応力はいくらになるか。ただし，座屈は起こらないものとする。

(1410/2402)

解答

ピラーに生じる応力は，応力 = $\dfrac{荷重}{受圧面積}$ ［N/mm²］ より求まる。

ここで，荷重は 50 × 1000［N］，受圧面積は $\dfrac{\pi}{4}(350^2 - 330^2) = 10676$［mm²］

よって，応力 = $\dfrac{50000}{10676} = 4.68$［N/mm²］ となる。

【答】4.68［N/mm²］または 4.68［MPa］(注1)

解説

（注1） 1［Pa］= 1［N/m²］より，
　　　1［MPa］= 10⁶［Pa］= 10⁶［N/m²］
　　　　　　　= 10⁶［N］/10⁶［mm²］
　　　よって，1［MPa］= 1［N/mm²］

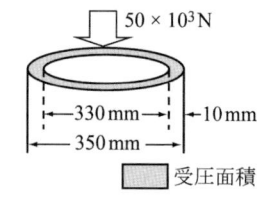

◆座屈：長い棒や柱などが縦方向に圧縮荷重を受けたとき，ある限度を超えると湾曲する現象

> **問15** 内圧 3.4 MPa の円筒形圧力容器のふたを 12 本のボルトで締め付けるとき，1 本のボルトの直径（最小径部）は，いくらにすればよいか。ただし，ふたの内径を 23 cm，ボルト材の許容引張応力を 60 MPa とする。
> (1704/2007)

解答

内圧を受ける圧力容器のふたを 12 本のボルトで受けるので

　　　内圧 × ふたの面積 = 12 × ボルトの断面積 × 許容引張応力

が成り立つ。ボルトの直径を d [m] とすると

$$3.4 \times 10^6 \times \frac{3.14 \times 0.23^2}{4} = 12 \times \frac{3.14 \times d^2}{4} \times 60 \times 10^6$$

よって，$d = 0.0158$ [m] となる。　　　　　　　　【答】0.0158 [m]

解説

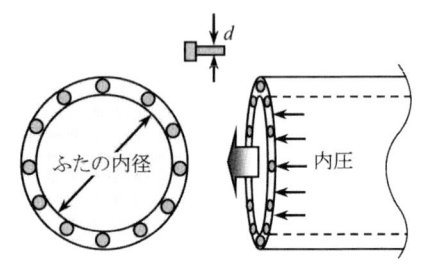

（注）[Pa] の単位は，1 [Pa] = 1 [N/m²] の関係から [N/m²] に直して計算する。また，SI 接頭語 M（メガ）は「10^6」を意味する。

> **問16** 直径 5 cm，長さ 0.4 m の丸鋼棒に，長さの方向に引張荷重を加えたところ 0.08 cm 伸びたとすれば，丸鋼棒の直径は何センチメートルになるか。ただし，ポアソン数を $\frac{10}{3}$ とする。
> (2104)

5 計算問題

解答

ポアソン数とひずみの間には

$$\frac{1}{m} = \frac{横ひずみ}{縦ひずみ} = \frac{\dfrac{d-d'}{d}}{\dfrac{\ell'-\ell}{\ell}}$$

ただし

ℓ：丸鋼棒の元の長さ，　ℓ'：引張荷重を加えた後の丸鋼棒の長さ

d：丸鋼棒の元の直径，　d'：引張荷重を加えた後の丸鋼棒の直径

の関係がある。<u>d' を求めると</u>(注1)

$$d' = d - d \times \frac{\ell' - \ell}{m\ell}$$

となる。よって，与えられた数値を代入して

$$d' = 5 - \frac{5 \times 0.08}{\dfrac{10}{3} \times 40} = 4.997 \,[\text{cm}]$$

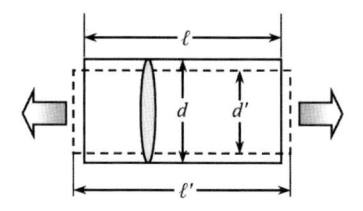

となる。　　　　　　　　　　　　　　　　　　　　　【答】4.997 [cm]

解説

(注1)　$\dfrac{\ell'-\ell}{\ell} = m \times \dfrac{d-d'}{d} \Longrightarrow \dfrac{d(\ell'-\ell)}{m\ell} = d - d' \Longrightarrow d' = d - d \times \dfrac{\ell'-\ell}{m\ell}$

◆長さの方向：軸心の方向
◆ひずみ：「材料工学」問6参照

問17　9000 N の荷重を加えて 30 mm 圧縮したコイルばねを，さらに 10 mm 圧縮するには，いくらの荷重を追加すればよいか。また，この 10 mm の圧縮に要する仕事は，いくらか。　　　　　　　(1504/1910)

機関その三

解答

(1) 追加する荷重を x [N] とすると，フックの法則 (注1) から
$$0.03 : 9000 = (0.03 + 0.01) : (9000 + x) \quad \text{(注2)}$$
の関係が成立する。よって，$x = 3000$ [N] となる。

(2) 0.01 [m] の圧縮に要する仕事 (注3) は，初めと終わりの平均なので
$$\frac{1}{2}(9000 + 3000) \times (0.03 + 0.01) - \frac{1}{2}(9000 \times 0.03) = 105 \, [\text{J}]$$
となる。【答】10mm 圧縮するための荷重：3000 [N]，圧縮に要する仕事：105 [J]

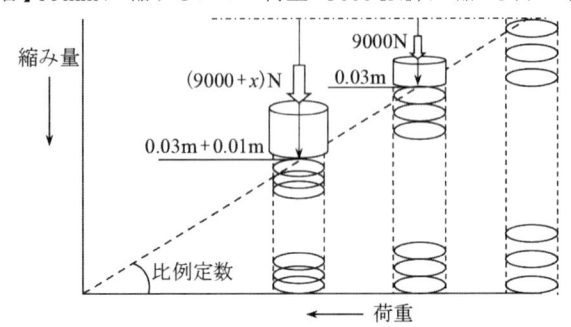

解説

(注1)「ばねの伸縮量は，ばねに加えた荷重に比例する（伸縮量 = 比例定数 × 荷重)」という法則

(注2) $\dfrac{0.03}{9000} = \dfrac{0.03 + 0.01}{9000 + x}$ と同じ。

(注3) 仕事 = 荷重 [N] × 動いた距離 [m]。また，1 [N·m] = 1 [J]。

問18 平ベルトの伝動装置において，ベルトの張り側の引張り力が 1500N，ゆるみ側の引張り力が 300N，ベルトの速さが 25 m/s で運転されている場合，ベルトの伝える動力は，いくらになるか。ただし，ベルトの厚さ及びすべりは無視するものとする。　　(2107)

解答

ベルトの伝える動力 P [W] (注1) は，張り側の引張り力を T_1 [N]，ゆるみ側の引張り力を T_2 [N]，ベルトの速さを V [m/s] とすると
$$P = 有効張力 \, [\text{N}] \times ベルトの速さ \, [\text{m/s}]$$

$$= (T_1 - T_2) \times V \text{ [W]} \cdots\cdots\cdots\cdots\cdots\cdots\cdots\cdots\cdots\cdots\cdots ①$$

より求まる。①式に与えられた数値を代入して

$$P = (1500 - 300) \times 25 = 30000 \text{ [W]}$$

【答】30 [kW]

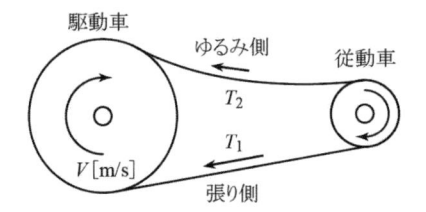

解説

(注1) $1 \text{ [N·m]} = 1 \text{ [J]}$，また $1 \text{ [J/s]} = 1 \text{ [W]}$ より，$1 \text{ [N·m/s]} = 1 \text{ [W]}$ となる。

◆有効張力：モータにより駆動車が回転すると，圧縮機など従動車側の負荷により，張り側には張力 T_1，ゆるみ側にも T_1 と反対方向に張力 T_2 を生じ，ベルトは両方の張力の差で駆動する。この張力差を有効張力という。

問19 モジュール4で，歯数20と63の標準平歯車をかみ合わせるときの中心距離は，いくらか。　　　(1604/2207)

解答

ピッチ円直径は

　ピッチ円直径 ＝ モジュール × 歯数 ……①

より求まる。モジュール m は，それぞれ4なので，①式より各歯車のピッチ円直径は

　A歯車のピッチ円直径 ＝ $4 \times 20 = 80$ [mm]

　B歯車のピッチ円直径 ＝ $4 \times 63 = 252$ [mm]

となる。よって，2つの歯車の中心距離は

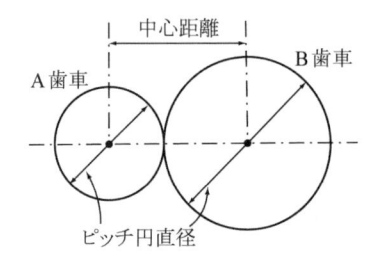

$\dfrac{80}{2} + \dfrac{252}{2} = 40 + 126 = 166$ [mm] となる。

【答】166 [mm]

解説

◆モジュール：歯車のピッチ円直径を mm で表し，歯車の歯数で割った値で，歯車の歯の大きさを示す。

◆ピッチ円：動力の伝達を2つの円板が接して行う場合，負荷が大きいと滑っ

てしまうので歯車が考案された。ピッチ円は，円板の直径を表し，歯車ではかみ合う2つの歯車の接点が描く円となる。

> **問20** 15ノットで航行して1日56tの燃料油を消費する船が，350tの燃料油で3000海里を航行するためには，何ノットで航行すればよいか。ただし，一定航程を航行するのに要する燃料消費量は，船速の2乗に比例するものとする。
> (1802/2404)

解答

この船の1日当たりの航続距離は $15 \times 24 = 360$ 海里なので，3000海里の航行には，$3000 \div 360$ 日かかる。よって，この間に消費する燃料は

$$56 \times \frac{3000}{360} = 467 \text{ [t]}$$

になる。一定航程を航行するのに必要な燃料消費量は，船速の2乗に比例するので，求める船速を x [ノット] とおくと $x^2 : 15^2 = 350 : 467$ の関係が成り立ち，求める船速 x は

$$x = \sqrt{\frac{15^2 \times 350}{467}} = \sqrt{\frac{78750}{467}} = 13 \text{ [ノット]}$$

となる。
【答】13 [ノット]

解説

◆ 1ノット：1時間に1海里進む速さの単位で，1海里は1852mなので，1ノットは時速1852mとなる。

> **問21** 四サイクルディーゼル機関のボッシュ式燃料噴射ポンプにおいて，プランジャの直径が20mm，行程が23mmで，機関の回転速度が毎分1200のとき，このポンプ1台が送り出す燃料油量は，1時間当たり何キロリットルとなるか。ただし，機関の負荷は一定とし，プランジャからの燃料油の逃がし量は20％とする。
> (1602)

5　計算問題

解答

1回当たりの理論排出量は，行程容積に等しいので $\frac{\pi}{4} \times 2^2 \times 2.3 \, [\text{cm}^3]$

1分当たりの排出量は，$\frac{\pi}{4} \times 2^2 \times 2.3 \times \frac{1200}{2}$ [cm³]　(注1)

1時間当たりの排出量は，$\frac{\pi}{4} \times 2^2 \times 2.3 \times 600 \times 60 \, [\text{cm}^3]$

よって，1時間当たりの実際の排出量は

$\frac{3.14}{4} \times 2^2 \times 2.3 \times 600 \times 60 \times 0.8 = 207994 \, [\text{cm}^3]$　となる。

ここで，207994 [cm³] は 1 [cm³] = 10^{-6} [m³] より 0.208 [m³]

0.208 [m³] は 1 [m³] = 1 [kL] より 0.208 [kL] となる。

【答】1時間当たり 0.208 [kL]

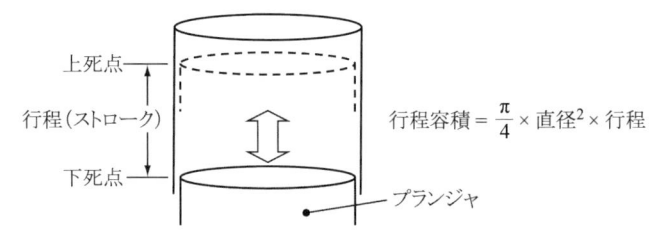

行程容積 = $\frac{\pi}{4} \times$ 直径² $\times$ 行程

解説

(注1)　四サイクルディーゼル機関は，2回転に1回燃料を噴射する。

◆ボッシュ式燃料噴射ポンプ：「ディーゼル機関」問53参照

問22　1時間に 500 m³ の海水を 8 m の高さにあげるポンプを駆動するには，いくらの出力の電動機を必要とするか。ただし，ポンプ及び電動機の総合効率を 70%，管内などにおける水の受ける抵抗は水頭に換算して 4 m に相当し，海水の密度は 1025 kg/m³ とする。　(1507/1902/2110)

解答

電動機の出力 P [W] は

$$P = \frac{1秒当たりの揚水量 \times 全揚程}{総合効率} \, [\text{W}] \quad \text{(注1)} \quad \cdots\cdots\cdots ①$$

より求まる。ここで

》317《

機関その三

1秒当たりの揚水量は $\dfrac{500 \times 1025 \times 9.8}{3600} = 1.395 \times 10^3$ [N/s] ················②

全揚程は $8 + 4 = 12$ [m] ··③

となる。①式に与えられた数値を代入して，電動機の出力 P は

$$P = \dfrac{1.395 \times 10^3 \times 12}{0.7} = 23914 \text{ [W]}$$

となる。　　　　　　　　　　　　　　　　　　　　【答】23.914[kW]

解説

（注1） $1[\text{N}\cdot\text{m}] = 1[\text{J}]$，また $1[\text{J/s}] = 1[\text{W}]$ より，$1[\text{N}\cdot\text{m/s}] = 1[\text{W}]$ となる。

◆ 全揚程：実揚程に弁や管系などの抵抗による損失水頭を加えた揚程をいう。

◆ 水頭（ヘッド）：水 1[N]が持つエネルギを水柱の高さで表したもので，単位は [m] となる。

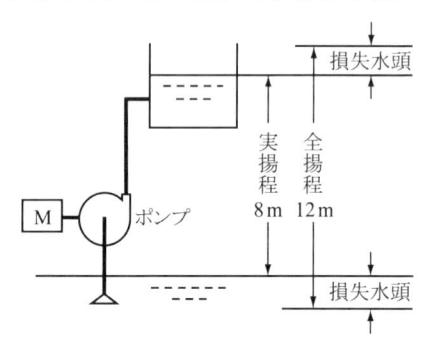

執務一般

1 当直，保安および機関一般

> **問1** 機関部における航海当直基準（運輸省告示）において，航行中に機関部の当直を行う者は，自己の任務について精通するとともに，どのような事項についての知識及び能力を有していなければならないと定めているか。 (1602/1710/1904/2304)

解答
① 船内の通信連絡装置
② 機関区域からの脱出経路
③ 機関区域の警報装置
④ 機関区域の消火設備

解説
◆航海当直：機関士と機関部員が，3グループに分かれて船舶の安全運航のため24時間機関を監視する業務

> **問2** 機関当直の維持に必要とされる ERM（エンジンルームリソースマネジメント）に関する次の問いに答えよ。 (2010)
> (1) 機関区域において管理対象となるリソースとは，何か。（3つあげて，それぞれ説明せよ。）
> (2) ERMを実践するにあたり，要件とされる事項には，何があるか。

執務一般

解答
(1) ① 要員：安全運航のために配置される人員
    ② 機器：運航に必要な機能を有する設備
    ③ 情報：外部からの情報，要員からの情報，運転・保守記録からの情報，図面やマニュアル等からの情報および機器からの情報
(2) ① リソースの配置　　　　　　② 任務および優先順位の決定
    ③ 効果的なコミュニケーション　④ 明確な意思表示
    ⑤ リーダシップ　　　　　　　⑥ 状況認識力
    ⑦ チーム構成員の経験の活用　　⑧ ERM原則の理解

解説
◆ ERM：もともとはコックピット内を対象とした航空分野で開発された概念（CRM：クルーリソースマネジメント）で，安全な運航のために利用可能なすべてのリソース（資源）を有効活用するという考え方。現在では，航空や海運以外にもヒューマンエラーが安全に大きく関わる医療や原子力発電などの分野にもCRMの考え方が広がっている。

問3　航行中，機関部の当直を行う職員が当直を交代する場合，確認しなければならない事項をあげよ。　　　　　(1407/1604/2002/2202/2404)

解答
① 機関室内の状況
　・主機の運転状況　　　　　　・発電機や操舵機など主要補機の運転状況
　・ボイラの運転状況　　　　　・ビルジの状況
　・燃料タンク，清水タンクなどの状況
　・機関部の作業状況　　　　　・漏えい箇所の有無
② 引継ぎ事項
　・主機の主要運転諸元 (注1) および毎分回転速度　・主要補機の運転状況
　・機関長または一等機関士からの指示事項　　　　・船橋からの連絡事項
　・機関日誌の記載事項　　　　・その他の注意事項

解説
(注)　次直者は当直交代15分前には機関室に入って，機関室内各部を巡回し

1 当直，保安および機関一般

状況を確認したのち，前直者から引継ぎを受けて当直業務にあたる。
(注1) ディーゼル主機のハンドルノッチなど
◆ビルジ：機関室底部に溜まる油水混合物の総称であり，油水分離器を通して水だけは船外に排出し，油分は焼却するか陸揚げする。

問4 機関部の当直を行う職員の航行中の当直に関する次の問いに答えよ。
(1) 航行中，機関部の当直を行う職員が機関長に報告しなければならない事項をあげよ。　　　　　　　　　　　　　　　(1410/1802/2104)
(2) 機関長及び一等機関士に，直ちに報告しなければならないのは，どのような事項か。　　　　　　　　　　　　　　(1707/1907/2307)

解答
(1) ① 当直終了時に報告すべき事項
　　・主機の毎分回転速度および航走マイル数
　　・燃料消費量および現在量
　　・主要機器の運転状況
　　・機関室内の作業状況
　　・その他，必要と認める事項
　② 即刻報告すべき事項：下記(2)の解答参照
(2) ① 船長の命令または船橋からの連絡事項 (注1)
　② 主機に異状を認め，もしくはそのおそれが生じた場合
　③ 主要補機に異状を認め，もしくはそのおそれが生じた場合
　④ その他，必要と認める事項

解説
(注1) 主機回転速度の変更や，入港または狭水道スタンバイの予定時刻など

問5 航行中，機関部の当直を行う職員が甲板部の当直を行う職員に通報しなければならないのは，どのような事項か。　(1707/1907/2307)

解答
① 主機の回転速度を変更する場合

》321《

執務一般

② 航行に影響を及ぼす主機や操舵機，発電機に異状を認める場合
③ 冷暖房装置などの居住区設備に異状を認める場合
④ ボイラのスートブローを実施する場合 (注1)
⑤ ビルジを船外に排出する場合 (注2)
⑥ 当直4時間の主機平均回転速度
⑦ その他，必要と認める事項

解説
(注1) スートブローの可否と煙突から排出される火の粉の監視を依頼する。
(注2) ビルジ排出の可否と油分の監視を依頼する。

問6 停泊中，機関部の当直を行う職員が当直を交代する場合，確認しなければならない事項をあげよ。　　　　　　　　　(1607/2204)

解答
① 発電機やボイラ，その他の補機類の運転状況
② 機関部作業の状況または予定
③ 機関室内のビルジの状況
④ 燃料油や潤滑油，備品や消耗品の積込み状況または積込み予定
⑤ 機関長または一等機関士からの指示事項
⑥ 荷役作業の状況，その他甲板部からの連絡事項
⑦ 機関日誌，当直日誌の記載事項
⑧ 機関部員の在船状況

問7 寒冷地において停泊中の当直を行う場合，機関部の当直を行う職員として，注意しなければならない事項をあげよ。　(1507/1810/2107/2310)

解答
① 温度管理に関する注意事項
  ● 換気や通風を調節して機関室やボイラ室の室温を高く保持する。
  ● ボイラへの給水温度や空気温度に注意する。
  ● 運転機の冷却水温度や潤滑油温度に注意する。

- 燃料油タンクの油温に注意する。
② 凍結防止に関する注意事項
- 使用しない機器の冷却水やドレンを排除する。
- 使用しない清水管，海水管内の清水，海水を排除する。
- 救命艇の管理に注意する。
③ 蒸気機関の運転に関する注意事項
- 起動の際，ウォータハンマを起こさないよう暖機，暖管に十分注意する。
- 甲板上の蒸気機関は使用後，ドレンを十分排除するか，連続無負荷運転を行う。
④ 安全に関する注意事項：暖房器具を使用する場合は，火災や酸欠に注意する。

解説
◆ウォータハンマ（水撃作用）：蒸気が冷やされて生じたドレン（水滴）が，蒸気に押されて曲管部などで激しく衝突し，異音や振動を生じる現象

問8 航行中，ディーゼル主機損傷事故が発生した場合，機関部の当直を行う職員として，差し当たり処置しなければならない事項をあげよ。
（1502/1704/1902/2007/2402）

解答
① 状況により主機を停止もしくは減速する。
② 主機操作後，直ちに船橋に連絡する。
③ 同時に機関長，一等機関士にも報告する。
④ 損傷事故の発生原因を調査する。
⑤ 排ガスエコノマイザの圧力に注意し，補助ボイラの運転に備える。
⑥ 主機燃料油の切替えに備える (注1)。

解説
(注) 当直機関士としては沈着・冷静そして迅速かつ正確な処理が望まれる。このため日頃から非常時の対処法を整理しておくことが重要である。
(注1) 停止時間が長くなる場合は，C 重油から始動性の良い A 重油に切り換える。

執務一般

問9 機関の整備作業を行う場合，作業上の一般的注意事項をあげよ。（安全管理上の注意事項は除く。） （1702/1904/2102/2210）

解答
① 作業前の注意事項
- 整備する機器の取扱説明書を熟知し，整備内容を検討する。
- やり直しなど不手際のない作業計画をたてる。
- 予備品（交換部品）の在庫を点検する。
- 換気や通風，足場，照明など作業環境を整える。
- 開放専用工具をはじめ，適正工具を揃える。
- 作業方法を作業者に周知する。

② 作業中の注意事項
- 順序よく開放し，取り外した部品は整理する。
- 各部を丁寧に清掃し，修理箇所を点検する。
- 不良箇所は，部品の交換を含め確実に修理する。
- 修理内容，部品の交換，計測・調整などについて詳細な記録を作成し，後日の参考とする。
- 確実に復旧する。

③ 作業後の注意事項：試運転を実施して，再使用に問題がないことを確認する。

問10 荒天航海において，機関部として注意しなければならない事項をあげよ。 （1610/1807/2004）

解答
① 浸水に対する注意
- 水密戸の作動状態を確認する。
- ビルジポンプや消防・ビルジポンプなど排水装置の作動状態を確認する。
- タンクトップやビルジ溜まりを掃除し，ビルジを処理する。

② 機関に対する注意
- 主機の空転に注意し，急回転を防止する。
- 計器類の指示値に注意し，自動制御や遠隔制御装置の作動状態を確認する。

1　当直，保安および機関一般

- ボイラの水位を低めにする（注1）。
- 燃料油系統の詰りなどに注意する（注2）。
- 海水系統の空気混入に注意する。

③　船体の安定に対する注意
- 必要があれば燃料タンクや水タンクを移送する。
- 操舵機の作動状態を確認する。

④　重量物に対する注意：船体の動揺により，重量物の移動や落下がないよう，固縛などの処置を講ずる。

⑤　安全に対する注意
- 機関室床面にすべり止めマットを敷き，ロープを張る。
- 不急の整備作業は行わない。
- 甲板部との連絡を密にし，状況によっては当直者を増員する。

|解説|
(注1)　ボイラ水位を低めに保ち，**プライミング**の発生を防ぐ。
(注2)　タンク底部の沈殿物が燃料系統に排出され，ストレーナなどを詰まらせる。
◆水密戸：浸水の拡大防止のための船体強度材である隔壁の開口部に設けた耐圧扉
◆タンクトップ：船底には燃料油貯蔵タンクがあり，タンク頂面（タンクトップ）が機関室底面となり，この箇所にビルジが溜まる。

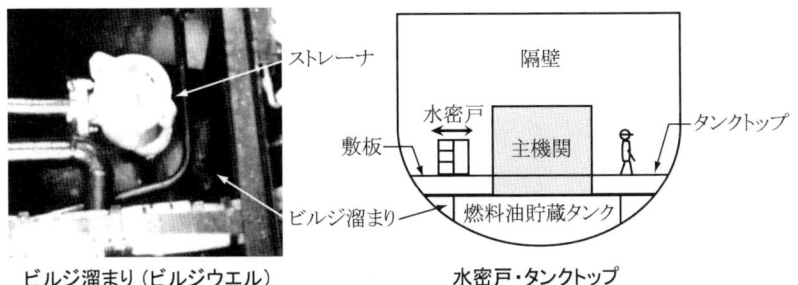

ビルジ溜まり（ビルジウエル）　　水密戸・タンクトップ

問11　荒天航行中，機関室内で整備作業を行う場合，注意しなければならない事項をあげよ。　　　　　　　　　　　　　　　　　(1504/1804/2207)

執務一般

解答
① 整備作業の選定：短時間で終了する軽作業のみとし，高所作業や重量物，回転機に関わる整備作業は避ける。
② 作業前の注意事項
- 作業が短時間で円滑に行えるような作業計画を立て，機関長または一等機関士の許可を得るとともに作業者に作業内容を周知する。
- 作業現場の床面にマットなどを敷いて，すべり止めを施すとともに，ロープを張って作業員の安全を図るなど作業環境を整備する。

③ 作業中の注意事項
- 船橋との連絡を密にし，いつでも緊急事態に対応できるように万全を期す。
- 移動しやすい物や工具類は整理し，重量物は固縛(こばく)する。
- 体力の低下，集中力の低下を考慮して適当に休憩を取る。
- 作業計画を変更するときは機関長の許可を得る。

④ 作業後の注意事項：作業現場の整理・整頓を確認して，機関長または一等機関士，船橋に報告する。

解説
◆荒天作業：常に船体の傾斜と動揺を念頭におく。

問12 入渠(きょ)中の機関部における一般的な注意事項をあげよ。
(1610/1804/2110)

解答
① 安全対策：工場側および船内各部との連絡を密にし，工事の安全確保に努める。
- 災害防止：足場，照明，換気など作業環境に注意し，検知器や保護具などの点検し準備する。
- 火災防止：可燃物を整理し，溶接や火気使用時には消火器を準備するなど，火災には万全の対策を講ずる。
- 主機のターニング：プロペラを回転する場合は，プロペラ周辺との連絡を密にする。

② 工事の円滑な進行：工事の進行状態を常に確認し，特に追加工事には注意

1 当直，保安および機関一般

して出渠の日程に支障がないよう努める。
③ 工事の立会：機器の開放時や復旧時の点検，工事終了後の確認運転には必ず立ち会う。特にプロペラや船底弁など喫水線下の工事については確実な復旧を確認する。
④ 環境汚染の防止：汚水や油，ごみなど汚物の船外廃棄を禁止する。
⑤ 盗難の防止：備品や工具類の管理を十分に行い，保管庫は施錠する。
⑥ 保安：外来者の動静に注意する。

解説
（注） 入渠中は，あらゆる機器が開放され，また火気の使用も多く，人身事故や火災には十分配慮する。

問13 船舶を出渠させるため張水する場合，機関士としての一般的な注意事項をあげよ。　　　　　　　　　　　　　　（1607/1807/1910/2207/2302）

解答
① 張水前
- 張水（注1）により船が浮上したとき船体が傾斜しないよう，水タンクや燃料タンクなどの残量を確認し，重量物については移動するかロープなどで固縛する。
- 船底を一巡し，プロペラやシーチェスト，船底プラグの復旧を確認する。
- 船尾管軸封装置の復旧を確認する。
- 船底弁や船外弁の復旧と作動状況を確認する。
② 張水中：張水の開始時は開放した船底弁や船外弁あるいは船尾管付近に見張りを配置し，甲板部との連絡を密にして，漏水などの異常にすぐに対応できる警戒体制をとる。
③ 張水後：海水管系の空気抜きを十分行うとともに，各部からの漏水に注意する。

乾ドック

執務一般

解説
(注1) 張水の際は，船体の傾斜と，開放整備した船外弁などからの漏水に注意する。
◆船底弁：船底に設けた船体付きの弁
◆シーチェスト：海水取水口
◆船底プラグ：船底タンクの油や水抜き用のプラグ
◆船尾管：船尾管の中にプロペラ軸が挿入される船体で唯一の開口部なので，漏水にはとくに注意する。

船外弁 　　　　　　シーチェスト

問 14 機関日誌に関する次の問いに答えよ。（1504/1702/1807/2202/2207/2304）
(1) 海難が発生した場合，どのような役割をするか。
(2) 燃料油について，どのような項目を記録しておくか。

解答
(1) ① 機関日誌は，航海日誌とともに海難審判などにおける有力な証拠物件として重要な書類であり，海難の原因を明らかにして海難発生の防止に寄与する。
② 甲板関係では，機関の運転状態や発停状態，回転速度などが海難の資料となる。
③ 機関関係では，機関の整備状況や運転状態など，すべての記入事項が海難の原因究明の資料になる。
(2) ① 燃料消費量

》328《

1 当直，保安および機関一般

② 各燃料油タンクの現在量
③ 燃料油の積込み油量
④ 燃料油タンク間の移送時間，移送油量

解説
◆機関日誌：機関の運転管理上の重要事項が記録されているので，報告や統計の資料，海難発生時の証拠書類となる。このため，正確そして詳細に記入し，丁寧に扱うとともに，非常時の場合は持ち出さなければならない。

機関日誌

問15 機関備品の取扱い上の注意事項をあげよ。(1510/1710/2007/2210/2307)

解答
① 法定備品(注1)の品目と数量は，航行区域や機関出力などによって定められているが，機関の使用状況や耐用年数などを考慮して，余裕のある数量を保有する。
② 法定備品以外の予備品についても，必要と思われるものは余裕をもって保有する。
③ 機関備品の現状を常に把握できるよう受払い台帳を備えて管理する。
④ 各備品は，必要なとき直ちに使用できる状態に整備して保管し，古いものから使用する。
⑤ 備品を使用した時は，直ちに補充する。

解説
(注1) 船舶機関規則および船舶設備規程に定められ，主機関関係備品，ボイラ関係備品，プロペラ軸系備品などがある。

問16 機関消耗品の管理にあたって注意しなければならない事項をあげよ。
(1704/1907/2110/2204)

執務一般

解答
① 消耗品は整理整頓し，必要なときにすぐに取り出せるような保管場所や保管方法とする。
② 適正量を保有し，変質や劣化，使用期限などに注意する。
③ 使用にあたっては計画的に無駄のない使い方とする。
④ 受払台帳を備えて，使用・補充に計画性を持って管理する。

解説
◆消耗品：安全運航にかかわる重要な消耗品には，燃料油や潤滑油がある。その他の一般消耗品としては，パッキン類や塗料，鋼材，電気用品，ボルト・ナット，ウエスなどがある。

問17 燃料油を船内に積み込む場合の受入れ準備作業の要領を記せ。
（1410/1907/2010）

解答
① タンクの残量を確認し，無理のない補油計画を作成する。残油はなるべく1つのタンクに集める(注1)。
② 補油作業者に補油計画を周知する。各現場との連絡が密にできるよう通信設備（電話やトランシーバなど）を準備する。
③ 甲板上のスカッパにプラグを施し，各タンクの空気抜き管には受皿など漏油対策を行う。
④ 漏油事故対策として，オイルフェンス，吸着マット，油処理剤などの防除資材を準備する。
⑤ 積込み口の継手フランジ部は，平滑に清掃するとともに完全なガスケットを使用する。
⑥ 積込み用ホースは十分余裕をもたせ，また，ホースをロープで吊って，ホースにかかる荷重を減じる。
⑦ 甲板部に連絡し，B旗をマストにかかげ，船内放送などを通じて火気の使用禁止などを周知する。
⑧ 油タンク船に乗船し，燃料油の銘柄，性状および油量を確認するとともに，油ポンプの送油圧力などを確認する。

⑨　積込みは，軽油やA重油など密度の小さい油から実施する。

|解説|
（注1）　異種の油を混合すると不安定となりスラッジを発生する。
◆スカッパ：甲板上の水（雨水，海水など）を排出するための排水口
◆B旗：危険物の積込み中を意味する赤い信号旗

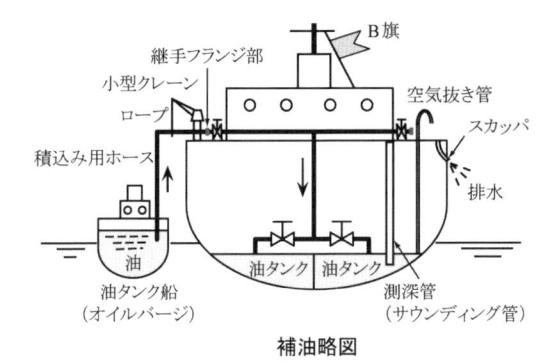

積込み口の継手フランジ

補油略図

オイルフェンス

|問|18　燃料油を船内に積み込む場合，油タンク船（オイルバージ）の油量を確かめる要領を記せ。　　　　　　　　　　　（1604/1802/2007）

|解答|
①　油タンクのハッチカバなどに施された封印に異常がないことを確認する。
②　タンクの測深を数回行い（注1），その平均値をとり，油タンク船に備え付けのタンク容量表により見掛けの油量を求める。
③　見掛けの油量（注2），油の温度，油の密度から，15℃における油量を算出する。

|解説|
（注1）　船体は揺れているため，平均値を求める。
（注2）　油は温度によって膨張・収縮するため，15℃における油量に換算する。
◆油タンク船（オイルバージ）：燃料油や潤滑油の補給用小型タンカー
◆封印：油タンク船のハッチカバなどタンク開口部には，無断で油が抜き取られないよう封じ目に鉛で封印する。

◆測深(サウンディング):測深尺で油面高さ(深さ)を計測すること。
◆タンク容量表(タンクテーブル):タンクの容量は船体の傾斜によって異なるため,測深管で測った計測値から傾斜に合わせて容量を換算するための備付けの換算表

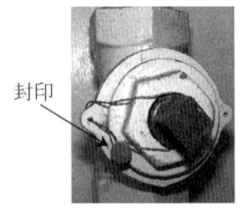

封印　　　　　　　測深尺

問19　船舶に燃料重油を積み込む場合,積込み用ホース及び継手フランジについて確認しなければならない事項をあげよ。
(1510/1704/1810/2002/2210)

解答
① 積込み用ホース
  ・積込み用ホースにき裂などの損傷がないこと。
  ・十分余裕のあるホース長さであること。
  ・ホースをロープで吊って,ホースにかかる荷重を減じること。
  ・ホースの取付け時,ホース内の残油に注意すること。
② 継手フランジ
  ・密着を確実にするため,フランジ接続面が平滑,清浄であること。
  ・フランジ接続面に使用するガスケットに損傷がないこと。
  ・フランジ接続面に使用するボルト・ナットに損傷がないこと。

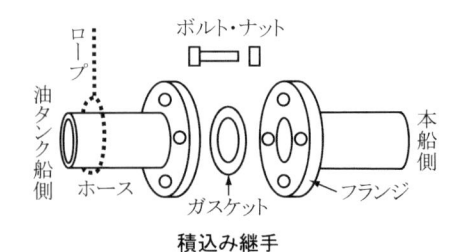

積込み継手

1 当直，保安および機関一般

解説
- ◆ガスケット／パッキン：ともにシール材であるが，回転運動や往復運動する部分の漏れ防止のためのシールに使われる場合はパッキン，ボルトなどで固定されている部分の漏れ防止のためのシールはガスケットと呼ばれる。
- ◆フランジ：管や弁の「つば状」の接続部分

問20 船内の燃料油タンク間において燃料油を移送する場合，漏油事故を起こさないための注意事項をあげよ。　　　（1602/1707/2004）

解答
① 移送前
- 移送作業の担当責任者を決める。
- 責任者は，移送先タンクの残量を確認し，無理のない移送計画を作成する。
- 責任者は，作業者に移送計画を周知する。
- 燃料移送ポンプの運転に異常がないことを確認する。
- タンク間のオーバフロー管に異常がないことを確認する。
- 空気抜き管の位置を確認しておく。
- 漏油事故対策として，吸着マットや油処理剤などの防除資材を準備する。

② 移送中
- 移送開始直後，移送が確実に行われていることを確認する。
- 移送先タンクの油量を常に監視する。

③ 移送後：計画通りに移送されたことを確認する。

解説
（注）　大量の油を移動する場合，船体の傾斜に注意する。

問21 潤滑油の積込み及び貯蔵に関する次の問いに答えよ。
(1) 船内の潤滑油タンクに貯蔵するのは，一般にどのような種類の潤滑油か。
　　　　　　　　　　　　　　　　　　　（1407/1804/2102/2402）
(2) 積込みは，一般に，どのような方法で行われるか。
　　　　　　　　　　　　　（1407/1502/1804/1910/2102/2302/2402）
(3) 種類の違う潤滑油を同じ取入れ口から積み込む場合，積込みの順序は，

執務一般

　　どのようにしたらよいか。　　　　　　（1407/1502/1804/1910/2102/2302/2402）
(4) タンクに貯蔵中の潤滑油については，どのような注意が必要か。
　　　　　　　　　　　　　　　　　　　　　　　　　　　　（1502/1910/2302）

解答
(1) 使用量および消費量の多い油種で，シリンダ油やシステム油，タービン油などである (注1)。
(2) 油タンク船のポンプによってドラム缶からデッキの取入れ口を経て船内の潤滑油タンクに積み込む。
(3) 粘度の低い潤滑油から，また添加物の入っていない潤滑油から積み込む (注2)。
(4) (注3)
　① 毎日一回は貯蔵量を確認するとともに，弁やタンク本体などからの漏れの有無を点検する。
　② 貯蔵中に水分やごみなどの不純物が混入しないよう注意する。
　③ 油種ごとに使用量を記録し，常に消費量と残量を正確に把握する。

解説
(注1) 使用量および消費量の少ない潤滑油はドラム缶や 18 リットル缶で積み込み保管する。
(注2) 後から積み込む油に与える影響の小さい潤滑油から積み込む。
(注3) 潤滑油は高価であるとともに，不足すると機関の運転にも支障をきたすので，管理には十分な注意が求められる。

問22 船内工作におけるアーク溶接に関して，次の問いに答えよ。　（1702）
(1) 母材については，接合部にどのような加工をしておくか。
(2) 溶接棒の選択は，どのような事項を考慮して行うか。
(3) 溶接電流の大きさは，どのような事項を考慮して決めるか。
(4) 溶接中，溶接棒の母材への溶け込みを良好に保つため，どのような事項に注意しなければならないか。

解答
(1) 母材の板厚に適した開先加工を施す。
(2) ①母材の材質・板厚　　②溶接姿勢　　③開先の形状

(3) ①母材の材質・板厚　　②溶接姿勢　　③溶接棒の種類　　④開先の形状
(4) ①溶接電流　　　　　②アークの長さ　③溶接棒の種類
　　④運棒の速度・角度　⑤開先の形状　　⑥母材の材質・板厚

|解説|
◆開先：溶接の強度を上げるため母材の溶接部分に設ける溝
◆アーク溶接：溶接棒の先端と母材の間に4000～5000℃のアーク（電弧）を発生させ，溶接棒と母材を溶かして接合する。

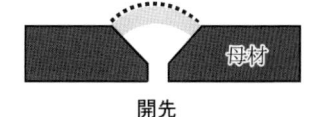

問23　アーク溶接に関する次の問いに答えよ。　　　　　　（1602/2007）
(1) 溶接によって発生する溶接ひずみとは，どのようなものか。
(2) 溶接ひずみを少なくする溶接方法には，どのようなものがあるか。
(3) 鋳鉄を溶接する場合は，どのような注意が必要か。
(4) 溶接棒の被覆材の役目は，何か。

|解答|
(1) 溶接の熱による母材の不均一な膨張と冷却中の収縮の結果，溶接部が変形すること。
(2) (注1)
　① 後退法：溶接熱の分散を図る。
　② 多層法：一度に多量の熱を与えないように，複数に分けて多層の形で溶接する。
　③ 冷却法：溶接熱を冷ましながら時間をかけて溶接する。
　④ その他：逆ひずみを与えるような開先形状として溶接を行い，溶接終了後に目的の形になるようにする。
(3) (注2)
　① 溶接前：溶接部に付着する油やスケールを除去する。
　② 溶接中
　　● 鋳鉄用の溶接棒を使用する。
　　● 不均一な熱応力を与えないため全体を予熱し，局部加熱を避ける。

- 入熱を制限するため，一回の溶接長さを 5cm 以下とする。
- 熱量を制限するため，溶接電流はできるだけ低めにする。
- 残留応力を軽減するため，ピーニングを行いながら溶接する。

③ 溶接後
- 急冷を避け，わら灰などで溶接部を覆い，徐冷する。
- 溶接部の**焼きなまし**を行い，ひずみを除去する。

(4) ① 高温の**アーク**によりガスとなって溶接面を大気から保護し，酸化や窒化を防ぐ。
② アークを安定させる。

解説
(注1) 溶接ひずみは，単位時間の入熱が過大で，板厚が薄い場合や溶接速度が遅い場合に起こりやすい。残留応力を調整することで対応する。
(注2) 鋳鉄は，溶接性が悪く，不均一を生じると割れの原因になるので，溶接の際は母材と溶接部が均一な加熱・冷却になるようにする。

◆残留応力：材料が外力や加熱・冷却などで永久変形したとき，材料内部に残った応力
◆ピーニング（つち打ち）：溶接部表面をハンマで連続的に打ちつけること。
◆後退法

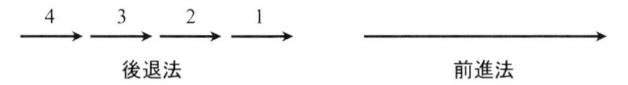

```
      4     3     2     1
      →     →     →     →     ────────────→
            後退法                    前進法
```

問24 船内応急工作におけるガス切断作業に関する次の文の（　）の中に適合する字句を記せ。　　　　　　　　　　　　　　　　　(1410/2102)

(1) ガス切断は酸素切断ともいわれ，酸素中で（ ⑦ ）された鉄がよく燃える反応を利用したもので，鋼の切断に利用される。

(2) 切断しようとする鋼材を（ ⑦ ）で加熱し，燃焼温度（約 1350℃）に達したとき高圧の酸素を吹き付けると鉄は燃焼して酸化鉄となる。その融点は（ ⑦ ）よりも低いため，酸化鉄は融解して酸素の（ ㊁ ）で吹き飛ばされ，切断される。

(3) 鉄が酸化鉄になるとき，鉄の燃焼に必要な（ ㊄ ）よりもはるかに大きな熱が発生するので，切断が開始された後は酸素を吹き付けるだけで

1 当直，保安および機関一般

切断が行われるが，実際には（ ㋕ ）があるため㋑は必要である。

解答
㋐：赤熱　㋑：ガス炎　㋒：母材　㋓：圧力　㋔：熱量　㋕：熱損失

解説
◆ガス切断：金属の切断には機械的方法もあるが，厚板の場合はガスで切断する方が早いので広く行われている。ガス切断は，金属を高温で溶融し，溶融した金属を高圧酸素で吹き飛ばすことによって切断を行う。

問25 船内応急工作において，板厚 10 mm 程度の鋼板を手動でガス切断する場合の作業要領の概要を説明せよ。　　　　　　　　　　　　(1407/1810)

解答
① 切断準備
 ・作業場所周辺の可燃物は移動するか不燃材で覆う。
 ・切断箇所表面を清掃する。
 ・板厚に適した火口を選定する。
② 切断作業
 ・酸素・アセチレンガスに点火し，火炎を調節する。
 ・切断箇所を加熱して，<u>燃焼温度に達したら</u>(注1)酸素を吹き付け燃焼させ，溶融金属を吹き飛ばして切断する。
 ・火口と鋼板との間隔は 4〜5 mm とし，板面に垂直に火口を保持する。
 ・<u>板厚に応じて切断速度を調節する</u>(注2)。

解説
(注1) 鋼は燃焼温度（燃える温度）に達すると赤熱状態になる。
(注2) 切断速度は，早過ぎると切断できないし，遅過ぎると酸素を無駄に費やし，材料の断面に凹凸ができる。

問26 船内応急工作において，ガス切断（酸素切断）が容易にできる金属材料の条件をあげよ。また，その金属材料の名称をあげよ。
　　　　　　　　　　　　　　　　　　　　　　　　　　　　　(1507/1707/1910)

執務一般

解答
① <u>母材の燃焼によって生じる金属酸化物の融点が母材の融点よりも低いこと</u>(注1)。
② 母材の発火温度が，母材の融点よりも低いこと。
③ 金属酸化物を酸素の圧力で吹き飛ばすことができること。
④ 母材の成分に不燃焼物質が少ないこと。
＜<u>金属名</u>＞(注2)　炭素鋼

解説
(注1) 鉄と酸素が反応して，金属酸化物（FeO，Fe_2O_3，Fe_3O_4 などの酸化鉄）となり，そのときの燃焼熱で切断部を溶かす。鉄の発火温度は約 900℃，酸化鉄の融点は 1350℃，鉄の融点は約 1500℃ である。
(注2) 黄銅やアルミニウムなどの融点は低いが，金属酸化物になると融点が高くなり切断できない。

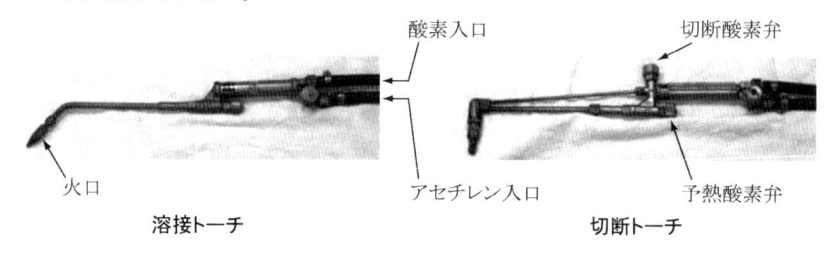

溶接トーチ　　　　　　　切断トーチ

問27　船内応急工作におけるガス溶接及び切断作業に関して，次の問いに答えよ。
(1) 板厚 5mm 程度の鋼板の溶接をする場合，前進法と後退法では，どちらが適しているか。
(2) 軟鋼板を溶接する場合，どのような火炎を用いるか。また，火炎のどの部分を溶接部に当てるか。
　　　　　　　　　　　　　　　　　　　　　　　　　　　(1604/2307)
(3) 鋼に含まれる炭素の量は，ガス切断にどのような影響があるか。
　　　　　　　　　　　　　　　　　　　　　　　　　　　(1604/2307)

解答
(1) <u>後退法</u>(注1)
(2) 溶接炎：<u>標準炎</u>(注2)
　　溶接部に当てる箇所：<u>心炎（白心）の先端 2〜3mm の箇所</u>(注3)

(3) 炭素量の少ない軟鋼は問題ないが，炭素量の多い硬鋼になると切断が困難になり，切断面の硬化や割れを生じる(注4)。

解説

(注1) 火炎の出ている方向と逆方向にトーチを進める。

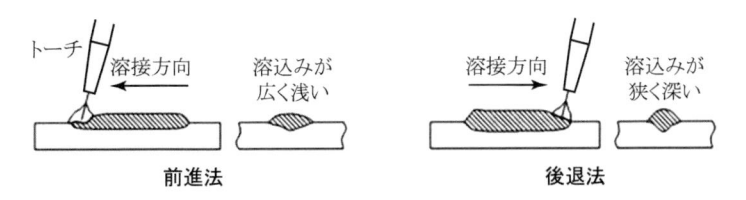

前進法　　　　　　　　　　　後退法

(注2) 溶接炎は，酸素とアセチレンの混合比が 1 : 1 の標準炎を使用する。
(注3) 3000℃ を超える最高温度箇所
(注4) 炭素鋼は，炭素量が多くなると加熱によって生じる酸化物の融点が母材の融点より高くなるので，酸素の圧力で吹き飛ばせなくなり，切断が困難になる。

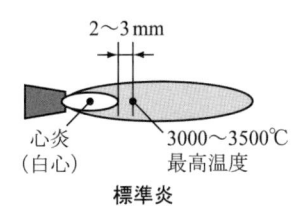

◆ガス溶接（融接）：アセチレンと酸素を燃焼させ，発生する 3000〜3500℃ の熱を利用して金属を溶解し，溶接棒を溶融添加して接合する。鉄の融点（溶ける温度）は約 1500℃ である。

問28 船内応急工作におけるガス溶接作業に関して，次の問いに答えよ。
(2107/2304)
(1) アセチレンボンベは，作業の際，横にねかせてはならないのは，なぜか。
(2) 軟鋼板を溶接する場合，使用する火口は，どのようなことを考慮して選定するか。

解答

(1) ボンベを横にするとアセチレンとともにアセトンが流出し，ボンベ内のアセチレンガスが不安定になり爆発の危険が生じる(注1)。
(2) 母材の板厚によって火口を変え，炎を調節する。板厚が厚くなるほど大きな火口（火口番号の大きいもの）を使用する。

解説

(注1) アセチレンガスは不安定なガスで，ガスのまま圧縮すると爆発する。このためアセトンにアセチレンを加圧溶解し安定させてボンベに充てんしている。

◆ アセチレン（C_2H_2）：カーバイドに水を注ぐと発生する。火炎温度が 3300℃ と高い（プロパンは 2600℃）ので作業の能率がよく，酸素の消費量が少ない（プロパンの1/4）ので経済的である。

◆ 火口番号：1時間に消費するアセチレンガスの量で表す。

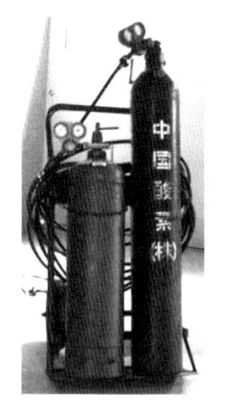

アセチレンと酸素のボンベ

問29 船内応急工作におけるガス溶接作業に関して，次の問いに答えよ。
(1) 酸素を取り扱う際には，圧力調整器などに油が付着していると，どのような危険があるか。　　　　　　　　　　　　　　　　　　　　　(2104)
(2) 酸素アセチレン炎は，酸素とアセチレンの混合割合により，どのように呼ばれているか。　　　　　　　　　　　　　　　　　　　　　　(2104)
(3) 溶接作業中，逆火が起こるのは，どのような場合か。　　　　　(2107)

解答

(1) 酸素と接触して自然発火し逆火を生じる危険がある。
(2) ① 標準炎（中性炎）　　　② 還元炎（アセチレン過剰炎）
　　③ 酸化炎（酸素過剰炎）
(3) ① ガスにほこりが含まれていて，そのために酸素の吹出し孔や火口が塞がって，ガス吸引作用が鈍くなったとき。
　　② 火口が過熱して，ガスの着火速度が大きくなったとき。
　　③ 長時間の使用で火口に酸化物が付着し，ガスの吹出しが悪くなったとき。
　　④ 火口の出口が大きくなり，ガスの噴出速度が小さくなったとき。
　　⑤ 酸素圧力が低下して，アセチレンの吸引が悪くなったとき。

解説

◆ 圧力調整器（減圧弁）：酸素・アセチレンとも，充てん圧力が高いので，溶

1　当直，保安および機関一般

接に適した圧力に下げて使用する。

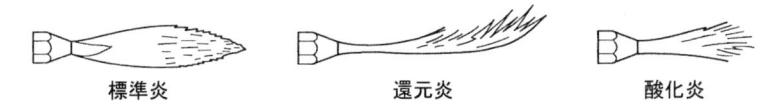

標準炎　　　還元炎　　　酸化炎

> 問30　船内応急工作において，ガス溶接によるひずみに関する次の問いに答えよ。　　　　　　　　　　　　　　　　　　　　(2104)
> (1)　突合せ溶接による反りを生じさせないためには，どのようにすればよいか。　　　　　　　　　　　　　　　　　　　　　　　　　(1604)
> (2)　突合せ溶接による収縮を生じさせないためには，どのようにすればよいか。
> (3)　溶接熱によるこぶを除去するには，どのようにすればよいか。

解答
(1)　①　あらかじめ反りの分だけ反対側に反らせておく。
　　 ②　突合せ部分に沿って数か所を仮付けして，対称の位置を交互に溶接する。
(2)　あらかじめ収縮量を見込んだ寸法で溶接する。
(3)　こぶの頭を加熱して徐冷する。

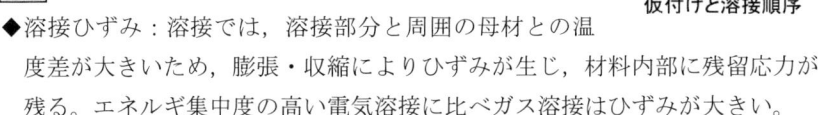

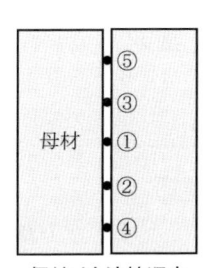

仮付けと溶接順序

解説
◆溶接ひずみ：溶接では，溶接部分と周囲の母材との温度差が大きいため，膨張・収縮によりひずみが生じ，材料内部に残留応力が残る。エネルギ集中度の高い電気溶接に比べガス溶接はひずみが大きい。

> 問31　船内応急工作において，硬ろう付けをする要領を記せ。
> 　　　　　　　　　　　　　　　　　　　　(1610/1904/2204)

解答
①　ろうに洋銀ろうや黄銅ろうを用いる。
②　接合面を洗浄し，油分や酸化膜を除去する。
③　ろう材の粉末と溶剤を混ぜて接合面に塗布する。

執務一般

④ 加熱してろうを溶かし，ろうを接合面全体に行きわたらせて接合する。
⑤ ろうの融点が高いので母材が溶けないように注意する。
⑥ 接合後，表面の溶剤や酸化膜を取り除く。

|解説|
◆ろう付け：金属溶接の一種で，接合する母材よりも融点の低い合金（ろう）を溶かして接着剤として部材を接合する。はんだ付け（軟ろう）が薄板に限られるのに対し，厚板の接合には硬ろう付けを用いる。ろうの融点の違いにより軟ろう（450℃未満），硬ろう（450℃以上）に区分される。
◆洋銀：銅（Cu），ニッケル（Ni），亜鉛（Zn）の合金
◆黄銅：銅と亜鉛の合金で，真ちゅうともいう。
◆溶剤（フラックス）：熱による母材表面の酸化を防ぐとともに，ろうの流れをよくする薬剤で，ほう砂を用いる。

|問32| 船内応急工作に関する次の問いに答えよ。　　　　（1607/1802/2202）
(1) チューブエキスパンダは，どのような工作をするときに使われるか。
(2) リーマは，どのような工作をするときに使われるか。

|解答|
(1) ボイラの水管あるいは熱交換器の冷却管を管板に取り付けるとき，管板に管を挿入後，気密や水密を保持するため管の末端を管の内部から拡げて，管板に密着させるために使用する工具
(2) ドリルであけた穴を高精度に仕上げるために使用する。

|解説|
◆チューブエキスパンダ：拡管器
◆リーマ：精密研磨仕上げ用の切削工具

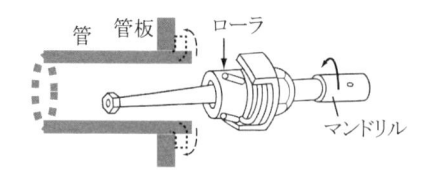

チューブエキスパンダ

〔機関長コース1986年12月号「受験講座・執務一般」第4回（明山良平）を基に作成〕

1 当直，保安および機関一般

> 問33 船内応急工作において，次の(1)及び(2)の作業を行う場合の要領をそれぞれ述べよ。　　　　　　　　　　　　　　　　　　(1507/1902/2110/2404)
> (1) チューブエキスパンダを用いて管端を管板に密着させる作業
> (2) 旋盤加工した工作物を突切りバイトによって切断する作業

解答
(1) ① 管と管穴が密着する部分を清掃し，錆や油を除去する。
　　② 管の内面を清掃し，チューブエキスパンダのローラの当たる部分に油を塗る。
　　③ チューブエキスパンダを管内に挿入し，マンドリル（心棒）を軽く打ち込み，ローラを管の中で張り出させる。
　　④ マンドリルを回すと，ローラはマンドリルとともに管内で回転し，管を拡げて管板の穴に密着する。
　　⑤ マンドリルを2〜3回まわすごとに軽打ちして打ち込み，決して強打しない。
　　⑥ 油を差しながら，無理に拡管させることのないように注意して管板に密着させる。
(2) ① 工作物をチャックに取り付け，可能であれば心押しセンタで保持する。
　　② 突切りバイトは，切り刃を工作物の中心高さにし，軸心に直角に取り付ける。
　　③ 切削速度は，通常の旋盤加工の半分程度とする。
　　④ バイトをゆっくり送り切り込んでいく。このとき切削油をこまめに供給してバイトの過熱を防ぐ。
　　⑤ 心押しセンタを用いた場合や質量が大きい工作物の場合には，切断の

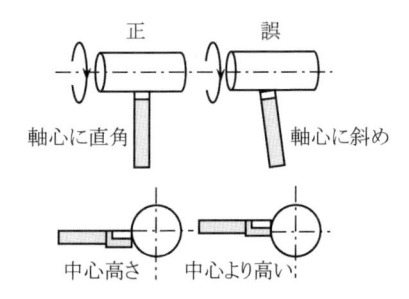

執務一般

終わり近くで中心部を残して回転を止め，金切りのこで切り落とす。

|解説|
◆バイト：旋盤で切削加工に用いる工具

|問| 34 船内応急工作で使用する旋盤において，面取りのほかに行える工作の名称をあげよ。　　　　　　　　　　　　　　　　(1502/2002)

|解答|
①外丸削り　②ねじ切り　③穴開け　④テーパ削り　⑤突切り
|解説|
◆旋盤：定位置で工作物を回転させ，刃物台に取り付けたバイトに切込みと送りを与えて切削する工作機械

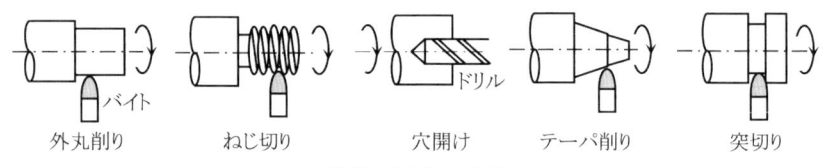

外丸削り　　ねじ切り　　穴開け　　テーパ削り　　突切り

旋盤による加工作業

|問| 35 船内応急工作において，次の(1)及び(2)の作業を行う場合の要領をそれぞれ述べよ。
(1) 板厚 15 mm 程度の軟鋼板に，直立ボール盤で貫通穴をあける作業
　　　　　　　　　　　　　　　　　　　　　　　　(1504/2004/2310)
(2) 丸棒の断面の中心を出すけがき作業（2つの方法）

|解答|
(1) ① 穴あけ箇所をけがき，中心に正しくセンタポンチを打つ。
　　② 軟鋼板をテーブルに締め金具でしっかりと固定する。
　　③ 穴の大きさに適したドリルを取り付け，歯の先端が穴の中心に来るようにテーブル位置を調整する。
　　④ ドリル径に適した回転速度で浅めの穴を開ける。
　　⑤ ドリルを上げて，ポンチ穴からずれている場合はテーブルを移動して

1 当直，保安および機関一般

　　　修正する。
　⑥　穴開け中は切削油を与え，刃の過熱を防ぐとともに，切り屑も取り除く。
　⑦　貫通の際は，工作物が回されることがあるので注意する。
(2)　①　トースカンとVブロックによる心出し
　　・丸棒をVブロックの上にのせる。
　　・中心近くにトースカンの針先を置き，定盤に平行な線を引く。
　　・丸棒を90°回転して，第1線に直交するように第2線をけがく。
　　・同様の操作で第4線までけがき，中央部にできた小さい四辺形の中央にポンチを打つ。
　　②　片パスによる心出し
　　・パスの足の開きを丸棒の半径くらいにとり，曲がった足を外周に当て，他の足で中央に円弧を描く。
　　・90°ずつ離れた点から同様にして別々に第2，第3，第4の円弧を描き，これらの円弧で囲まれた中央にポンチを打つ。

|解説|
◆けがき（マーキング）：材料を工作する前に，加工に必要な寸法線を材料に描くこと。

ボール盤作業

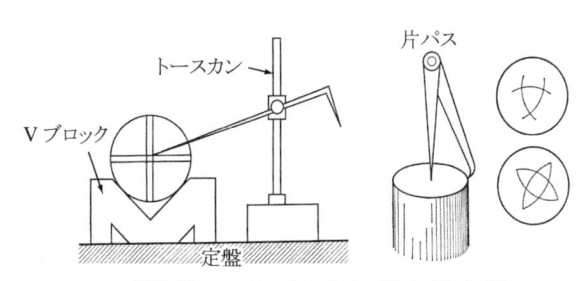

〔機関長コース1987年2月号の解答を基に作成〕

執務一般

2 船舶による環境の汚染の防止

> 問1　船内の焼却炉に関する次の問いに答えよ。　（1410/1907/2202）
> (1) 焼却処理するものには，どのようなものがあるか。　（1602）
> (2) 上記(1)であげたものは，どのように焼却処理するか。

解答
(1) ① 廃油
- 油清浄機から排出されたスラッジ
- 油水分離器からの分離油
- 油タンクからのドレン
- 主機掃気室からのドレン
- 整備作業で使用した洗い油

② 固形廃棄物
- ウエス　　・プラスチック
- 生ごみ　　・包装や梱包（こんぽう）に使用された紙や木箱

焼却炉

(2) ① 廃油：水分を含むので，廃油タンクで加熱と静置で十分水切りを行い焼却する(注1)。
② 固形廃棄物：焼却炉に直接投入して焼却する。

解説
（注1）水分を含むと失火の原因になる。
◆油水分離器：ビルジを油と水に分離し，水のみを船外に排出する装置で，油は焼却するか陸揚げ処理する。
◆ウエス：拭き取りなど掃除用のぼろ布

> 問2　船内のスラッジタンクに関する次の問いに答えよ。
> 　　　　　　　　　　　　　　　　（1407/1802/2010/2110/2302）
> (1) スラッジタンクには，どのようなものが集められるか。
> (2) 上記(1)で集められたものは，どのように処理されるか。

2　船舶による環境の汚染の防止

解答
(1) 油清浄機から排出されたスラッジ
(2) ① 廃油タンクで加熱して水分を分離した油分を廃油焼却炉で焼却処理する。
　　② 焼却炉がない場合は，陸揚げして陸上の処理施設で処理する。

解説
◆スラッジ：燃料油や潤滑油が使用中または貯蔵中に発生した沈殿物の総称

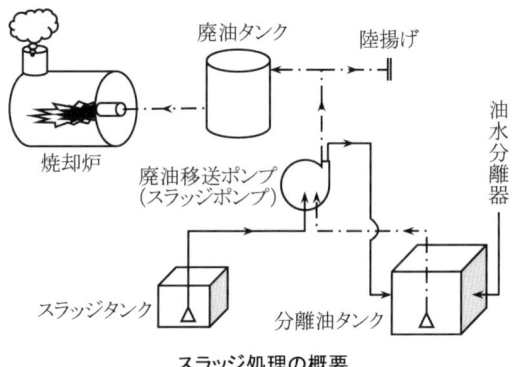

スラッジ処理の概要

問3 海洋汚染の防止に関する次の問いに答えよ。
(1407/1802/2010/2110/2302)

船内で発生した廃プラスチック類は，どのように処理されるか。また，処理を行うにあたり，禁止されている事項には，何があるか。

解答
＜処理法＞　陸揚げ処理か，焼却して焼却灰を陸揚げ処理する。
＜禁止事項＞　すべての海域で海洋投棄できない。

問4 油水分離器の取扱いについての注意事項をあげよ。
(1504/1707/2002/2402)

解答
① 取扱いに関する注意事項
　・油水分離器の作動原理や構造，取扱い要領を熟知する。
　・誤って油分を船外に排出した場合の対策を平素から考えておく。

執務一般

② 運転に関する注意事項
- <u>運転開始前は必ず器内を満水状態に保持する</u>（注1）。
- 運転中は，定期的に検油コックを開き，分離した油分の溜まり具合を確かめ，適当な時期に排出する。
- 洗剤などの薬剤がビルジに混入すると，油分の分離が悪くなるので注意する。

③ 保守に関する注意事項
- 分離器内部は腐食しやすいので，年1回は分離器を分解掃除する。
- 自動排油装置や警報装置を定期的に手入れするとともに，その作動を確認する。

解説
（注1）低水位運転を行うと器内が汚損するので，常に満水とする。

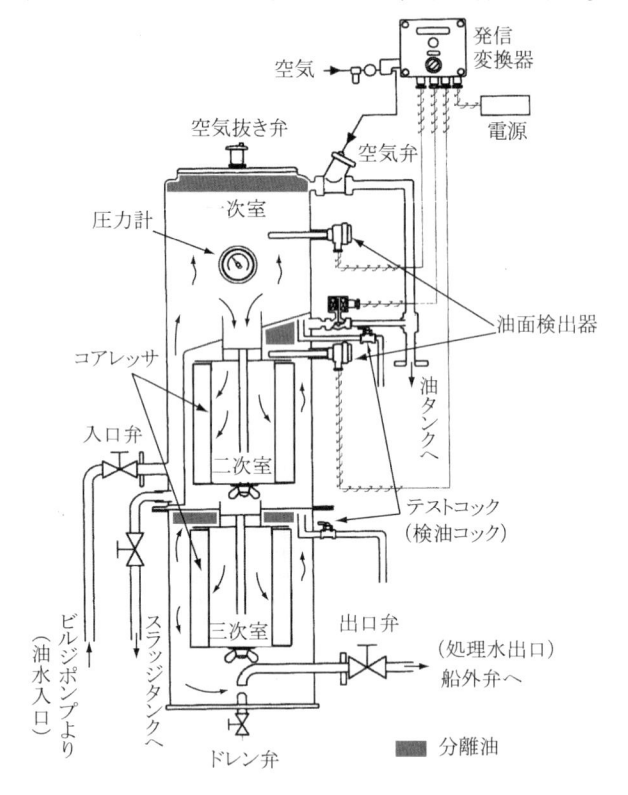

2　船舶による環境の汚染の防止

問5　船舶による海洋汚染の主な原因には，どのようなものがあるか。
(1502/1610/1902/2107)

解答
① 衝突や座礁などの海難事故における積荷油や燃料油の流出
② ビルジ処理時の誤操作による油分の流出
③ <u>油潤滑式船尾管シール装置</u>(注1)の損傷による潤滑油の流出
④ 潤滑油冷却器の冷却管破孔による潤滑油の流出
⑤ 油が混入したバラスト水の排出
⑥ 日常生活で発生するゴミや汚物などの廃棄物

解説
(注1)「プロペラ装置」問24参照

問6　図は，排出型汚水処理装置の一例を示す。図に関する次の文の（　）の中に適合する字句を下記①～⑬の語群の中から選べ。
(2104/2404)

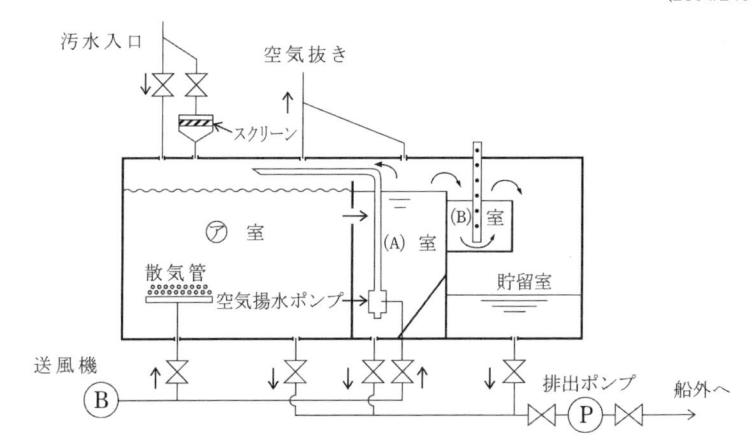

汚水はスクリーンで固形物を除かれ（　㋐　）室に導かれる。㋐室では（　㋑　）性微生物（バクテリア）の作用により，（　㋒　）と無機物とに分解される。微生物は散気管からの空気（酸素）と汚物によって増殖していく。この微生物群の集団を（　㋓　）という。

》349《

執務一般

㋐室で浄化された水は(A)室に流入し，ここで㋓は（㋔）し，空気揚水ポンプにより㋐室へ絶えず返送され，浄化された上澄み液のみを(B)室で（㋕）処理し，貯留室に流し込む。たまった処理水は自動的に船外に排出される。

語群：①滅菌消毒　②分解　③ばっ気　④酸化　⑤水素ガス　⑥活性汚泥　⑦沈殿　⑧嫌気　⑨洗浄　⑩活性炭　⑪炭酸ガス　⑫好気　⑬有機物

|解答|
㋐：③ばっ気　　㋑：⑫好気　　㋒：⑪炭酸ガス　　㋓：⑥活性汚泥
㋔：⑦沈殿　　　㋕：①滅菌消毒

|解説|
◆ばっ気：微生物群に必要な酸素を送り込むこと。
◆汚水（ふん尿）処理装置：便器からの汚物をエサとする微生物の分解作用により，汚物を浄化する装置
◆好気性微生物：酸素の供給で活発化する微生物

3　損傷制御

|問|1　機関室の浸水事故を防止するため，注意しておかなければならない事項をあげよ。　　　　　　　　　　　　　　　　　　　　　(2304)

|解答|
① 早期発見に努める (注1)。
  - 浸水のおそれのある箇所，特に海水ポンプや船尾管のグランド部からの漏水に注意する。
  - ビルジ溜まりの清掃を励行するとともに，ビルジの状態を常に監視する。
② ビルジ管系の配管や取扱いを熟知する。
③ ビルジポンプや消防・ビルジポンプなど排水装置の作動状況を点検，確認する。

3 損傷制御

④ 水密戸の作動状況を点検，確認する。
⑤ 防水器材 (注2) をいつでも使用可能な状態に整備し，その使用法を熟知する。
⑥ 防水部署操練を励行する。

解説
(注1) 浸水の原因には，船体の亀裂あるいは衝突・座礁などによる大破孔，海水弁や海水管の腐食による破孔，船尾管からの漏水，ヘビードアなど機関室開口部からの海水の浸入などがあげられる。
(注2) 防水マット，木材，セメント，くさび，まきはだ，ジャッキなど

◆グランド部：ポンプ軸やプロペラ軸が貫通している箇所で，軸封装置により漏れを止める。

◆ビルジ溜まり：機関室両舷の船首・船尾側にあるビルジを溜める井戸のような受け皿で，ビルジウエルともいう。ウエルは「井戸」の意味

問2 機関室に浸水した場合の応急処置を述べよ。　(1507/1804/2104)

解答
① 通報：浸水箇所の位置，破孔部の大きさおよび形状を確認し，状況を船橋，上司および船内に通報する。
② 排水：浸水の程度に応じてダイレクトビルジ吸引ポンプおよび危急ビルジ吸引ポンプを使用する。
③ 防水
  ● 浸水破孔部が小さい場合は，まきはだ，木栓，くさびまたはバンドなどで破孔部を塞ぐ。
  ● 破孔部が大きい場合は，遮防箱などの当てものや船外から防水マットを当て，排水を行う。
  ● 1区画に浸水する場合は，水密隔壁の水密戸を閉鎖し，隣接隔壁に当て板，支柱，くさびなどを用いて補強する。
④ その他
  ● 船橋の指示により，燃料油などをシフトする。
  ● 浸水の状況により電気機器や補機を切り替える。

執務一般

解説

（注）　船内ビルジ（共通ビルジ）は，ビルジポンプで吸引し油水分離器で処理して船外に排出されるが，船体や海水系統の損傷により多量の海水が船内に浸入した場合に対応するため，共通ビルジ管系以外に GS ポンプやバラストポンプで直接排出できる直接ビルジ管系，機関室で容量のもっとも大きい主機冷却海水ポンプで排出する危急ビルジ管系を設けている。

◆まきはだ：耐水性のあるひも状の木の皮

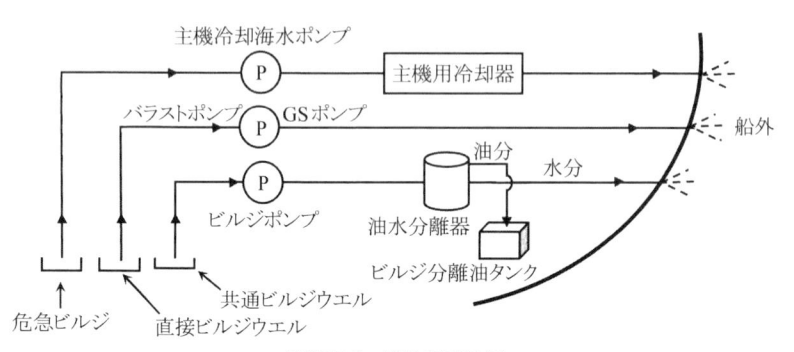

機関室ビルジ処理系統図

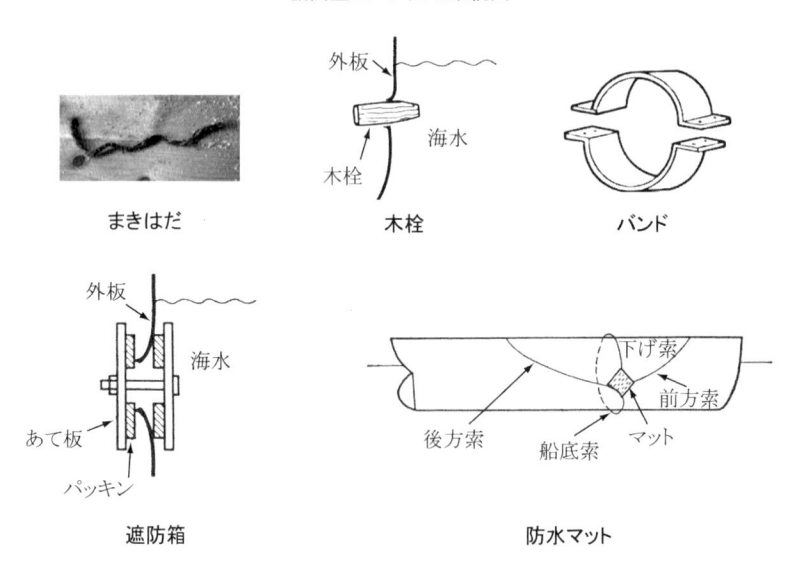

まきはだ　　木栓　　バンド

遮防箱　　防水マット

> 問3　機関室の浸水に関する次の問いに答えよ。　　　（1710/2210/2310）
> (1) 浸水事故が発生した際,その原因が確認できるまでに行うべき事項は,何か。
> (2) 船体の小破口から海水が流入している場合は,どのような処置を行うか。
> (3) 船体の大破口から海水が流入し,排水量が流入量を上回っている場合は,どのような処置を行うか。
> (4) 防水処置の効果がない程の浸水状態の場合は,どのような処置を行うか。

解答
(1) ① 通報：状況に応じて上司,船橋および船内に通報する。
　　② 排水：浸水に応じてダイレクトビルジ吸引ポンプおよび危急ビルジ吸引ポンプを使用する。
(2) まきはだ,木栓,くさびまたはバンドなどで破孔部を塞ぐ。
(3) 遮防箱などの当てものや船外から防水マットを当て,排水を行う。
(4) ① 1区画に浸水する場合は,水密隔壁の水密戸を閉鎖し,隣接隔壁に当て板,支柱,くさびなどを用いて補強する。
　　② 沈没のおそれがあるときは,船長の指示に従って退船する。その際,ボイラや発電機の運転を停止し,機関日誌などの重要書類を持って退船する。

4　船内作業の安全

> 問1　呼吸用保護具の使用にあたっての安全心得について述べた次の文の（　）の中に適合する字句又は数字を記せ。　　（1502/1607/2304）
> (1) 呼吸具は（ ⑦ ）欠乏の場所,（ ④ ）ガスの充満した場所,火災等の場合に,その場所での作業あるいは人命救助の際に使用する。⑦欠乏が予想され,④ガスの種類やその濃度が不明の場合は危険なので,（ ⑨ ）缶（剤）がついている,ろ過式マスクを使用してはならない。

執務一般

(2) 一般に，⑦ガスの種類が判明しており，その濃度が（ ㊃ ）%を超える場合，給気式である自給式呼吸器か（ ㊄ ）マスクを使用する。

解答
⑦：酸素　㋑：有毒　㋒：吸収　㊃：2　㊄：送気

解説
◆吸収缶：充てんした吸収剤によって通過する空気から特定の有毒ガスを除去する。

ろ過式マスク　　自給式呼吸器　　送気マスク

問2　次の(1)～(5)の船内作業を行う場合に必要な保護具をそれぞれ記せ。
(2010)
(1) 火炎に触れやすい場所における作業
(2) さび落とし作業
(3) 低温の冷凍庫内における作業
(4) 有害な気体を検知する作業
(5) ガス溶接作業

解答
(1) 耐熱用の保護衣や保護手袋および保護面
(2) 防塵用の保護眼鏡や保護マスクおよび耳栓 (注1)
(3) 防寒用の保護衣，保護帽，保護手袋や保護靴
(4) 気密用の保護眼鏡や保護手袋および呼吸具
(5) 溶接用の保護衣，保護手袋，保護眼鏡，前掛けおよび保護靴

4 船内作業の安全

解説
(注1) 騒音(ハンマなどによるさび打ち音)から耳を保護する。

> 問3 次の(1)〜(3)の保護具は,どのような場合に何のために用いられるか。それぞれ記せ。 (2107)
> (1) 呼吸具　　(2) 防熱服　　(3) 保護眼鏡

解答
(1) ＜使用＞ 酸素欠乏のおそれや有毒ガスの発生のおそれのある場所での作業,火災現場での消火や救助作業など
　　＜目的＞ 呼吸を確保して,酸素欠乏やガス中毒を防ぐ。
(2) ＜使用＞ 蒸気管や排気管付近など高温にさらされる場所や火炎に触れやすい場所,火災現場での消火作業など
　　＜目的＞ 熱中症や火傷(やけど)を防ぐ。
(3) ＜使用＞
　　・化学薬品を取り扱う作業や有毒ガスの発生のおそれのある作業
　　・さび落とし作業やグラインダ作業,旋盤作業
　　・電気やガス溶接作業
　　＜目的＞ 気密用や防塵用,遮光用として目を保護する。

> 問4 船内において,酸素欠乏のおそれのある場所で作業する場合,災害防止上注意しなければならない事項をあげよ。 (1810/2004/2204)

解答
① 換気に関する注意事項
　・作業の開始前および作業中は,<u>十分な換気に努める</u>(注1)。
　・作業現場での,火気やガソリン機関などの使用は換気が確保できなければ使用しない。
② 計測に関する注意事項:検知器により酸素濃度を測定し,安全を確認する。ただし,測定値の過信は禁物である。
③ 作業に関する注意事項:作業者は,呼吸具,命綱など必要な保護具を着用

し，複数名で作業を行う。
④　監視に関する注意事項
- 見張りを配置するとともに，作業場所との連絡を密に取り合う。
- 酸素欠乏事故が発生したときは，救助に行くと共倒れになるので，命綱で引き寄せる。
⑤　救急体制に関する注意事項
- 頭痛，耳鳴り，めまい，吐き気などの症状を認めたときは，直ちに作業を中止し，安全が確認されるまで再開しない。
- 軽症であっても後日，障害が現れることがあるので，必ず医療機関で受診する。
⑥　安全教育に関する注意事項：日頃から，酸素欠乏に関する知識を作業員に周知する。無知・無理が災害を招く。

解説
（注1）酸素欠乏や有毒ガスが発生するおそれのある場所での作業では，「換気」が最も有効な安全対策である。
◆酸素欠乏：通常，空気中の酸素濃度は21%であるが，酸素欠乏とは酸素濃度が18%以下をいう。

問5　船内において，墜落のおそれのある高所で作業する場合，災害防止上の注意事項をあげよ。　　　　　　　　　　　　　　　（2310/2404）

解答
①　作業計画に関する注意事項
- 作業計画や作業方法，人員の配置に余裕を持たせ，作業の内容を作業者に周知する。
- 高齢者や未熟者は作業に従事させない。
- 作業はできるだけ揺れの少ない停泊中に行う。
②　作業環境に関する注意事項
- 足場，照明などを確保し，作業しやすい環境とする。
- 作業者は保護帽，安全ベルトまたは命綱など保護具を着用する。
- 高所作業に適した服装とする。

4　船内作業の安全

- 万一の場合に備え，落下防止用のネットを準備する。
- 関係者以外の作業場所への立ち入りを制限する。
- 見張りを配置する。
③　作業中に関する注意事項：工具類等の落下に注意する。
④　救急体制に関する注意事項：救急用具を準備する。
⑤　安全教育に関する注意事項：平素から安全に関する教育を実施する。

解説
（注）船舶は陸上と異なり，波や風の影響を受けて常に動揺と傾斜を伴う。従って高所作業では陸上での作業以上に落下防止に対する安全対策が必要である。

問6　船内において，重量物をつり上げる場合，災害防止上注意しなければならない事項をあげよ。　　　　　　　　　　　　　　（1507/1904）

解答
①　作業計画に関する注意事項
- 作業計画や方法，人員の配置に余裕を持たせ，作業の内容を作業者に周知する。
- ロープやチェーンブロックなど用具の許容荷重を確認するとともに，異常のないことを確認する。
- 高齢者や未熟者を作業に従事させない。
- 作業はできるだけ揺れの少ない停泊中に行う。

②　作業環境に関する注意事項
- 足場，照明などを確保し，作業しやすい環境とする。
- 作業者は保護帽，保護靴その他必要な保護具を着用する。
- 関係者以外の作業場所への立ち入りを制限する。
- 見張りを配置する。

③　作業中に関する注意事項
- つり上げ直後に，ロープの利きや重量物の安定状態を確認する。
- 作業は崩れや脱落などに注意しながら慎重に行う。

④　救急体制に関する注意事項：救急用具を準備する。
⑤　安全教育に関する注意事項：平素から安全に関する教育を実施する。

執務一般

解説
（注）重量物作業は，人身事故や機器に損傷を与えるなど危険を伴う作業である。このため，船体の動揺や傾斜を考慮して作業を行う。無理をしない，手抜きをしないことが重要である。

問7　機関室において，重量物の移動を安全に行うため，次の(1)及び(2)の事項については，どのようにすればよいか。それぞれ記せ。
　　　　　　　　　　　　　　　　　　　　（1604/1807/2102/2207/2307）
(1) 質量判定の方法は，どのようにするか。
(2) 重量物をつりあげるワイヤロープの点検項目は，何か。

解答
(1) ① 銘板や図面，質量表の質量を参考にする。
　　② 質量のわかっている類似の重量物を参考にする。
　　③ 外形より体積を概算し，密度を掛ける。
(2) ①断線　②摩耗　③腐食　④形くずれ（注1）　⑤より戻り

解説
（注1）キンク（局部的に，よりが詰まったり，戻ったりした状態），つぶれ，傷など

問8　船内において，旋盤などの回転工作機械を用いる作業を行う場合，災害防止上注意しなければならない事項をあげよ。（1510/1702/1910/2402）

解答
① 作業前に関する注意事項
　・工作機械の構造と機能について理解しておく。
　・操作練習を行いハンドル類の操作法について習熟しておく。
　・緊急時に備え，機械の停止方法を確認しておく。
　・回転物に巻き込まれない服装とし，保護眼鏡，作業帽や安全靴を着用する。
　・工作物や刃物は確実に取り付け，無理な取付けをしない。
② 作業中に関する注意事項

4　船内作業の安全

- 工作物や刃物の取付けは，必ず機械を停止して行う。
- 作業は素手で行い，手袋は使用しない。
- 工作機械に寄りかからない。
- 回転している工作物に手を触れない。
- 切粉(きりこ)の除去は，手箒(ほうき)などを用い，絶対に素手で行わない。

③　作業後に関する注意事項：機械周辺を整理整頓する。

[解説]
◆回転工作機械：旋盤，ボール盤，フライス盤などがある。

旋盤作業

[問9]　船内において，ガス溶接を行う場合，災害防止上注意しなければならない事項をあげよ。　　　　　　　　　　　　　　　　　　　(1602)

[解答]
① ガス溶接装置を点検し，ガス漏れなど異常がないことを確認する。
② 作業場所を整理し，可燃物は移動するか難燃材で覆う。
③ 作業場所には，ロープなどで関係者以外が立ち入らない措置をするとともに見張りを配置する。
④ 作業場所には消火器を準備する。
⑤ 作業者は，保護メガネや保護手袋，保護衣などを着用する。

[問10]　機関室において，高温，高湿の環境下で作業を行う場合，災害防止上の注意事項をあげよ。　　　　　　　　　　　　　　　　　　(2302)

[解答]
① 作業前に関する注意事項
- 作業計画は無理のないものとする。
- 通風換気を十分行い作業環境の温度，湿度を下げる。

執務一般

- 作業に適さない者を働かせない。
② 作業中に関する注意事項
- 作業従事者には，熱を発散する服装を着用させ，また，肌を露出させないようにする。
- 作業環境に適した，防熱服や防熱手袋等の保護具を着用させる。
- 労働時間や休憩時間を考慮し作業従事者の労働負担を軽減する。
- 水分の補給，食塩の補給に留意する。
- 異常者が出た場合は，すぐに作業を中止する。

索　引

[あ]
アーク溶接　335
アースランプ（接地灯）　213
アルカリ価　271
アルカリ度（酸消費量）　120
アルカリ腐食　121
安全係数　311
安全低水面　101
案内羽根（ディフューザ）　75, 164
アンローダ　182

[い]
イナートガス装置　252
インジケータ線図　39
インピーダンス　207

[う]
ウォータハンマ　125, 323
うず巻ポンプ　166

[え]
エアギャップ　219
エコノマイザ（節炭器）　117
遠心力　66

[お]
応力　276
オートスピニング　235
オーバラップ　75

[か]
回転磁界　216
過給機　74
ガス切断　337
ガスタービン　27

ガス溶接　339
か性ぜい化　121
カーチスタービン　10
過熱蒸気　5
過熱低減器　97
可変ピッチプロペラ　146, 251
カルノーサイクル　284
過冷却　174
慣性力　38
緩熱器　97

[き]
機械効率　38
機関出力　36
危急しゃ断装置　21
危険（回転）速度　66
逆浸透膜式　191
キャビテーション　138, 248
許容応力　311
切欠き効果　54

[く]
空気エゼクタ　16, 117
空気予熱器　130
クランクアームの開閉作用　64
グランドパッキン　6
クリープ試験　281
クロスヘッド形機関　38

[け]
減速装置　19

[こ]
硬度成分　119

[さ]
再生サイクル　28
サイドスラスタ　251
サージング　77
酸消費量（アルカリ度）　120

[し]
軸出力　304
軸封装置　169, 181
軸流ポンプ　166
自己保持回路　223
実揚程　157
周速度　11
衝動タービン　7
正味平均有効圧　36
心出し　133
浸透探傷法　144

[す]
水頭　318
水面吹出し　124
推力（スラスト）　9, 133
スケール　119
図示平均有効圧　36, 40
すす吹き（スートブロー）　107
スタフィンボックス（パッキン箱）　62
スートブロー（すす吹き）　107
すべり　217
スラスト軸受（推力軸受）　135
スラスト（推力）　9, 133
スラスト（側圧）　38, 55
スラッジ　347

[せ]
静圧過給　75
清浄剤　122
性能曲線　41
節炭器（エコノマイザ）　117
接地灯（アースランプ）　213

船尾管　151, 328
全揚程　318

[そ]
造水装置　189
操舵装置　246
側圧（スラスト）　38, 55
測温抵抗体　230
速度線図　12

[た]
ダイオード　193
ダイヤフラム弁　239
タイロッド　52
脱亜鉛現象　144
脱気器（デアレータ）　116
ターニング装置　19
ターンダウン比　112
断熱熱落差　6
端面シール　152

[ち]
着火（点火）遅れ　42
チューブエキスパンダ　342

[つ]
ツェナーダイオード　197

[て]
デアレータ（脱気器）　116
低温腐食（硫酸腐食）　94
抵抗温度計　229
ディーゼルノック　40
底部吹出し　124
ディフューザ（案内羽根）　75, 164
点火（着火）遅れ　42
電磁誘導作用　201

【と】
動圧過給　75
同期検定器　211
同期速度　216, 217
動粘度　269, 274
トップクリアランス　48
トランクピストン形機関　38
トランジスタ　195
トルク　133

【な】
軟水器　118

【に】
2胴D形水管主ボイラ　96

【ね】
熱効率　35
熱電対　230
熱伝導率　282, 287
粘度指数　273
燃料消費率　28, 41, 94

【の】
ノズル　12, 85

【は】
排ガスエコノマイザ(排ガスボイラ)　100
バウスラスタ　252
歯車ポンプ　167
パッキン箱（スタフィングボックス）　62
バックラッシ　295
半導体　192
反動タービン　7

【ひ】
比エンタルピ　170, 305
ひずみ　279
皮相電力　204, 206

ピッチ　309
引張試験　276
引張強さ　311
$p\text{-}V$線図　34
冷やしばめ　133
疲労　149

【ふ】
フィンスタビライザ　252
フォーミング　128
吹出し（ブロー）　122
吹抜け（ブローバイ）　60
複合サイクル　34
復水器　15
復水器　117
プライミング　31
ブレイトンサイクル　25
プレパージ　113
フレームアイ　113
ブローバイ（吹抜け）　60
ブロー（吹出し）　122
プロペラピッチ　140

【へ】
平均ピストン速度　36
平均有効圧　41
並行運転　211
ベルヌーイの定理　165
ベーンポンプ　166

【ほ】
ボイラ効率　305
飽和蒸気　1
保護亜鉛　144
補助ボイラ　100
ポテンションメータ　231
ホワイトメタル　52, 282

[ま]
摩擦係数　307
摩擦力　289

[み]
密度　282

[む]
無効電流　206
無効電力　205

[め]
メンブレンウォール　98

[も]
モジュール　315
モータリング　31

[や]
焼入れ　282
焼きなまし　283
焼きばめ　65
焼きもどし　283

[ゆ]
有効電力　205, 206
油水分離器　346
ユニフロー掃気　62

[よ]
溶解固形分　118
溶存酸素　122

[ら]
ラビリンスパッキン　7
ランキンサイクル　3

[り]
力率　205, 218
リーマ部　133
硫酸腐食（低温腐食）　94
リングフラッタ　58

[れ]
励磁電流　209
冷凍効果　174
冷凍サイクル　171
冷凍能力　178
冷媒　171

[ろ]
ろう付け　342

編集委員（所属は初版発行時のものです）

元関東運輸局首席海技試験官	森田　純
富山高等専門学校	山田圭祐
鳥羽商船高等専門学校	嶋岡芳弘・竹内和彦
弓削商船高等専門学校	松永直也
大島商船高等専門学校	角田哲也
広島商船高等専門学校	大山博史・茶園敏文
	中島邦廣・濱田朋起
	村岡秀和・雷　康敏

ISBN978-4-303-45080-9

海技士3E解説でわかる問題集

2015年11月25日　初版発行　　　　　　　　Ⓒ 2015
2024年7月15日　5版発行

編　者　商船高専海技試験問題研究会　　　検印省略
発行者　岡田雄希
発行所　海文堂出版株式会社

　　　　本　社　東京都文京区水道2-5-4（〒112-0005）
　　　　　　　　電話 03(3815)3291(代)　FAX 03(3815)3953
　　　　　　　　https://www.kaibundo.jp/
　　　　支　社　神戸市中央区元町通3-5-10（〒650-0022）
日本書籍出版協会会員・工学書協会会員・自然科学書協会会員

PRINTED IN JAPAN　　　　　　　　印刷　東光整版印刷／製本　誠製本

JCOPY ＜出版者著作権管理機構 委託出版物＞
本書の無断複製は著作権法上での例外を除き禁じられています。複製される場合は、そのつど事前に、出版者著作権管理機構（電話03-5244-5088、FAX 03-5244-5089、e-mail: info@jcopy.or.jp）の許諾を得てください。